21 世纪高职高专教材·公共基础系列

发酵技术

主　编　范文斌　张俊霞
副主编　高仙灵　张　烨　王　利

清华大学出版社
北京交通大学出版社
·北京·

内 容 简 介

本书按项目化教学的体例编写，适用于发酵技术课程的常规授课和教学做一体化模式的授课。本书按照发酵行业相关岗位的职业要求组织内容，共由9个项目组成，包括发酵工业菌种的操作技术、发酵设备、发酵工业的灭菌与空气灭菌工艺、发酵过程控制技术、发酵染菌及其防治、发酵产物的提取与精制技术等基础理论和实践技能，同时还精选了厌氧发酵和好氧发酵有代表性的产品生产实例。

每个项目都由理论教学和实践操作组成，实践操作考虑到学生的知识基础、学校的实训条件、行业的岗位要求等因素，注重实用性和可行性，既满足了学生的基础技能训练，又有综合型的实训作为提高。

本书适用于高职高专药品生物技术、药品生产技术、食品类及农林类专业学生作为教材使用，也可供相关行业的初中级技术人员和企业员工培训所用。

图书在版编目（CIP）数据

发酵技术 / 范文斌，张俊霞主编. —北京：北京交通大学出版社：清华大学出版社，2019.5
（2024.7 重印）

ISBN 978-7-5121-3888-9

Ⅰ. ① 发…　Ⅱ. ① 范…　② 张…　Ⅲ. ① 发酵工程–高等职业教育–教材　Ⅳ. ① TQ92

中国版本图书馆 CIP 数据核字（2019）第 077356 号

发酵技术
FAJIAO JISHU

责任编辑：田秀青
出版发行：清 华 大 学 出 版 社　　邮编：100084　　电话：010-62776969　　http://www.tup.com.cn
　　　　　北京交通大学出版社　　邮编：100044　　电话：010-51686414　　http://www.bjtup.com.cn
印 刷 者：北京虎彩文化传播有限公司
经　　销：全国新华书店
开　　本：185 mm×260 mm　　印张：13.5　　字数：336 千字
版　　次：2019 年 5 月第 1 版　　2024 年 7 月第 6 次印刷
书　　号：ISBN 978-7-5121-3888-9/TQ·7
定　　价：36.00 元

编 委 会

编委会主任　贾　润

编委会成员　索丽霞　梁　伟
　　　　　　侯　涛　董博涵

编写人员名单

主　　编　范文斌　张俊霞

副主编　高仙灵　张　烨　王　利

参编人员　包　良　徐　锐　黄蓓蓓
　　　　　　蔡　艳　汪清美

前　言

　　发酵技术是在传统发酵技术的基础上，结合了现代基因工程、细胞工程、机械工程等新技术发展而来的。它是一门综合性的科学技术，既是现代生物技术的重要分支学科，又是现代食品工业、制药工业的重要组成部分。发酵工程作为生物工程的核心内容之一，对生物技术产业化起到非常重要的作用，是生物技术理论向生物产品转化的桥梁，在生物相关行业生产实践中得到广泛应用。

　　发酵技术课程是药品生物技术专业和药品生产技术专业的核心课程，对学生职业技能的培养起到重要作用。为了满足高等职业院校相关专业对发酵技术课程的教学要求，达到培养应用型人才的目的，编者依据职业教育提倡的"教学做一体化"教学模式，全书以项目化教学的体例进行编写，理论教学和实践教学相结合。每个项目都编排了大部分学校可以实施的实训环节，实训内容的选取既符合教学对技能目标培养的要求，又考虑实训的可行性和代表性。

　　该书的编写，从高职教育的实际出发，切实考虑学生的知识基础、学校的实训设施、行业的岗位要求等因素，注重实用性和可行性，贯彻理论知识够用，强化实践技能培养的原则。全书共有 9 个项目，分为发酵的基础理论实践和发酵生产实例两部分。发酵的基础理论实践以发酵技术的工艺流程为主线，包括菌种选育和种子扩大培养、培养基配制灭菌和空气净化、发酵过程优化控制和发酵产物的提取精制等内容；发酵生产实例作为不同学校的选学内容，主要讲述了饮料酒的酿造、谷氨酸的生产、抗生素的生产、柠檬酸的生产、淀粉酶的生产等内容，为学生毕业后从事相关行业的生产奠定基础。

　　本书由呼和浩特职业学院范文斌（编写项目 1、项目 3、项目 4、项目 5、项目 6）、张俊霞担任主编并负责全书统稿工作，由呼和浩特职业学院高仙灵（编写项目 2、项目 9）、呼和

I

浩特职业学院张烨（编写项目8）、内蒙古医科大学王利（编写项目9）担任副主编，呼和浩特职业学院包良（编写项目7）、湖北生物科技职业学院徐锐、三门峡职业技术学院黄蓓蓓、江西生物科技职业技术学院蔡艳、信阳农林学院汪清美参与编写。

　　本书的编写得到内蒙古农业大学段开红教授的悉心指导，在此表示衷心的感谢。同时对所有参编人员表示真挚的感谢。本书在编写过程中参考了一些专家的著作，在此表示衷心的感谢。

　　由于生物技术的发展日新月异，加上编者水平有限，书中疏漏之处恳请读者提出宝贵意见，以便再版时进行更正。

编　者
2019.1

目　录

发酵技术概论

项目描述

发酵工业与人们的生活息息相关，发酵技术的应用已涉及农业生产、轻化工原料生产、药品生产、食品生产、环境保护、资源和能源的开发等多个领域。本项目从发酵的概念入手，详细地介绍了发酵工业的发展史、发酵工业的特点、发酵工业的产品类型、发酵工业的应用、发酵工业的现状和未来等知识，使学生全面地了解发酵行业的发展情况，激发学习的兴趣。

学习目标

➤ 深刻理解发酵的概念。
➤ 掌握发酵的特点和产品范围。
➤ 能解释日常生产生活中的发酵现象。
➤ 了解我国发酵工业发展的现状及发展前景。

任务 1.1 发酵的概念及发酵工业的发展史

1.1.1 发酵和发酵工程的概念

提到发酵，人们往往会联想到发面制作馒头、面包，酿造醋、酱油、酒类等。很早以前人们就在生产实践活动中广泛地、自觉或不自觉地运用发酵技术，但是人们真正认识发酵的本质却是近 200 年的事情。

发酵（fermentation）一词最初来源于拉丁语"发泡、沸涌"（fervere），是派生词，用来描述酿酒时酵母菌作用于果汁或麦芽汁发酵时产生气泡的现象，这种现象实际上是由于酵母菌与果汁或麦芽汁中的糖，在厌氧条件下代谢产生二氧化碳引起的。人们就把这种现象称为"发酵"，所以传统的发酵概念只是对酿酒这类厌氧发酵现象的描述。

工业上的发酵，泛指大规模的培养微生物生产有用产品的过程，既包括微生物的厌氧发酵，如酒精、乳酸等；也包括微生物的好氧发酵，如抗生素、氨基酸、酶制剂等。产品有细胞代谢产物，也有菌体细胞、酶等。

　　发酵工程是指利用微生物的生长繁殖和代谢活动，通过现代工程技术手段，工业化生产人们所需产品的理论和工程技术体系，是生物工程与生物技术学科的重要组成部分。发酵工程也称为微生物工程，该技术体系主要包括菌种选育和保藏、菌种的扩大生产、微生物代谢产物的发酵生产和纯化制备，同时也包括微生物生理功能的工业化利用等。它是一门多学科、综合性的科学技术，既是现代生物技术的重要分支学科，又是食品工程的重要组成部分。

1.1.2　发酵工程与生物工程的关系

　　生物工程主要包括基因工程、细胞工程、酶工程、蛋白质工程和发酵工程5个部分，基因工程和细胞工程的研究结果，大多需要通过发酵工程和酶工程来实现产业化。基因工程、细胞工程和发酵工程中所需要的酶，往往是通过酶工程来获得；酶工程中酶的生产，一般要通过微生物发酵的方法来进行。由此可见，生物工程各个分支之间存在交叉渗透的现象。生物工程五大主要技术体系的比较见表1.1。

表 1.1　生物工程五大主要技术体系的比较

生物工程	主要操作对象	工程目的	与其他工程的关系
基因工程	基因及动物细胞、植物细胞、微生物	改造物种	通过细胞工程、发酵工程使目的基因得以表达
细胞工程	动物细胞、植物细胞、微生物细胞	改造物种	可以为发酵工程提供菌种、使基因工程得以实现
酶工程	微生物	获得酶制剂或固定化酶	为其他生物工程提供酶制剂
蛋白质工程	蛋白质空间结构	合成具有特定功能的新蛋白质	是基因工程的延续
发酵工程	微生物	获得菌体及各种代谢产物	为酶工程提供酶的来源

1.1.3　发酵工业的发展史

　　发酵工业的历史可以根据发酵技术的重大进步大致分为如下6个阶段。

1. 自然发酵阶段

　　几千年前，人们在长期的生产生活中发现一些粮食经过一段时间的储存后，经过自然界一些因素的作用，会产生酸、辣等奇怪的味道，这些奇怪的味道逐渐被人们接受并喜欢。同时，人们逐渐积累经验利用这种现象从事酒、酱、醋、奶酪等的生产，改善人们的生活。但是对这种现象的本质一无所知，直到19世纪的时候仍然是一知半解。当时人们对于酒、酱、醋、奶酪等产品的生产完全凭经验，当周围环境变化时，会导致产品口味的变化，甚至会浪费粮食，现在很容易解释这些现象，但在当时是不可能的事情。

　　所以说19世纪以前的很长时间，发酵一直处于自然发酵阶段。凭经验生产产品，产品质量不稳定。

2. 微生物纯培养技术阶段

　　在巴斯德的影响下，人们开始研究微生物的分离培养技术，1872年，微生物发展史上又一奠基人德国人柯赫首先发明了固体培养基，建立了细菌纯培养技术；1872年，布雷菲尔德创建了霉菌的纯粹培养法；1878年，汉逊建立了啤酒酵母的纯粹培养法和微生物的分离和纯粹培养技术，使发酵技术从天然发酵转变为纯粹培养发酵。并且，人们设计了便于灭除其他杂菌的密闭式发酵罐以及其他灭菌设备。微生物的纯种培养技术，是发酵工业的转折点。

3. 液体深层通气搅拌发酵技术阶段

1929年，英国人弗莱明发现了青霉素。1940年美国和英国联合对青霉素进行生产研究，精制出了青霉素，并确认青霉素比当时的磺胺药剂对伤口感染症更具疗效。当时，第二次世界大战爆发，对作为医疗战伤感染药物的青霉素需求量大量增加，大力推进了青霉素的工业化生产和研究。

最初青霉素是液体浅盘发酵，发酵单位（效价）只有40 U/mL，1943年发展到液体深层发酵，发酵单位增加到200 U/mL，如今发到5万～7万U/mL。随后，链霉素、金霉素、新霉素、红霉素等抗生素相继问世，抗生素工业迅速崛起。抗生素工业的发展建立了一套完整的好氧发酵技术，机械搅拌液体深层发酵罐培养方法推动了整个发酵工业的深入发展，为现代发酵工程奠定了基础。

4. 微生物的代谢调控技术阶段

1950—1960年，随着生物化学、酶化学、微生物遗传学等基础生物科学迅速发展，人类开始用代谢控制技术进行微生物的育种和发酵条件的优化控制，大大提高了发酵工业的进程，1956年由日本的木下祝郎研究了生物素对细胞膜通透性的影响，通过在培养基中限量提供生物素体影响膜磷脂的合成，从而使细胞膜的通透性增加，谷氨酸得以排出细胞外并大量积累。1957年，日本将这一技术应用到谷氨酸发酵生产中，从而首先实现了L-谷氨酸的工业生产。谷氨酸工业化发酵生产的成功促进了代谢调控理论的研究，采用营养缺陷型及类似物抗性突变株实现了L-赖氨酸、L-苏氨酸等的工业化生产。

5. 发酵原料的拓宽阶段

1961—1970年，粮食供应紧张以及饲料的需求日益增多，为了解决人畜争粮这一突出问题，许多生物公司开始研究生产微生物细胞作为饲料蛋白的来源，甚至研究以石油副产品为发酵原料，发酵原料多样化研究的开展，促进了单细胞蛋白（SCP）发酵工业的兴起，使发酵原料由过去单一碳水化合物向非碳水化合物过渡。从过去仅仅依靠农产品的状况，过渡到从工厂、矿业资源中寻找原料，开辟了非粮食（如甲醇、甲烷、氢气等）发酵技术，拓宽了原料来源。

6. 基因工程育种技术阶段

20世纪70年代以后，基因重组的成功实现，人们可以按预定方案把外源目的基因克隆到容易大规模培养的微生物（如大肠杆菌、酵母菌）细胞中，通过微生物的大规模发酵生产，可得到原先只能用动物或植物才能生产的物质，如胰岛素、干扰素、白细胞介素和多种细胞生长因子等。例如，传统的胰岛素生产方法是从牛或猪的胰脏中提取，每454 kg牛胰脏，才能得到10 g胰岛素。现在通过基因工程育种，人们可以把编码胰岛素的基因导入大肠杆菌细胞中，再将其放到大型的发酵罐中发酵，生产出大量的人胰岛素。人们把这种大肠杆菌称为生产胰岛素的活工厂，用这种方法每200 L发酵液就可得到10 g胰岛素。这给发酵工程带来了划时代的变革，使生物技术进入了一个新的阶段——现代生物技术阶段。

表 1.2 发酵工程技术的发展阶段及其技术特点和发酵产品

发展阶段	技术特点和发酵产品
自然发酵阶段	利用自然发酵制曲酿酒、制醋、栽培食用菌、酿制酱油、制作面包以及沤肥等 特点：凭经验生产，混菌发酵
微生物纯培养技术阶段	利用微生物纯培养技术生产面包酵母、甘油、酒精、乳酸、丙酮、丁醇等厌氧发酵产品和柠檬酸、淀粉酶、蛋白酶等好氧发酵产品 特点：生产过程简单，对发酵设备要求不高，生产规模不大，发酵产品的结构比原料简单，属于初级代谢产物
液体深层通气搅拌发酵技术阶段	利用液体深层通气搅拌发酵技术大规模发酵生产抗生素以及各种有机酸、酶制剂、维生素、激素等产品 特点：微生物发酵的代谢从分解代谢转变为合成代谢；真正无杂菌发酵的机械搅拌液体深层发酵罐诞生；微生物学、生物化学、生化工程三大学科形成了完整的体系
微生物的代谢调控技术阶段	利用诱变育种和代谢调控技术发酵生产氨基酸、核苷酸等多种产品 特点：发酵罐容积达 $50 \sim 200 \ m^3$；发酵产品从初级代谢产物到次级代谢产物；发展了气升式发酵罐（可降低能耗、提高供氧）；多种膜分离介质问世
发酵原料的拓宽阶段	利用石油化工原料（碳氢化合物）发酵生产单细胞蛋白；发展了循环式、喷射式等多种发酵罐；利用生物合成与化学合成相结合的工程技术生产维生素、新型抗生素；发酵生产向大型化、多样化、连续化、自动化方向发展 特点：用工业原料代替粮食进行发酵
基因工程育种技术阶段	利用 DNA 重组技术构建的生物细胞发酵生产人们所希望的各种产品，如胰岛素、干扰素等基因工程产品 特点：按照人们的意愿改造物种、发酵生产人们所希望的各种产品；生物反应器也不再是传统意义上的钢铁设备，昆虫躯体、动物细胞乳腺、植物细胞的根茎果实都可以看作是一种生物反应器；基因工程育种技术使发酵工业发生了革命性变化

任务 1.2 发酵工业的特点与产品类型

1.2.1 发酵工业的特点

发酵工业是利用微生物所具有的生物加工与生物转化能力，将廉价的发酵原料转变为各种高附加值产品的产业。与化工产业相比，有如下特点。

① 以微生物为主体。杂菌污染的防治对发酵至关重要，发酵反应必须在无菌条件下进行，维持无菌条件是发酵成败的关键。

② 反应条件的温和性，发酵过程一般都是在常温常压下进行的生物化学反应。

③ 原料的廉价性。发酵所用的原料通常以淀粉质、玉米浆、糖蜜或其他农副产品为主，只要加入少量的有机和无机氮源就可进行反应生产较高价值的产品。

④ 产物的多样性。由于生物体本身所具有的反应机制，能专一性地和高度选择性地对某些较为复杂的化合物进行特定部位的生物转化修饰，也可产生比较复杂的高分子化合物。

⑤ 生产的非限制性。发酵生产不受地理、季节等自然条件的限制，可以根据订单安排通用发酵设备来生产多种多样的发酵产品。

基于以上特点，发酵工业日益受到人们的重视。与传统的发酵工业相比，现代发酵工业除了上述特点之外更有其优越性。例如，除了使用从自然界筛选的微生物外，还可以采用人工构建的"基因工程菌"或微生物发酵所生产的酶制剂进行生物产品的工业化生产，而且传统发酵设备也被自动化、连续化发酵设备所代替，使发酵水平在原有基础上得到大幅度提高，发酵类型不断创新。

1.2.2 发酵工业的产品类型

发酵工业的产品类型如下。

1. 微生物菌体

即经过培养微生物并收获其细胞作为发酵产品。传统的菌体发酵工业，包括用于面包制作的酵母发酵及用于人类或动物食品的微生物菌体蛋白发酵两种类型，属于食品发酵产品范围的有酵母菌、单细胞蛋白、螺旋藻、食用菌、活性乳酸菌和双歧杆菌等益生菌。例如，直接培养并收获酵母细胞作为动物饲料添加剂，即单细胞蛋白。

新的菌体发酵可用来生产一些药用真菌，如与天麻共生的密环菌等。这些药用真菌可以通过发酵培养的手段生产出与天然产品具有同等疗效的产物。涉及其他发酵产品范围的还有人畜用活菌疫苗、生物杀虫剂（杀鳞翅目、双翅目昆虫的苏云金芽孢杆菌、蜡样芽孢杆菌菌剂，防治松毛虫的白僵菌、绿僵菌菌剂）。这类发酵的特点：细胞的生长与产物积累成平行关系，生长速率最大时期也是产物合成速率最高阶段，生长稳定期产量最高。

2. 微生物代谢产物

这是指将微生物生长代谢过程中的代谢产物作为发酵产品。微生物生长过程中的代谢产物种类很多，是发酵工业中数量最多、产量最大，最重要的部分，包括初级代谢产物和次级代谢产物。

初级代谢产物是指微生物在对数生长期通过代谢活动所产生的、自身生长和繁殖所必需的物质，如氨基酸、核苷酸、多糖、脂类、维生素等。次级代谢产物是指微生物生长到一定阶段才产生的化学结构十分复杂、对该微生物无明显生理功能，或并非是微生物生长和繁殖所必需的物质，如抗生素、毒素、激素、色素等。不同种类的微生物所产生的次级代谢产物不相同，它们可能积累在细胞内，也可能排到外环境中。为了提高代谢产物的产量，需要对发酵微生物进行遗传特性的改造和代谢调控的研究。

3. 微生物酶制剂

这是指通过获取微生物的酶作为发酵产品。酶普遍存在于动物、植物和微生物中。最初，人们都是从动植物组织中提取酶，但目前工业应用的酶大多来自微生物发酵，因为微生物酶具有种类多、生产容易和成本低等特点。目前工业上微生物发酵可以生产的酶有上百种，经分离、提取、精制得到酶制剂，广泛用于医药、食品、活性饲料、纤维脱浆等许多行业，如用于医药生产和医疗检测的药用酶。

4. 微生物转化产物

这是指利用生物细胞中的一种或多种酶作用于某一底物的特定部位（基团），使其转化为结构类似并具有更大经济价值的化合物的生化反应。生物转化的最终产物不是生物细胞利用营养物质经过代谢而产生的，而是生物细胞中的酶或酶系作用于某一底物的特定部位（基团），进行化学反应而形成。最简单的生物转化例子是微生物细胞将乙醇氧化生成乙酸，但是发酵工业中最重要的生物转化是甾体的转化，如将甾体化合物的 11 碳位进行羟基化生成泼尼松，

用于结构类似的同族抗生素、类固醇、前列腺素的生产。生物转化包括脱氢、氧化、脱水、缩合、脱羧、羟化、氨化、脱氨、异构化等。

发酵工业的主要产品见表1.3。

表1.3 发酵工业的主要产品

发酵工业	主要产品
食品发酵工业	酱油，食醋，活性酵母，活性乳酸菌，面包，酸奶，奶酪，饮料酒等
有机酸发酵工业	醋酸，乳酸，柠檬酸，葡萄糖酸，苹果酸，琥珀酸，丙酮酸等
氨基酸发酵工业	谷氨酸，赖氨酸，色氨酸，苏氨酸，精氨酸，酪氨酸等
低聚糖与多糖发酵工业	低聚果糖，香菇多糖，云芝多糖，葡聚糖，黄原胶等
核苷酸发酵工业	肌苷酸（IMP），鸟苷酸（GMP），黄苷酸（XMP）等
药物发酵工业	抗生素：青霉素，头孢菌素，链霉素，制霉菌素，丝裂霉素等 基因工程制药工业：促红细胞生成素（EPO），集落刺激因子（CSF），表皮生长因子（EGF），人生长激素，干扰素，白介素，各种疫苗，单克隆抗体等 药理活性物质发酵工业：免疫抑制剂，免疫激活剂，糖苷酶抑制剂，脂酶抑制剂，类固醇激素等
维生素发酵工业	维生素 C，维生素 B_2，维生素 B_{12} 等
酶制剂发酵工业	淀粉酶、蛋白酶、脂酶、青霉素酰化酶、葡萄糖氧化酶、海因酶等
饲料发酵工业	干酵母、单细胞蛋白、益生菌、青贮饲料、抗生素和维生素饲料添加剂等
生物肥料与农药工业	细菌肥料、赤霉素、除草菌素、苏云金杆菌、白僵菌、绿僵菌、杀稻瘟菌素、有效霉素、春日霉素等
有机溶剂发酵工业	酒精、甘油、乙醇、丙酮、丁醇溶剂等
微生物环境净化工业	利用微生物处理废水、污水等
生物能工业	沼气、纤维素等发酵生产乙醇，乙烯、甲烷等能源物质
微生物冶金工业	利用微生物探矿、冶炼金属、石油脱硫等

任务 1.3 发酵工业发展的现状与前景

1.3.1 发酵工业发展的现状

随着现代生物技术的发展，发酵技术的应用已涉及国计民生的方方面面，包括农业生产、轻化工原料生产、药品生产、食品生产、环境保护、资源和能源开发等领域。随着生物工程上游技术的进步以及化学工程、信息技术和生物信息学等学科技术的发展，发酵技术迎来了又一个崭新的发展时期。

2011—2014 年，我国发酵工业主要产品的总产量基本保持稳定，平均年增长率为 2.8%。2014 年生物发酵行业主要产品总产量为 2 420 万 t，工业总产值 2 780 亿元。2014 年，我国发酵行业主要产品出口量为 350 万 t，出口总额达 43 亿美元，显示出强大的活力。味精、柠檬酸、山梨醇的产量均居世界第一，淀粉糖的产量居世界第二位。产品结构方面，以味精为代表的老一代发酵产品在行业中的比例逐步下降，而淀粉糖（醇）则异军突起，在整个发酵产品中的比例也逐年增高。目前淀粉糖（醇）已不再简单地被看作是食糖市场的一个有效补充，它的一些产品特性决定了其在改善人民生活质量、提高生活水平方面发挥出更加突出的作用。这使得它的消费领域不断扩大，消费数量迅速增长，从而为推动食品工业的发展和促进以生物科技带动农业产业化发展做出了重要贡献。

发酵行业是能源和资源消耗的主要行业之一，由于过去的长期高速发展，一些高能耗、高污染产品的产能扩张十分迅速，这样不仅耗费了大量的能源，而且过多的产能导致市场竞争激烈，也制约了我国生物发酵行业的健康持续发展。我国味精、氨基酸、有机酸、核苷酸等生物发酵行业面临调整结构、优化升级、转变增长方式、节能减排的重任，科技创新对行业创新发展作用更加突现，发酵新产品、新技术、新设备研发步伐加快。但是从目前国内的实际情况来看，无论新技术研发水平，还是新设备的开发程度都远远落后于发达国家。大多数企业缺乏自主知识产权，没有核心竞争力，所谓的竞争只是停留在价格战上，不但自身缺乏可持续发展的动力，还影响到整个发酵行业的发展前景。

当前，许多国际先进水平的发酵生产技术、设备和产品纷纷进入中国市场，我国发酵工业正面临严峻的挑战，与先进国家相比存在的主要差距或问题表现如下。

① 传统产品发展得过快，产量也大，如谷氨酸、柠檬酸、普通酶制剂、抗生素等；② 发酵产业产值在国民生产总值中所占比例较低（1%以下）；③ 发酵产品档次低、品种少、不配套，如我国的氨基酸产品中，普通调味用的谷氨酸产量占世界第一位，而我国也可用发酵法和酶法生产的约十种氨基酸（如赖氨酸、天冬氨酸、缬氨酸、异亮氨酸、丙氨酸等），由于生产工艺不完善或生产成本过高等因素，未能形成正常的生产能力，导致了我国氨基酸产品品种少和相互不配套，需要从国外大量进口；④ 我国发酵产业技术创新力不够，很多企业重产量、轻质量，重产值、轻品种，重上游、轻中下游，原料能源消耗大，劳动生产率低，生产规模小，因而导致技术指标低，生产成本高，经济效益差等问题。

1.3.2 发酵工业发展的前景

随着生物技术的发展，发酵技术的应用领域也在不断扩大，而且发酵技术的巨大进步也逐渐成为动植物细胞大规模培养产业化的技术基础。发酵原料的更换也将使发酵技术发生重大变革。2000年以后，由于木质纤维素原料的大量应用，发酵技术将大规模生产通用化学品及能源，这样，发酵技术变得对人类更为重要。科技创新是行业发展的根本手段，是推动发酵行业发展的关键。随着我国经济的持续快速增长，今后关于发酵领域的研究进展必将对国民食物结构的改善和食品工业的发展形成巨大推动力，同时也为坚持创新的企业带来发展机遇。

1. 基因工程育种和代谢调控技术研究为发酵工业带来新的活力

随着基因工程技术的应用和微生物代谢机理的研究，人们能够根据自己的意愿将微生物以外的基因导入微生物细胞，从而达到定向地改变生物性状与功能创新的物种，使发酵工业能够生产出自然界微生物所不能合成的产物。这就从过去烦琐的随机选育生产菌株朝着定向育种转变，对传统发酵工业进行改造，提高发酵单位。例如，基因工程及细胞杂交技术在

微生物育种上的应用，将使发酵用菌种的发展达到前所未有的水平。

2. 研制大型自动化发酵设备提高发酵工业效率

发酵设备主要指发酵罐，也可称为生物反应器。现代生物技术的发展，最重要的是取决于高效率、低能耗的生物反应过程，而它的高效率又取决于自动化，因此生物反应器大型化为世界各发达国家所重视。发酵工厂不再是作坊式的，而是发展为规模庞大的现代化企业，使用了最大重达到 500 t 的发酵罐，常用的发酵罐重达到 200 t。

3. 生态型发酵工业的兴起开拓了发酵技术的新领域

随着近代发酵工业的发展，越来越多过去靠化学合成的产品，现在已全部或部分借助发酵方法来完成。也就是说，发酵方法正逐渐代替化学工业的某些方面，如化妆品、添加剂、饲料的生产。有机化学合成方法与发酵生物合成方法关系更加密切，生物半合成或化学半合成方法应用到许多产品的工业生产中。微生物酶催化生物合成和化学合成相结合，为发酵产物通过化学修饰及化学结构改造进一步生产更多精细化工产品开拓了一个全新的领域。

4. 再生资源的利用给环境保护带来了希望

随着工业的发展，人口增长和国民生活的改善，废弃物也日益增多，同时也造成环境污染。因此，对各类废弃物的治理和转化实现无害化、资源化和产业化就具有重要意义。发酵技术的应用达到此目标是完全可能的，国外对纤维废料作为发酵工业的大宗原料引起重视。随着对纤维素水解的研究，取之不尽的纤维素资源将代替粮食，发酵生产各种产品和能源物质，这将具有重要的现实意义。目前，纤维废料发酵生产酒精已取得重大进展。

任务 1.4 发酵工业的应用

1）医药工业

采用生物工程技术，通过微生物发酵方法生产传统或新型药物与化学合成药物相比具有工艺简单、投入较少、污染较小的明显优势。① 抗生素目前主要是由微生物发酵生产，包括抗菌剂、抗癌药物等许多不同生理活性类型。② 维生素是重要的医药产品，同时也是食品和饲料的重要添加剂。目前采用发酵工程生产的维生素有维生素 C，维生素 B_2，维生素 B_{12} 等。③ 多烯不饱和脂肪酸如二十碳五烯酸（EPA）、二十二碳六烯酸（DHA）、二十碳四烯酸（AA）等都是很有价值的医药保健产品，有"智能食品"之称。国外对其开发十分活跃，不仅源于海鱼，而且可通过某些微生物进行生产。研究人员发现海洋中有一种繁殖能力很强的网黏菌，其干菌体生物量含脂质 70%，其中 DHA 占 30%～40%，可通过发酵途径进行生产，每升培养液可收获 DHA 4.5 g，该干菌体 DHA 含量与海产金鲶鱼或鲣鱼眼窝脂肪中 DHA 含量相近。④ 利用生物转化可以合成手性药物，随着手性药物需求量的增大，人们在这一领域的研究也越来越多。

2）食品工业

发酵工程对食品工业的贡献较大，从传统酿造到菌体蛋白，都是农副产品升值的主要手段。据报道，由发酵工程贡献的产品可占食品工业总销售额的 15% 以上。例如，氨基酸可用作食品、饲料添加剂和药物。目前利用微生物发酵法可以生产近 20 种氨基酸。该方法比蛋白质水解和化学合成法生产的成本低，工艺简单，且全部具有光学活性。目前乳制品的发酵在我国正在兴起，酸奶几乎普及到各个城市和乡镇。近年来，从国外引进的干酵母技术，由于活性干酵母的保存期可达半年以上，使得国内大多数城镇都能生产新鲜面包。

由于化学合成色素不断被限制使用，微生物发酵生产的生物色素如 β−胡萝卜素、虾青素等受到重视。同时随着多糖、多肽应用的开拓，由微生物发酵生产的免疫制剂、抗菌剂以及增稠剂等都得到了优先发展。

3）能源工业

能源紧张是当今世界各国都面临的一大难题，石油危机之后，人们更加清楚地认识到地球上的石油、煤炭、天然气等化石燃料终将枯竭，而有些微生物则能开发再生性能源和新能源。

① 通过微生物或酶的作用，可以利用含淀粉、糖质和纤维素、木质素等的植物资源如粮食、甜菜、甘蔗、木薯、秸秆、木材等生产"绿色石油"——燃料乙醇。我国和美国、巴西以及欧洲的一些国家已开始大量使用"酒精汽油"（酒精和汽油的混合物）作为汽车的燃料。另外，可以用各种植物油料为原料生产另一类"绿色石油"——生物柴油。目前德国等发达国家正在推广使用生物柴油新能源。

② 各种有机废料如秸秆、鸡粪、猪粪等通过微生物发酵作用生成沼气是废物利用的重要手段之一，许多国家利用沼气作为能源取得了显著的成绩。

③ 微生物采油，主要是用基因工程方法构建工程菌，连同细菌所需的营养物质一起注入到地层中，在地下繁殖，同石油作用，产生二氧化碳、甲烷等气体，从而增加了井压。而且微生物能分泌高聚物、糖脂等表面活性剂及降解石油长链的水解酶，可降低表面张力，使原油从岩石沙土上松开，同时减少黏度，使油井产量明显提高。

④ 微生物的生命活动产生的所谓"电极活动物质"作为电池燃料，然后通过类似于燃料电池的办法，把化学能转换成电能，成为微生物电池。作为微生物电池的电极活性物质，主要有氢气、甲酸、氨气等。例如，人们已经发现了不少能够产氧的细菌，其中属于化能异养菌的有 30 多种，它们能够发酵糖类、醇类、酸类等有机物，吸收其中的化学能来满足自身生命活动的需要，同时把另一部分的能量以氢气的形式释放出来。有了氢气做燃料，就可以制造出氢氧型的微生物电池。

据西班牙皇家化学学会 2005 年公布的一项研究报告宣称，牛胃液中所含的细菌群在分解植物纤维的过程中能够产生电能，约与一节 5 号电池相当。微生物发电这一令人期待的发电模式正逐渐显现出巨大的潜力。

4）化学工业

传统的化工生产需要耐热、耐压和耐腐蚀的材料，而随着微生物发酵技术的发展，不仅可制造化学方法难以生产或价值高的稀有产品，而且有可能改变化学工业的面貌，创建节能低且污染小的新工艺。例如，发酵工程为生产生物可降解塑料这一难题提供了途径，科学家经过选育和基因重组构建了工程菌，已获得积累聚酯塑料占菌体质量 70%～80% 的菌株。再如以石油为原料发酵生产的长链二羧酸，是工程塑料、耐寒农用薄膜和黏合剂的合成原料。显然，有越来越多的化工产品将由微生物发酵生产来实现。

5）冶金工业

虽然地球上矿物质蕴藏量丰富，但其属于不可再生资源，且大多数矿床品位太低，随着现代工业的发展，高品位富矿也不断减少。面对以万吨计的废矿渣、贫矿、尾矿、废矿，采用一般浮选法已不可能处理，唯有细菌冶金给人们带来新的希望。细菌冶金是指利用微生物及其代谢产物作为浸矿剂，喷淋在堆放的矿石上，浸矿剂溶解矿石中的有效成分，最后从收集的浸取液中分离、浓缩和提纯有用的金属。采用细菌冶金可浸提金、银、铜、铀、锰、镉、锌、钴、镁、钡、铣等 10 余种稀有金属，特别是应用于黄金、铜、铀等的开采。

6）农业

发酵工程应用于农业领域，能生产生物肥料、生物农药、兽类抗生素、食品和饲料添加剂、农用酶制剂、动植物生长调节剂等，特别在生产单细胞蛋白饲料方面，已是国际科技界公认的解决蛋白质资源匮乏的重要途径。

现在，开发和应用微生物资源，大力发展节土、节水、无污染、资源可循环利用的工业型绿色农业，是目前我国农业发展比较切实可行的新途径。据测算，通过发酵工程，如果利用每年世界石油总产量的 2%作为原料，生产出的单细胞蛋白可供 20 亿人吃一年；又如我国每年约产生 5 亿吨农作物秸秆，假如其中 20%即 1 亿吨通过微生物发酵变为饲料，则可获得相当于 400 亿千克的饲料粮，这是目前中国每年饲料用粮食的一半。一座占地不大的年产 10 万吨单细胞蛋白的发酵工厂，能生产相当于 12 万公顷耕地产量的大豆蛋白或 2 000 万公顷草原饲养牛羊生产的动物蛋白质。

7）环境保护

环境污染已经是当今社会一大公害，但是，小小的微生物却对污染物有着惊人的降解能力，成为污染控制研究中最活跃的领域。例如，某些假单细胞、无色杆菌具有清除氰、腈等剧毒化合物的功能；某些产碱杆菌、无色杆菌、短芽孢杆菌对联苯类致癌物质具有降解功能。某些微生物能降解水上的浮油，在净化水域石油污染方面，显示出惊人的效果。有的国家利用甲烷氧化菌生产胞外多糖或单细胞蛋白，利用一氧化碳氧化菌发酵丁酸或生产单细胞蛋白，不仅清除了有毒气体，还从菌体中开发了有价值的产品。

利用微生物发酵还可以处理工业三废、生活垃圾及农业废弃物等，不仅净化了环境，还可变废为宝。例如，利用造纸废水生产类激素，味精废液生产单细胞蛋白，甘薯废渣生产四环素，啤酒糟生产洗涤剂用的淀粉酶、蛋白酶，农作物秸秆生产蛋白饲料等。利用微生物发酵生产生物可降解塑料聚羟基丁酯等，可以缓解并逐步消除"白色污染"对环境的危害。

项目小结

1. 发酵包括传统发酵和工业发酵，传统发酵是用来描述酵母菌作用于果汁或发芽谷物（麦芽汁）进行酒精发酵时产生气泡的现象，工业发酵泛指大规模的培养微生物生产有用产品的过程。

2. 发酵现象始于几千年以前，经历了自然发酵阶段、微生物纯培养技术阶段、液体深层通气搅拌发酵阶段、微生物的代谢调控发酵阶段、发酵原料的拓宽阶段、基因工程育种技术阶段，现在已经成为国民经济的重要组成部分。

3. 发酵具有以微生物为主体、反应条件温和、原料廉价、产物多样、生产不受限制等特点，发酵产物包括微生物菌体、微生物酶、微生物代谢产物、微生物转化产物等。

4. 发酵工业是能源和资源消耗的主要工业之一，由于过去的长期高速发展，大多数企业缺乏自主知识产权，没有核心竞争力，产品单一，缺乏创新，现在发展面临着调整结构、优化升级、转变增长方式、节能减排的重任。需要从基因工程育种、新型发酵设备研制、发酵机能的调控研究、再生资源的利用等方面努力，实现可持续发展。发酵工业在与人们生活相关的医药、食品、农业、环保等不同的工业领域中都发挥着重要的应用。

复习思考题

1. 简述发酵和发酵工程的概念。
2. 简述发酵工业的发展史。
3. 列举发酵的特点及产品类型。
4. 分析发酵工业存在的问题。
5. 谈谈我国发酵行业的发展前景。

项目 2

发酵工业菌种的操作技术

项目描述

在发酵工业中，生产菌种对发酵产品的质量、产量及生产效益有很大影响。本项目主要讲述了发酵工业菌种的自然选育流程、菌种保藏方法、培养基的组分与配制工艺、种子的扩大培养与质量控制。

学习目标

- 了解发酵工业中常用的微生物种类，理解发酵工业对菌种的要求。
- 了解菌种自然选育的目的、基本方法，掌握自然选育的一般操作步骤。
- 了解菌种保藏的目的、要求和方法，以及相应的优缺点，理解保藏原理。
- 了解培养基的组分和各组分的来源以及培养基原料的处理方法。
- 了解培养基的分类，理解不同类型培养基的用途。
- 掌握种子扩大培养的一般步骤，了解影响种子质量的因素和控制方法。
- 掌握常规的菌种保藏方法。
- 能够制备培养基并对发酵种子进行扩大培养。

任务 2.1　发酵工业菌种的自然选育与保藏技术

在工业微生物发酵过程中，决定生产力水平高低的因素主要有生产菌种、发酵工艺、提取工艺和生产设备四个方面。在这四个因素中最重要的就是生产菌种，菌种的好坏会直接影响发酵产品的质量、产量及成本。从自然界分离得到的菌种，生产能力低，也很少按照人的意愿生产所需要的物质。因此，必须对野生菌株进行选育来达到工业生产的要求。菌种选育工作大幅度提高了微生物发酵的产量，特别是在抗生素、氨基酸、维生素、药用酶等生产中，可使产量提高几十倍、几百倍，甚至上千倍。例如，青霉素的原始生产菌种产生黄色色素，青霉素纯度很低，效价只有 40 U/mL，经过菌种选育后，不再产生黄色色素，青霉素效价可达到 90 000 U/mL，纯度达到 99.9%。

菌种是发酵工业生产成败的关键，工业生产用菌种应满足以下要求。

① 能在易得、价廉的原料制成的培养基上迅速生长，且代谢产物产量高。
② 可以在要求不高、易于控制的培养条件下迅速生长和发酵。
③ 生长速度快，发酵周期较短，这样可以减少感染杂菌的机会，提高设备的利用率。
④ 满足代谢控制的要求。
⑤ 抗噬菌体和杂菌能力强，不易被感染。
⑥ 菌种纯粹，遗传性状稳定（不易变异退化），以保证发酵生产和产品质量的稳定性。
⑦ 菌体不是病源菌，不产生任何有害的生物活性物质和毒素。

2.1.1　发酵工业常用菌种

1. 常见微生物

微生物在食品、药品、水产、化工、纺织、石油、国防等领域用途广泛。目前，微生物代谢产物的开发应用越来越多，已大规模工业化生产的有上百种，仅酶制剂工业就涉及四五十种。发酵工业常用微生物及应用见表 2.1 所示。

表 2.1　发酵工业常用微生物及应用

微生物种类	微生物名称	产物	应用
细菌	短杆菌	味精，谷氨酸	食品，医药
	枯草杆菌	淀粉酶	酒精浓醪发酵、啤酒酿造、葡萄糖制造、糊精制造、糖浆制造、纺织品退浆、铜版纸加工、洗衣业、香料加工（除去淀粉）
	枯草杆菌	蛋白酶	皮革脱毛柔化，胶卷回收银，丝绸脱胶，酱油速酿，水解蛋白，饲料生产，明胶制造，洗衣粉制造，梭状杆菌制造，丙酮、丁醇等工业有机溶剂制造
	巨大芽孢杆菌	葡萄糖异构酶	制造异构酶、由葡萄糖制造果糖
	大肠杆菌	酰胺酶	制造新型青霉素
	短杆菌	肌苷酸	医药行业、食品行业
	节杆菌	泼尼松	医药行业
	蜡状芽孢杆菌	青霉素酶	青霉素的鉴定、抵抗青霉素敏感症
酵母菌	酒精酵母	酒精	工业、医药行业
	酵母	甘油	医药行业、军工行业
	假丝酵母	单细胞蛋白	制造低凝固点石油及酵母菌体蛋白等
	假丝酵母	环烷酸	工业
	啤酒酵母	细胞色素	医药行业
	啤酒酵母	辅酶甲	医药行业
	啤酒酵母	酵母片	医药行业
	啤酒酵母	凝血质	医药行业
	类酵母	脂肪酶	医药行业、纺织脱蜡、洗衣粉制造
	阿氏假囊酵母	核黄素	医药行业
	脆壁酵母	乳糖酶	食品行业

续表

微生物种类	微生物名称	产物	应用
霉菌	黑曲霉	柠檬酸	工业、食品行业、医药行业
	黑曲霉	柚苷酶	柑橘罐头脱除苦味
	黑曲霉	酸性蛋白酶	啤酒防浊剂、消化剂、饲料
	黑曲霉	单宁酶	分解单宁、制造没食子酸、酶的精制
	黑曲霉	糖化酶	酒精发酵工业
	黑曲霉	酸性蛋白酶	啤酒防浊剂、消化剂、饲料
	黑曲霉	单宁酶	分解单宁、制造没食子酸、酶的精制
	黑曲霉	糖化酶	酒精发酵工业
	栖土曲霉	蛋白酶	皮革脱毛柔化，胶卷回收银，丝绸脱胶，酱油速酿，水解蛋白，饲料生产，明胶制造，洗衣粉制造，梭状杆菌制造，丙酮、丁醇等工业有机溶剂制造
	根霉	根霉糖化酶	葡萄糖制造、酒精厂糖化
	根霉	甾体激素	医药行业
	土曲霉	甲叉丁二酸	工业
	赤霉菌	赤霉素	农业（植物生长刺激素）
	梨头霉	甾体激素	医药行业
	青霉菌	青霉素	医药行业
	青霉菌	葡萄糖氧化酶	蛋白除去葡萄糖、脱氧、食品罐头储存、医药行业
	灰黄霉菌	灰黄霉素	医药行业
	木霉菌	纤维素酶	淀粉和食品加工、饲料生产
	黄曲霉菌	淀粉酶	医药行业、工业
	红曲霉	红曲霉糖化酶	葡萄糖制造、酒精厂糖化用
放线菌	各类放线菌	链霉素	医药行业
		氯霉素	医药行业
		土霉素	医药行业
		金霉素	医药行业
		红霉素	医药行业
		新生霉素	医药行业
		卡那霉素	医药行业
	小单孢菌	庆大霉素	医药行业

2. 发酵工业菌种的来源

发酵工业菌种的来源包括：直接从菌种的保藏机构购买，从自然界或现有菌种中分离筛选，对筛选出的菌种进行改良从而获得优良菌种。

发酵工业菌种是一个国家的重要资源，世界各国都对菌种极为重视，设置了各种专业性的菌种保藏机构。目前国内外主要菌种保藏机构见表2.2和表2.3。

表 2.2 国内主要菌种保藏机构

单位简称	单位名称	单位简称	单位名称
CCCCM	中国微生物菌种保藏管理委员会	—	中国食品药品检定研究所
CGMCC	中国普通微生物菌种保藏中心	—	中国预防医学科学院病毒研究所
AS	中国科学院微生物研究所	CACC	中国抗生素微生物菌种保藏中心
AS – IV	中国科学院武汉病毒研究所	IEM	中国医学科学院医学生物学研究所
ACCC	中国农业微生物菌种保藏中心	SIA	四川抗生素研究所
ISF	中国农业科学院土壤与肥料研究所	IANP	石家庄华北制药厂抗生素研究所
CICC	中国工业微生物菌种保藏中心	CVCC	中国兽医微生物菌种保藏中心
IFFI	中国食品发酵工业研究院	—	中国兽医药品监察所
CMCC	中国医学微生物菌种保藏中心	CFCC	中国林业微生物菌种保藏中心
ID	中国医学科学院皮肤病研究所	RIF	中国林业科学院林业研究所

表 2.3 国外主要菌种保藏机构

单位简称	单位名称	单位简称	单位名称
ATCC	美国典型培养物收藏中心	NCTC	国家典型菌种保藏中心（英国）
NRRL	北方开发利用研究部（美国）	IAM	东京大学应用微生物研究所（日本）
CBS	霉菌中心保藏所（荷兰）	CCTM	法国典型微生物保藏中心
NCIB	英国国立工业细菌菌库	CMI	英联邦真菌研究所
IFO	大阪发酵研究所（日本）	SSI	丹麦国立血清研究所
ATCC	美国典型培养物收藏中心	WHO	世界卫生组织

2.1.2 发酵工业菌种的分离与选育技术

1. 发酵工业菌种的分离

本部分内容主要介绍从自然界分离新菌种，它一般包括以下几个步骤：采样、富集培养、纯种分离和筛选。

1）采样

首先确定采样地点，要根据筛选的目的、微生物的分布状况、菌种的主要特征以及菌种与外界环境的关系等，进行综合、具体的分析后决定地点。例如，酵母类或霉菌类微生物，由于它们对碳水化合物的需要量比较多，一般又喜欢偏酸性环境，所以酵母类或霉菌类主要存在于植物花朵、瓜果种子或腐殖质含量高的土壤中。如果事先不了解某种菌种的具体来源，可以试着从土壤中分离。

如果是从土壤中分离目标菌种，在选好地点后，去除表土，取距离地面 5～15 cm 处的土壤几十克，盛入预先消毒好的牛皮纸袋或塑料袋中，扎好，并记录采样时间、地点、环境情况等。通常情况下，土壤中芽孢杆菌、放线菌和霉菌的孢子忍耐不良环境的能力较强，

不太容易死亡。但是，采样后的环境条件与天然条件有着不同程度的差异，因此应尽快分离目标菌。

2）富集培养

收集到的样品，如果所含目标菌较多，可直接进行分离；如果所含目标菌较少，就要设法增加目标菌的数量，进行富集（增殖）培养。所谓富集培养就是给混合菌群提供一些有利于目标菌生长或不利于非目标菌生长的条件，促使目标菌大量繁殖，从而有利于分离。例如，筛选纤维素酶产生菌时，以纤维素作为唯一碳源进行富集培养，使不能分解纤维素的菌不再生长；筛选脂肪酶产生菌时，以植物油作为唯一碳源进行富集培养，能更快、更准确地将脂肪酶产生菌分离出来。除碳源外，微生物对氮源、维生素、金属离子等的要求也是不同的，适当地控制这些营养条件能够提高分离效率。此外，控制富集培养基的 pH，有利于排除不需要的、对酸或碱敏感的微生物；添加一些专一性的抑制剂，可显著提高分离效率。例如，在分离放线菌时，可预先在土壤样品悬液中添加 10% 甲酚溶液滴，以抑制霉菌和细菌的生长；适当控制富集培养的温度，也是一条提高分离效率的途径。

3）纯种分离

通过富集培养并不能得到目标菌的纯种，因为生产菌在自然条件下通常是与各种菌混杂在一起的，所以必须进行分离纯化，才能获得纯种。纯种分离通常选用单菌落分离法，即把菌种制备成单孢子或单细胞悬浮液，经过适当的稀释后，在琼脂平板上进行划线分离。采用单菌落分离法有时会夹杂一些由两个或多个孢子所生长的菌落，另外不同孢子的芽管发生吻合，也可形成异核菌落。要克服这些缺点，就要特别重视单孢子悬浮液的制备方法。在纯种分离时，培养条件对筛选结果影响也很大，可通过控制营养成分、调节培养基 pH、添加抑制剂、改变培养温度和通气条件及热处理等来提高筛选效率。平板划线分离后挑选单个菌落进行生产能力测定，从中筛选出优良的菌株。

4）筛选

纯种分离后得到的菌株数量非常大，如果对每一菌株都做全面或精确的性能测定，工作量巨大，而且是不必要的。一般采用两步法，即初筛和复筛，经过多次重复筛选，直到获得 1～3 株较好的菌株，供发酵条件的摸索和生产试验，进而成为育种的出发菌株。这种直接从自然界分离得到的菌株称为野生型菌株，以区别于用人工育种方法得到的变异菌株（亦称突变株）。

2. 发酵工业菌种的选育

菌种选育的目的是改良菌种的特性，使其符合工业生产的要求。在正常生理条件下，微生物依靠其代谢调节系统，趋向于快速生长和繁殖菌体本身，而发酵工业往往需要的是微生物的代谢产物。因此，要通过菌种的选育获得能够大量积累所需代谢产物的菌种。菌种的选育包括经验选育和定向选育，其中经验选育又分自然选育和诱变选育，定向选育又分杂交选育和分子选育。

1）自然选育

在生产过程中，不经过人工处理，利用菌种的自发突变，从而选育出优良菌种的过程，叫作自然选育。菌种的自发突变往往存在两种可能性：一种是菌种衰退，生产性能下降；另一种是代谢更加旺盛，生产性能提高。具有实践经验和善于观察的工作人员，能够从自发突变的菌种中选育出优良菌种。例如,在谷氨酸发酵过程中,人们从被噬菌体污染的发酵液中分离出了抗噬菌体的菌种。又如,在抗生素发酵生产中,从高产的发酵液中取样进行分离,能够得到较稳定的高产菌种。但是自发突变的频率较低,出现优良性状的可能性较小,需要坚持相当长的时间才能收到效果。生产中经常把自然选育和诱变选育交替使用,这样才能收到较好的效果。自然选育流程如图 2.1 所示。

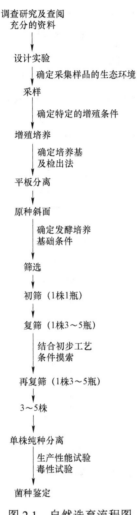

调查研究及查阅
充分的资料
↓
设计实验
确定采集样品的生态环境
采样
确定特定的增殖条件
增殖培养
确定培养基
及检出法
平板分离
↓
原种斜面
确定发酵培养
基础条件
↓
筛选
↓
初筛 (1株1瓶)
↓
复筛 (1株3～5瓶)
结合初步工艺
条件摸索
再复筛 (1株3～5瓶)
↓
3～5株
↓
单株纯种分离
生产性能试验
毒性试验
菌种鉴定

图 2.1 自然选育流程图

2)诱变育种

自发突变的频率较低,因此自然选育出来的菌种,不能满足育种工作的需要,不完全符合工业生产的要求,如产量低、副产物多、生长周期长等。因而不能仅停留在"选"种上,还要进行"育"种,如通过诱变剂处理菌株,就可以大大提高菌种的突变频率,扩大变异幅度,从中选出具有优良特性的变异菌株,这种方法就称为诱变育种。

用各种物理、化学的因素人工诱发基因突变是当前菌种选育的一种主要方法。因为人工诱变能提高突变频率和扩大变异谱,速度快,方法简便。但人工诱变随机性大,必须与大规

模的筛选工作相配合。所以诱变育种的主要环节为：首先以合适的诱变剂处理细胞悬浮液（诱变），再用合适的方法淘汰负效应变异株，选出性能优良的正变异株（筛选）。

诱变剂是指能够提高生物体突变频率的物质。常用的诱变剂可分为物理诱变剂（包括紫外线，快中子等）、化学诱变剂（包括硫酸二乙酯和亚硝基胍）。

诱变育种流程如图 2.2 所示。

图 2.2　诱变育种流程图

2.1.3　发酵工业菌种的保藏技术

菌种是从事微生物学以及生命科学研究的基本材料，特别是利用微生物进行有关生产，更离不开菌种。因此发酵工业菌种保藏是进行微生物学研究和微生物育种工作的重要组成部分。其任务首先是使菌种不致死亡，同时还要尽可能设法把菌种的优良特性保持下来而不致向坏的方面转化。

1. 发酵工业菌种保藏的原理

发酵工业菌种保藏主要是根据菌种的生理生化特点人工创造条件使孢子或菌体的生长代谢活动尽量降低，以减少其变异。一般可通过保持培养基营养成分在最低水平，以及使菌种处于缺氧、干燥、低温环境，使菌种处于"休眠"状态，抑制其繁殖能力。另外，避光、添加保护剂等也能有效提高保藏效果。

水分对生化反应和一切生命活动至关重要，因此，干燥尤其是深度干燥，在菌种保藏中占有首要地位。五氧化二磷、无水氯化钙和硅胶是良好的干燥剂，而高度真空则可以同时实现驱氧和深度干燥的双重目的。

低温是菌种保藏中的另一重要条件。微生物生长的温度下限在 $-30\ ℃$ 左右，可是在水溶液中能进行酶促反应的温度下限则在 $-140\ ℃$ 左右。这可能就是即使把菌种保藏在较低的温度下，但只要有水分存在，还是难以长期保藏的一个主要原因。因此，低温必须与干燥结合，才具有良好的保藏效果。

无论采用何种保藏方法，首先应该挑选典型菌种的优良纯种来进行保藏，最好保藏它们的休眠体，如分生孢子、芽孢等。一种好的保藏方法应能长期保持菌种原有的优良性状不变，同时还需要考虑方法本身的简便性和经济性，以便在生产中能推广使用。

2. 发酵工业菌种保藏的方法

1）传代培养保藏法

传代培养保藏法又叫斜面培养、穿刺培养、疱肉培养基培养等，用于保藏厌氧细菌，培养后保存在冰箱内，温度控制在 $4\sim 6\ ℃$。

传代培养保藏法为实验室和工厂菌种室常用的保藏方法。其优点是操作简单，使用方便，不需要特殊设备，能随时检查所保藏的菌种是否死亡、变异或被杂菌污染等。其缺点是菌种容易变异，因培养基的物理、化学特性不是严格恒定的，屡次传代会使菌种的代谢改变，而影响菌种的性状，此外污染杂菌的机会亦较多。

2）液体石蜡覆盖保藏法

液体石蜡覆盖保藏法是传代培养保藏法的变相方法，能够适当延长保藏时间，它是在斜面培养物和穿刺培养物上面覆盖灭菌的液体石蜡，一方面可防止因培养基水分蒸发而引起菌种死亡，另一方面可阻止氧气进入，以减弱代谢作用。

液体石蜡覆盖保藏法的优点是制作简单，不需要特殊设备，且不需要经常移种；缺点是保存时必须直立放置，不便于携带。从液体石蜡下面取培养物移种后，接种环在火焰上烧灼时，培养物容易与残留的液体石蜡一起飞溅，应特别注意。

3）冷冻保藏法

冷冻保藏法分是指把菌种保藏在低温冰箱（ $-30\sim -20\ ℃$，$-80\sim -50\ ℃$）、液氮（ $-196\ ℃$）、干冰酒精（约 $-70\ ℃$）等低温环境中。

冷冻保藏法是菌种保藏方法中最有效的方法之一，对一般生命力强的微生物及其孢子和无芽胞菌都适用，即使对一些很难保存的致病菌，如脑膜炎球菌与淋病球菌等也能保存。此法适用于菌种长期保存，一般可保存数年至数十年，但设备和操作都比较复杂。

4）载体保藏法

载体保藏法是将微生物吸附在适当的载体，如土壤、沙子、硅胶、滤纸上，而后进行干燥的保藏方法。该方法应用相当广泛。

细菌、酵母菌、丝状真菌均可载体保藏法保藏，前两者可保藏 2 年左右，有些丝状真菌可保藏 $14\sim 17$ 年之久。该方法操作简便，不需要特殊设备。

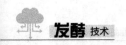

5）寄主保藏法

寄主保藏法用于目前尚不能在人工培养基上生长的微生物，如病毒、立克次氏体、螺旋体等，它们必须寄生于活的动物体内或者鸡胚内感染并传代，此法相当于一般微生物的传代培养保藏法。病毒等微生物也可用其他方法，如冷冻保藏法进行保藏。

此法多用于能产生孢子的微生物如霉菌、放线菌，因此在抗生素工业生产中应用最广，效果也较好，孢子可保存 2 年左右，但应用于保藏营养细胞时效果不佳。

2.1.4　防止发酵工业菌种衰退的措施

微生物具有生命活动能力，其传代时间一般是很短的，在传代过程中易发生变异甚至死亡，因此常常造成发酵工业生产菌种的退化，并有可能使优良菌种丢失，所以，如何保持菌种优良性状的稳定是研究发酵工业菌种保藏的重要课题。

1. 菌种衰退概述

菌种衰退是指由于自发突变的结果，而使某物种原有的一系列生物学性状发生量变或质变的现象。菌种衰退的具体表现有以下几个方面：

① 菌落和细胞形态的改变。每一种微生物在一定的培养条件下都有一定的形态特征，如果典型的形态特征逐渐减少，就表现为衰退。

② 生长速度缓慢，所产孢子越来越少。

③ 生产代谢产物的能力下降，即出现负突变。

④ 致病菌对宿主侵染能力下降。

⑤ 对外界不良条件（低温、高温或噬菌体侵染等）的抵抗能力下降，如抗噬菌体菌株变为敏感菌株等。

值得注意的是，有时培养条件的改变或杂菌污染等原因会造成菌种衰退的假象，因此在实践工作中一定要正确判断菌种是否衰退，这样才能找出正确的解决办法。

2. 菌种衰退的原因

菌种衰退不是突然发生的，而是从量变到质变的逐步演变过程。开始时，在群体中仅有个别细胞发生自发突变（一般均为负突变），不会使群体性能发生改变。经过连续传代，群体中的负突变个体达到一定数量，发展成为优势群体，从而使整个群体表现为严重的衰退。经分析发现，导致菌种衰退的原因如下。

1）基因突变

菌种衰退的主要原因是相关基因的负突变。如果控制产量的基因发生负突变，则表现为产量下降；如果控制孢子生成的基因发生负突变，则产生孢子的能力下降。菌种在移种传代过程中会发生自发突变，而且一般为负突变。

2）连续传代

连续传代是加速菌种衰退的一个重要原因。一方面，传代次数越多，发生自发突变（尤其是负突变）的概率就越高；另一方面，传代次数越多，群体中个别的衰退型细胞数量增加且占据优势的速度也越快，致使群体表型出现衰退。

3）不适宜的培养条件和保藏条件

不适宜的培养条件和保藏条件是加速菌种衰退的另一个重要原因。培养条件（如营养成分、温度、湿度、pH、通气量等）和保藏条件（如含水量、温度、含氧量）等在不适宜的情况下，不仅会诱发衰退型细胞的出现，还会促进衰退型细胞迅速增殖，在数量上大大超过正常细胞，造成菌种衰退。

3. 防止菌种衰退的措施

根据菌种衰退的原因，可以采取以下防止措施。

1）控制传代次数

在实际工作中要尽量避免不必要的移种和传代，将必要的传代降低到最低限度，以减少自发突变的概率。一套良好的菌种保藏方法可大大减少不必要的移种和传代次数。

2）创造良好的培养条件

创造一个适合原种的良好培养条件，可以防止菌种衰退。例如，培养营养缺陷型菌株时应保证适当的营养成分，尤其是生长因子不可缺乏；培养一些抗性菌时应添加一定浓度的药物于培养基中，使回复的敏感型菌株的生长受到抑制，而生产菌能正常生长；控制好碳源、氮源等培养基成分和 pH、温度等培养条件，使之有利于正常菌株的生长，同时限制退化菌株的数量，防止衰退。

3）利用不易衰退的细胞移种传代

在放线菌和霉菌中，菌丝细胞常含几个细胞核，甚至是异核体，因此用菌丝接种就会出现不纯和衰退，而孢子一般是单核的，用孢子接种，就能避免这种情况的发生。在实践中，用无菌棉团轻沾放线菌孢子进行斜面移种，可避免接入菌丝，能够达到防止菌种衰退的效果；某些霉菌（如构巢曲霉），若用其分生孢子传代就易衰退，而改用子囊孢子移种则能避免衰退。

4）采用有效的菌种保藏方法

传代培养保藏法只适用于短期保藏，而需要长期保藏的菌种，应当采用载体保藏法、冷冻保藏法等。对于比较重要的菌种，要尽可能采用多种保藏方法，从而达到最佳的保藏效果。

有效的菌种保藏方法对于防止菌种衰退是非常必要的，实践中应有针对性地选择菌种保藏方法。例如，啤酒酿造中常用的酿酒酵母，保持其优良发酵性能最有效的保藏方法是 $-70\ ℃$ 低温保藏，其次是 $4\ ℃$ 低温保藏，如果采用对于绝大多数微生物保藏效果很好的冷冻保藏法，其效果反而并不理想。

5）定期进行分离纯化

定期对菌种进行分离纯化，检测相应指标，也是有效防止菌种衰退的措施，此措施即菌种复壮。

任务 2.2　发酵培养基的制备及原料处理技术

培养基是指人工配制的适合微生物、动植物细胞生长繁殖或积累代谢产物的营养基质，一般含有碳源、氮源、矿物质（无机盐，包括微量元素）以及水和生长因子等。上述物质只具有一般性，并不是所有微生物都需要，例如，自养型微生物，自身可合成碳水化合物，因此其培养基中不需要加入碳源。此外，根据培养基的成分、物理状态、用途等，可将培养基分为多种类型。

2.2.1　培养基的组分及来源

培养基的组成中除了水分外，碳源和氮源的含量是最大的。碳源含量一般不超过 10%，氮源含量较低，一般碳、氮比应为 3:1～4:1。

1. 碳源

碳源具有双重作用，一是在微生物生产生物物质或生物化工产品过程中，提供碳元素，二是在上述过程中提供能量。微生物发酵常用的碳源主要有糖类、油脂、有机酸、正烷烃和低碳醇等。

1）葡萄糖

葡萄糖对于微生物来说，最易利用，因此可有效加速微生物的生长。但过多的初始葡萄糖反而会抑制微生物生长，引起葡萄糖效应，这主要是由于葡萄糖分解代谢的阻遏造成的。另外过多的葡萄糖会过分加速菌体呼吸，以至于溶解氧不能满足呼吸需要，使一些中间代谢物累积，pH 下降，影响微生物的生长和产物的合成。

2）糖蜜

糖蜜又称糖浆，俗称糖稀。发酵工业所用的糖蜜，主要是指制糖工业上的废糖蜜，是甘蔗糖厂或甜菜糖厂的一种副产品。糖蜜中含丰富的糖，主要是蔗糖，总糖量可达 50%～75%，此外，糖蜜还含有氮、无机盐、维生素等。

糖蜜常用在酵母、丙酮、丁醇的生产中，抗生素的发酵生产也常用糖蜜作为碳源。酒精发酵中若用糖蜜替代甘薯粉，可省去蒸煮、制曲、糖化等过程，简化了生产工艺。

糖蜜中常含较多杂质，有些杂质是有用的，但大多数杂质对发酵产生不利的影响，因此在糖蜜使用过程中，要对糖蜜进行预处理。例如，在谷氨酸发酵生产中，糖蜜中的有害物质有胶体成分（起泡、结晶）、钙盐（结晶）、生物素（影响产率）等，需要对糖蜜做的预处理有澄清、脱钙、脱除生物素。

3）淀粉和糊精

淀粉在发酵工业中被普遍使用，糊精是 α–淀粉酶水解淀粉的产物。淀粉可以克服葡萄糖代谢过快的弊病，同时淀粉来源丰富，价格也比较低廉。常用的淀粉原料有玉米、小麦、燕麦和甘薯等。玉米淀粉一般用于核苷酸、氨基酸、酶制剂、抗生素等的发酵生产，小麦淀粉、燕麦淀粉一般用于有机酸、醇类的发酵生产。有些微生物可直接利用玉米淀粉粉或土豆淀粉作为碳源。

4）油脂

常用的油脂类碳源有豆油、菜油、葵花籽油、棉籽油、猪油、鱼油等。油脂作为碳源比葡萄糖作为碳源需要更多的氧，否则会导致大量脂肪酸和有机酸的积累，造成培养基的 pH 下降，影响酶的作用。

5）有机酸

乳酸、柠檬酸、乙酸等有机酸及其盐也能作为碳源，但是常会使培养基的 pH 上升，尤其是有机酸盐氧化时，常伴随着碱性物质的产生。因此，实际生产中要特别注意有机酸盐碳源对 pH 的影响。

6）正烷烃

正烷烃，一般是从石油裂解中得到的碳原子数为 14～18 直链烷烃混合物，以及甲烷、乙烷、丁烷等，可用于有机酸、氨基酸、维生素、抗生素和酶制剂的工业发酵。

7）甲醇、乙醇

甲醇、乙醇可用作生产单细胞的碳源，例如，嗜甲烷棒状杆菌可以利用甲醇生产单细胞蛋白，对甲醇的转化率可达 47%以上。近年来国外用乙醇代粮发酵的工艺发展十分迅速，菌体得率比葡萄糖等还高。

2. 氮源

氮源包括无机氮源和有机氮源，二者应当混合使用。在发酵早期，采用易利用、易同化的无机氮源；在发酵中期，菌体的代谢酶系已形成，此时可应用有机氮源。无机氮源会引起发酵中 pH 的变化，而有机氮源往往加快微生物的生长。

1）无机氮源

无机氮源的特点是成分简单、质量稳定、易被菌体吸收利用，因此也称其为速效氮源。常用的无机氮源有铵盐、硝酸盐和氨水等。

无机氮源的利用会引起培养基 pH 的变化。经过微生物代谢作用后能产生酸性物质的营养成分称为生理酸性物质，生理酸性物质使 pH 下降；经过微生物代谢作用后能产生碱性物质的营养成分称为生理碱性物质，生理碱性物质使 pH 上升。例如，生理酸性物质硫酸铵被菌体利用后，产生硫酸，使 pH 下降；生理碱性物质硝酸钠被菌体利用后，产生氢氧化钠，使 pH 上升。正确使用生理酸性物质和生理碱性物质，对稳定和调节发酵过程的 pH 有积极作用。

氨水是一种易被菌体吸收利用的氮源，在发酵过程中也可以调节 pH，在多种抗生素的生产中得到普遍应用。氨水碱性较强，因此使用时要防止局部过碱，应少量多次地加入，并加强搅拌。另外在氨水中含有多种嗜碱性微生物，在使用前应用石棉等过滤介质进行除菌过滤。

2）有机氮源

有机氮源包括氨基酸、蛋白质等，出于成本考虑，生产中一般采用廉价的天然原料或副产品作为有机氮源。常用的有机氮源有花生饼粉、黄豆饼粉、棉籽饼粉、玉米浆、玉米蛋白粉、蛋白胨、酵母粉、鱼粉、蚕蛹粉、尿素、废菌丝体和酒糟等。有机氮源在微生物分泌的蛋白酶的作用下，水解成氨基酸，被微生物吸收后再进一步分解代谢。

有机氮源成分复杂，除了提供氮源外，有些还能提供大量的无机盐及生长因子。例如，玉米浆是易被利用的氮源，可提供可溶性蛋白、生物素、苯乙酸、乳酸以及硫、磷、微量元素等。来源于天然产物的有机氮源，受产地、加工方法的影响，其质量并不稳定，常引发发酵水平的波动，因此选择有机氮源时，要注意品种、产地、加工方法、贮藏条件对发酵的影响，注意它们与菌体生长和代谢产物合成的相关性。尿素也是常用的有机氮源，是人工合成的，成分单一，不具有上述有机氮源的特点。在青霉素、谷氨酸等生产中，尿素常被采用，尤其是在谷氨酸生产中，尿素可提高谷氨酸的产量。

3. 无机盐及微量元素

微生物在生长繁殖和代谢产物的合成过程中，还需要某些无机离子如硫、磷、镁、钙、

钠、钾、铁等。硫、磷、镁、钙、钠、钾等离子所需浓度相对较大，一般为 $10^{-4}\sim10^{-3}$ mol/L，属大量元素，在配制培养基时需要以无机盐的形式加入。铁、铜、锌、锰、钼和钴等离子所需浓度相对较小，一般为 $10^{-8}\sim10^{-6}$ mol/L，属微量元素。由于天然原料和天然水中微量元素都以杂质等状态存在，因此，配制天然培养基（复合培养基）时一般无须单独加入微量元素，配制合成培养基或某个特定培养基时才需要加入。例如，生产维生素 B_{12} 时，因钴是组成成分，因此需要加入氯化钴。

不同微生物及同一种微生物的不同生长阶段对无机盐及微量元素的需求不同。一般无机盐及微量元素在低浓度时对微生物生长和目的产物的合成有促进作用，在高浓度时常表现出明显的抑制作用。例如，在谷氨酸的合成中，磷酸盐浓度过高就会抑制 6-磷酸葡萄糖脱氢酶的活性，使菌体生长旺盛，而谷氨酸的产量却很低，代谢向缬氨酸方向转化。但也有一些产物要求磷酸盐浓度高些，例如，生产淀粉酶时，添加超过菌体生长所需的磷酸盐浓度，则能显著增加淀粉酶的产量。

4. 水

水是微生物机体必不可少的组成成分。培养基中的水在微生物生长和代谢过程中不仅提供了必需的生理环境，而且具有重要的生理功能。

生产中使用的水有深井水、地表水、自来水、纯净水等。对于发酵工厂来说，恒定的水源是至关重要的，因为不同水源中的各种物质会显著影响微生物的发酵代谢，特别是水中的矿物质组成对酿酒工业和淀粉糖化影响巨大。水源质量要定期检测，水质的主要参数有 pH、溶解氧、可溶性固体、污染程度以及矿物质组成和含量等。

5. 生长因子

生长因子是微生物自身不能合成而且是生长必不可少的营养物。从广义上讲，凡是微生物生长不可缺少的微量有机物质，如氨基酸、嘌呤、嘧啶、维生素等均称为生长因子。如肠膜状明串珠菌的生长需要补充 10 种维生素、19 种氨基酸、3 种嘌呤及嘧啶等。从狭义上讲，生长因子一般仅指维生素。微生物所需的维生素多为 B 族维生素，如 VB_1（硫胺素）、VB_2（核黄素）、VB_3（泛酸）等。有机氮源是这些生长因子的重要来源，多数有机氮源含有较多的 B 族维生素、微量元素和某些生长因子。

6. 前体

在微生物代谢产物的生物合成过程中，有些化合物能直接被微生物利用，构成产物分子结构的一部分，而化合物本身的结构没有大的变化，这些化合物称为前体。前体的添加可显著提高产物的产量，如青霉素发酵时，人们发现添加玉米浆后，青霉素单位可由 20 μg/mL 增加到 100 μg/mL，进一步研究表明，青霉素单位增加的主要原因是玉米浆中含有苯乙酸，它能被优先结合到青霉素分子中，从而提高青霉素的产量，苯乙酸即青霉素发酵生产中的前体。

需要注意的是，有些前体如苯乙酸、丙酸等，浓度过高时会对菌体产生毒性，另外，有些微生物能氧化分解前体。因此在生产中为了减少毒性和提高前体的利用率，补加前体宜采用少量多次的间歇补加方式或连续流加的方式。

7. 促进剂和抑制剂

在发酵培养基中加入某些微量的化学物质，可促进目的代谢产物的合成，这些物质被称为促进剂。例如，在四环素的发酵培养基中加入硫氰化苄或 2-巯基苯并噻唑，可控制三羧酸循环中某些酶的活力，增强戊糖循环，促进四环素的合成。

在发酵过程中加入某些化学物质会抑制某些代谢途径的进行，同时会使另一代谢途径活跃，从而获得人们所需的某种代谢产物，或使正常代谢的中间产物积累起来，这种物质被称为抑制剂。例如，在四环素发酵时，加入溴化物可以抑制金霉素的生物合成，而使四环素的合成加强。另如，在利福霉素 B 发酵时，加入二乙基巴比妥盐可抑制其他利福霉素的生成。

8. 消泡剂

工业发酵中常用一些消泡剂消除发酵中产生的泡沫，防止逃液和染菌，保证生产的正常运转。常用的消泡剂有植物油脂、动物脂肪和一些化学合成的高分子化合物。

2.2.2 培养基的分类

培养基的分类依据很多，可以根据培养基组成成分的纯度、培养基的物理状态、培养基的用途、培养基用于生产的目的等进行分类。

1. 按照培养基组成成分的纯度分类

培养基按其组成成分的纯度，可分为合成培养基、天然培养基和半合成培养基三类。

1）合成培养基

合成培养基是用化学成分明确、稳定的物质配制的培养基。如高氏一号培养基、马丁氏培养基等。合成培养基的特点是：所用物质的化学成分明确、稳定，重复性好，营养单一，价格较高。合成培养基不适于大规模生产，而适用于菌种的营养、代谢、分类鉴定、生物测定及选育、遗传分析等定量研究工作。在生产某些菌苗和疫苗的过程中，为了防止异源杂蛋白质等的掺入，也常用合成培养基。

2）天然培养基

天然培养基也称复合培养基，是由化学成分不清楚或化学成分不恒定的天然有机物组成的培养基。天然培养基的制备原料主要是动、植物组织或微生物的浸出物、水解液等，如牛肉膏、蛋白胨、酵母膏、麦芽汁、玉米浆、黄豆饼粉、淀粉水解液、糖蜜等。天然培养基的优点有：原料来源丰富，价格低廉；营养丰富、组分复杂，一般不需要另外添加微量元素、维生素等物质，有利于微生物的生长繁殖和目的产物的合成。天然培养基的缺点有：每批原料的质量有差异，若对原料不加以控制会严重影响生产的稳定性。

3）半合成培养基

半合成培养基既含天然成分，又含化学试剂，即在天然有机物的基础上适当加入已知成分的无机盐类，或在合成培养基的基础上添加某些天然成分，如培养霉菌用的马铃薯葡萄糖琼脂培养基。这类培养基能更有效地满足微生物对营养物质的需要，在发酵生产中也多被采用。

2. 按照培养基的物理状态分类

培养基按其物理状态可分为液体培养基、固体培养基和半固体培养基三类。

1）液体培养基

液体培养基呈液态，其中不加任何凝固剂，水的体积占 80%～90%，含有可溶性的或不溶性的组分。液体培养基是发酵工业中大规模使用的培养基，如培养种子和发酵用的培养基，在培养过程中，通过振荡或搅拌使培养基中营养物质分布均匀，同时还可增加培养基的通气

量，有利于氧的传递。在微生物生理代谢研究、菌种鉴定中，也常用液体培养基。

2）固体培养基

固体培养基有两种，固化培养基和天然固体培养基。固化培养基是在液体培养基中加入一定量的凝固剂配成的培养基，常用的凝固剂是琼脂，加量 2% 左右。固化培养基适用于菌种和孢子的培养和保存，以及菌种的分离、菌落特征的观察、活菌计数和菌种鉴定等。天然固体培养基是由天然固态基质如麸皮、大米、小米、木屑、禾壳等，加少量水配制而成的，主要用于孢子培养以及药用菌、食用菌的生产。

3）半固体培养基

液体培养基中加入少量的琼脂，一般加量为 0.5%～0.8%，则培养基呈半固体状态。半固体培养基主要用于鉴定细菌、观察细菌的运动特征及测定噬菌体的效价等，也用于厌氧菌的培养和保藏。

3. 按照培养基的用途分类

培养基按其用途可分为加富培养基、选择培养基和鉴别培养基三类。

1）加富培养基

加富培养基是在培养基中加入血、血清、动植物组织提取液等，用以培养要求比较苛刻的某些微生物。

2）选择培养基

选择培养基是根据某一种或某一类微生物的特殊营养要求或对一些物理、化学抗性而设计的培养基，利用这种培养基可以将所需的微生物从混杂的微生物中分离出来。例如，利用三种选择培养基分别从土壤中分离细菌、放线菌和真菌，即牛肉膏蛋白胨培养基分离细菌，高氏一号培养基分离放线菌，马丁氏培养基分离真菌。

3）鉴别培养基

鉴别培养基是一类通过辨色就能将不同微生物区分开的培养基，它是在组分中加入某种指示剂，指示剂能与目的菌的无色代谢产物发生显色反应，经过培养，只需用肉眼辨别颜色便能从类似菌落中找到目的菌菌落。

4. 按照培养基用于生产的目的分类

培养基按其用于生产的目的可分为孢子培养基、种子培养基、发酵培养基三类。

1）孢子培养基

孢子培养基是供菌种繁殖孢子的一种常用固体培养基，对这种培养基的要求是能使菌种迅速生长，产生较多优质的孢子，并要求这种培养基不易引起菌种发生变异。因此对孢子培养基的基本配制要求是：第一，营养不要太丰富（特别是有机氮源），否则不易产生孢子，如灰色链霉菌在葡萄糖－硝酸盐－其他盐类的培养基上都能很好地生长和产生孢子，但若加入 0.5% 酵母膏或酪蛋白，就只长菌丝而不长孢子；第二，所用无机盐的浓度要适量，不然也会影响孢子的产量和孢子的颜色；第三，要注意孢子培养基的 pH 和湿度。生产上常用的孢子培养基有麸皮培养基、小米培养基、大米培养基、玉米碎屑培养基和用葡萄糖、蛋白胨、牛肉膏和食盐等配制成的琼脂斜面培养基。大米和小米常用作霉菌孢子的培养基，因为它们含氮量少、疏松、表面积大，所以是较好孢子培养基。

2）种子培养基

种子培养基为孢子发芽、生长提供营养，使孢子大量繁殖菌丝，并使菌丝长得粗壮，成为活力强的"种子"。因此种子培养基所含营养成分要比较丰富，氮源和维生素的含量也要高些，但总浓度以略稀薄为好，这样可保证较高的溶解氧，供大量菌体生长繁殖需要。一般种子培养基都用营养丰富的天然有机氮源，因为有些氨基酸能刺激孢子发芽。而无机氮源容易利用，有利于菌体迅速生长，所以在种子培养基中常同时含有有机氮源和无机氮源。最后一级的种子培养基的成分最好能较接近发酵培养基，这样可使种子进入发酵培养基后能迅速适应，快速生长。

3）发酵培养基

发酵培养基是供菌种生长、繁殖和合成目的产物的培养基。它既要使种子接种后能迅速生长，达到一定的菌丝浓度，又要使长好的菌体能迅速合成产物。因此，发酵培养基的组成除含有菌体生长所必需的元素和化合物外，还要有产物所需的特定元素、前体和促进剂等。若因菌体生长和合成产物需要的总的碳源、氮源、磷源等的浓度太高，或生长和合成两阶段各需的最佳条件要求不同时，可考虑使用给培养基分批补料的方法来满足发酵条件。

2.2.3 培养基原料的处理

1）淀粉原料的处理

淀粉原料是廉价、易得的碳源，在发酵工业中普遍使用。然而大多数微生物不能直接利用淀粉（如所有的氨基酸生产菌都不能直接利用淀粉）。即使有些微生物能够直接利用淀粉，也必须在微生物产生淀粉酶后才能进行，所以发酵过程缓慢，发酵周期延长。另外，若直接利用淀粉作为原料，灭菌过程的高温会导致淀粉结块，发酵液黏度剧增。因此，在发酵生产之前，必须对淀粉原料进行处理，即将淀粉水解为葡萄糖，才能供发酵使用。在工业生产中，将淀粉水解为葡萄糖的过程称为淀粉的糖化，制得的溶液叫作淀粉水解糖。

淀粉糖化的方法分为酸解法、酶解法和酸酶（酶酸）结合法。

（1）酸解法

我国的味精生产工厂多数采用酸解法工艺，其工艺流程为：原料（淀粉、水、盐酸）—调浆（液化）—糖化—冷却—中和、脱色—过滤除杂—糖液。酸解法具体操作要点如下。

① 调浆。首先往淀粉中加水调成 10～11Bé（波美度）的淀粉乳，然后加入盐酸将 pH 调至 1.5 左右。

② 糖化。先在水解锅内加部分水，预热至 100～105 ℃（蒸汽压力为 0.1～0.2 MPa），随后用泵将淀粉乳送至水解锅内迅速升温，水解锅用蒸汽加热，表压控制在 0.25～0.4 MPa，时间控制在 10～20 min，即可将淀粉水解成葡萄糖。

③ 冷却。中和温度过高易形成焦糖，脱色效果差；温度低，糖液黏度大，过滤困难。

因此，生产上一般将糖化液冷却到 80 ℃以下中和。

④ 中和。中和的目的是调节 pH，使糖化液中的蛋白质和其他胶体物质沉淀析出。淀粉水解完毕，糖化液 pH 仅为 1.5 左右，一般用一定浓度的氢氧化钠溶液进行中和，中和终点的pH 一般控制在 4.0～4.5。淀粉原料不同，中和终点的 pH 也不同，薯类淀粉的终点 pH 略高些，玉米淀粉的终点 pH 略低些。

⑤ 脱色。酸解液中尚存在一些色素（如蛋白质水解产物——氨基酸与葡萄糖分解产物起化学反应产生的物质）和杂质（如蛋白质及其他胶体物质和脂肪等）对氨基酸发酵和提取不利，需通过脱色除去。一般脱色方法有活性炭吸附法和脱色树脂法两种，其中活性炭吸附法具有脱色与助滤两方面作用，工艺简便、效果好，为国内多数味精厂所采用。脱色用的活性炭以采用粉末状活性炭较好，活性炭用量为淀粉原料的 0.6%～0.8%，在 70 ℃及酸性条件下脱色效果较好，脱色时需搅拌以促进活性炭吸附色素和杂质。

⑥ 过滤除杂。经中和、脱色的糖化液要充分沉淀 1～2 h。待糖化液温降到 45～50 ℃时，用泵打入过滤器除去杂质，过滤后的糖化液送贮糖桶贮存，到此为止，淀粉糖化过程结束，制成的糖化液供发酵使用。过滤时要控制好温度，若过滤温度太高，蛋白质等杂质沉淀不完全；如温度太低，黏度大，过滤困难。

（2）酶解法

先用 α-淀粉酶将淀粉水解成糊精和低聚糖，然后再用糖化酶将糊精和低聚糖进一步水解成葡萄糖的方法，称为酶解法。国外味精生产厂家淀粉一般采用酶解法，这种方法糖解液中的色素等杂质明显减少，并简化了脱色工艺，而且反应条件较温和，不需要耐高温、高压的设备，节省了设备投资，改善了操作条件，淀粉水解过程中很少有副反应发生，淀粉水解的转化率较高。但在我国酶解法的应用并不十分广泛，这是因为此方法花费的时间长，酶解操作要求较严格，需要的设备比酸解法多。酶解法具体操作要点如下。

① 液化。淀粉在淀粉酶的作用下，分子内部的 α-1,4-糖苷键发生断裂。随着酶解的进行，淀粉的相对分子质量变得越来越小，酶解液黏度不断下降，流动性增强，最终生成了能溶于水的糊精和低聚糖，这个过程称为液化。国内目前较为普遍采用一次升温液化法和连续进出料液化法。一次升温液化法过程如下：用纯碱溶液将 30%～35%淀粉乳（13～14°Bé）调整 pH 至 6.2～6.4，然后加入 Ca^{2+} 和 α-淀粉酶，搅匀后泵入密闭的液化锅内加热到 88～90 ℃，保温 15～20 min。液化完毕，用碘液检验，根据糖化酶对底物分子大小的要求，应以液化液与碘液反应显棕色为淀粉的液化终点。合格后，立即升温至 100 ℃加热使酶失活。

② 糖化。由糖化酶将淀粉的液化产物糊精和低聚糖进一步水解成葡萄糖的过程，称为糖化。工业上生产的糖化酶主要来自曲霉、根霉和拟内孢霉。糖化工艺具体条件如下：将 30%淀粉乳的液化液泵入带有搅拌器和保温装置的开口桶内，加入糖化酶，然后在一定 pH 和温度下进行糖化，48 h 后，用无水酒精检查糖化是否完全。糖化结束，升温至 80 ℃，加热 20 min，杀灭糖化酶。糖化时的温度和 pH 取决于糖化酶制剂的性质。

③ 酸酶结合法。先用淀粉酶将淀粉水解成糊精和低聚糖，然后再用糖化酶将酸解产物糖化成葡萄糖。淀粉的液化借助于酸解作用，液化速度迅速，与双酶法相比，淀粉水解时间明显缩短。本法适合玉米淀粉、小麦淀粉等颗粒坚实的原料。

④ 酶酸结合法。先用淀粉酶水解，然后再用酸将糊精水解成葡萄糖。因葡萄糖是由酸催化产生的，为了防止复合反应的发生，所以液化时淀粉乳的浓度不能太高，最高不超过 20%。本法适合像碎米那样大小不一的原料。

2）糖蜜原料的处理

糖蜜是甘蔗或甜菜糖厂的末次母液，含有相当数量的可发酵性糖，但常含较多杂质，大多对发酵产生不利的影响，因此糖蜜必须进行预处理才能用于发酵工业。糖蜜预处理的方法可概括为：澄清处理、脱钙处理、除生物素处理。

（1）澄清处理

糖蜜澄清处理操作步骤为：第一步加酸酸化，加硫酸使蔗糖转化为单糖，同时能起到抑菌作用，灰分变为硫酸钙沉淀，吸附胶体除去杂质；第二步加热灭菌，温度控制在 80～90 ℃，时间 60 min；第三步静止沉淀，除去加酸、加热过程中的不溶性沉淀。常用的澄清方法有冷酸通风沉淀法、热酸通风沉淀法和絮凝剂澄清处理法。

（2）脱钙处理

糖蜜中含有较多钙盐，影响产品的结晶提取，因此必须进行脱钙处理。常用钙盐沉淀剂是纯碱，具体操作方法是：将糖蜜稀释至 40～50°Bx（糖锤度），加热至 80～90 ℃，保持 30 min，最后过滤，可将钙盐含量降至 0.02%～0.06%。

（3）除生物素处理

糖蜜的生物素含量丰富，为 40～2 000 μg/kg，甘蔗糖蜜的生物素含量是甜菜糖蜜的 30～40 倍。对于生物素缺陷性菌株，生物素将严重影响菌株细胞膜的渗透性，导致代谢产物不能积累。因此可在发酵过程中添加一些对生物素产生拮抗作用的化学药剂（表面活性剂），或添加一些能够抑制细胞壁合成的化学药剂（青霉素）来改善细胞膜的渗透性，从而降低生物素的影响。在发酵前用活性炭、树脂吸附生物素，或者用亚硝酸破坏生物素，可以去除糖蜜中的生物素。

任务 2.3 发酵工业菌种的扩大培养技术

菌种扩大培养是指将保存在沙土管、冷冻干燥管中处于休眠状态的生产菌种接入试管斜面活化后，再经过扁瓶或摇瓶及种子罐逐级扩大培养而获得一定数量和质量的纯种的过程。这些纯种培养物称为种子。

目前工业规模的发酵罐容积已达到几十立方米或几百立方米，如按百分之十左右的种子量计算，就要投入几立方米或几十立方米的种子。因此要从保藏在试管中的微生物菌种逐级扩大为生产用种子，这是一个由实验室制备到车间生产的过程。种子的生产方法与条件随不同的生产品种和菌种种类而异，如细菌、酵母菌、放线菌或霉菌生长的快慢，产孢子能力的大小，对营养、温度、需氧等条件的不同要求。因此，菌种扩大培养应根据菌种的生理特性，选择合适的培养条件来获得代谢旺盛、数量足够的种子。这种种子接入发酵罐后，将使发酵生产周期缩短，设备利用率提高。此外，种子液质量的优劣也对发酵生产起着关键作用。

发酵工业生产过程中的种子必须满足以下条件：

第一，菌种细胞的生长活力强，移种至发酵罐后能迅速生长，迟缓期短；

第二，生产菌不是病原菌，其产物无毒性；

第三，菌体总量及浓度能满足大容量发酵罐的要求；

第四，菌种纯，遗传性能稳定，不易感染噬菌体；

第五，发酵原料来源广、廉价，菌种大量高效地合成产物，发酵中副产物少。

2.3.1 种子的制备过程

在发酵生产过程中，种子的制备过程大致可分为两个阶段：实验室种子的制备和生产车间的种子制备。

1. 实验室种子的制备

实验室种子的制备一般采用两种方式：对于产孢子能力强的及孢子发芽、生长繁殖快的菌种可以采用固体培养基培养孢子，孢子可直接作为种子罐的种子，这样操作简便，不易污染杂菌；对于产孢子能力不强或孢子发芽慢的菌种，可以用液体培养法。

1）孢子的制备

孢子的制备方法因菌种类型而异，细菌孢子、霉菌孢子、放线菌孢子的制备方法如下：

① 细菌孢子的制备，细菌的斜面培养基多采用碳源限量而氮源丰富的配方，培养温度一般为 37 ℃。细菌菌体培养时间一般为 1～2 天，产芽孢的细菌培养则需要 5～10 天。

② 霉菌孢子的制备，霉菌孢子的培养一般以大米、小米、玉米、麸皮、麦粒等天然农产品为培养基，培养的温度一般为 25～28 ℃，培养时间一般为 4～14 天。

③ 放线菌孢子的制备，放线菌孢子的培养一般采用琼脂斜面培养基，培养基中含有一些适合产孢子的营养成分，例如麸皮、豌豆浸汁、蛋白胨和一些无机盐等，培养温度一般为 28 ℃，培养时间为 5～14 天。

2）液体种子的制备

对于产孢子能力不强或孢子发芽慢的菌种，如产链霉素的灰色链霉菌、产卡那霉素的卡那链霉菌可以用摇瓶液体培养法。其操作是将孢子接入含液体培养基的摇瓶中，于摇瓶机上恒温振荡培养，获得菌丝体，用菌丝体作为种子。

2. 生产车间种子的制备

生产车间种子的制备是实验室制备的孢子或液体种子移种至种子罐扩大培养的阶段。种子罐的培养基虽因不同菌种而异，但其制备原则为采用易被菌种利用的成分，如葡萄糖、玉米浆、磷酸盐等，如果是需氧菌，同时还需供给足够的无菌空气，并不断搅拌，使菌（丝）体在培养液中均匀分布，获得相同的培养条件。

1）种子罐的作用

种子罐的作用主要是使孢子发芽，生长繁殖成菌（丝）体，接入发酵罐能迅速生长，达到一定的菌体量，以利于产物的合成。

2）种子罐级数的确定

种子罐级数是指制备种子需逐级扩大培养的次数，主要取决于两方面：一是菌种生长特性、孢子发芽及菌体繁殖速度，二是所采用发酵罐的容积。例如，细菌生长快，种子用量比例少，级数也较少，常采用二级发酵，即茄子瓶→种子罐→发酵罐；霉菌生长较慢，如青霉菌，常采用三级发酵，即孢子悬浮液→一级种子罐（27 ℃，40 h 孢子发芽，产生菌丝）→二级种子罐（27 ℃，10～24 h，菌体迅速繁殖，粗壮菌丝体）→发酵罐；放线菌的生长更慢，要采用四级发酵；酵母菌的生长比细菌慢，比霉菌、放线菌快，通常采用一级种子发酵。虽然种子罐的级数随产物的品种及生产规模而定，但也与所选用工艺条件有关，如改变种子罐的培养条件，加快孢子发芽及菌体繁殖的速度，也可相应减少种子罐的级数。

3）种子罐级数的要求

一般来说，种子罐级数越少越好，可简化工艺和控制程序，减少染菌机会。但是如果种子罐级数太少，也不利于生产，这会导致发酵生产的接种量小，发酵时间延长，降低发酵罐的生产率，增加染菌机会。

4）种龄

种龄是指种子罐中培养的菌丝体开始移入下一级种子罐或发酵罐时的培养时间。通常选择处于生命力极旺盛的对数生长期或菌体量还未达到最大值时的培养时间作为种龄。时间太长，菌种趋于老化，生产能力下降，菌体自溶；时间太短，造成发酵前期生长缓慢。不同菌种或同一菌种工艺条件不同，种龄是不一样的，一般需经过多次实验来确定。

5）接种量

接种量是指移入的种子液体积和接种后培养液体积的比例。接种量的大小取决于生产菌种在发酵罐中生长繁殖的速度，采用较大的接种量可以缩短发酵罐中菌丝繁殖达到高峰的时间，使产物的形成提前到来，并可减少杂菌的生长机会。接种量过大或者过小，均会影响发酵：过大会引起溶氧不足，影响产物合成，而且会过多移入代谢废物，成本上也不经济；过小会延长培养时间，降低发酵罐的生产率。

2.3.2 种子质量的控制措施

种子质量的衡量标准是看其在发酵罐中所表现出来的生产能力。因此首先必须保证生产菌种的稳定性，其次是提供种子培养的适宜环境保证无杂菌侵入，以获得优良种子。在生产过程中通常进行两项检查：菌种稳定性的检查和无杂菌检查。

不同产品、不同菌种以及不同工艺条件下的种子质量有所不同，发酵工业生产上常用的种子质量标准，除确保种子无任何杂菌污染外，还应注意以下几个方面。

1. 菌体形态、菌体的生长量及培养液的外观

种子培养的目的是获得健壮和足够数量的菌体。因此，菌体形态、菌体浓度及培养液的外观，是种子质量的重要指标。菌体形态可通过显微镜观察来确定。以单细胞菌体为种子的质量要求是菌体健壮、菌形一致、均匀整齐，有的还要求有一定的排列或形态。以霉菌、放线菌为种子的质量要求是菌丝粗壮，对某些染料着色力强、生长旺盛、菌丝分枝情况和内含物情况良好。菌体的生长量也是种子质量的重要指标，生产上常用离心沉淀法、光密度法和细胞计数法等进行测定。种子液外观如颜色、黏度等是种子质量的粗略指标。

2. 生化指标

种子液的糖、氮、磷含量的变化和 pH 变化是菌体生长繁殖、物质代谢的反映，不少产品的种子液质量是以这些物质的利用情况及变化为指标的。

3. 产物生成量

种子液中的产物生成量，是考察多种发酵产品生产菌种子质量的重要指标。这是因为种子液中的产物生成量多少是种子生产能力和成熟程度的反映。

4. 酶活力

测定种子液中某种酶的活力，作为种子质量的标准，是一种较新的方法。例如，土霉素生产的种子液中的淀粉酶活力与土霉素发酵单位有一定的关系，因此种子液中淀粉酶活力可

作为判断该种子质量的依据之一。

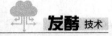 技能训练一

1. 实验目的

① 掌握选择培养基分离微生物的实验原理,学会配制选择培养基。

② 掌握平板涂布法分离土壤中的微生物。

③ 掌握平板划线分离法分离纯化微生物。

④ 掌握斜面接种法。

⑤ 掌握细菌、放线菌、真菌的菌落特征。

2. 实验材料

1）器材

试管、三角瓶、烧杯、量筒、玻璃棒、天平、pH 试纸、棉花、牛皮纸或报纸、记号笔、封口膜、线绳、培养皿、移液管、玻璃珠、称量纸、药匙、试管架、接种环、玻璃涂布棒、酒精灯、高压蒸汽灭菌器、超净工作台、恒温培养箱等。

2）试剂

牛肉膏、蛋白胨、琼脂、可溶性淀粉、葡萄糖、孟加拉红、去氧胆酸钠、链霉素、1 mol/L NaOH 溶液、1 mol/L HCl 溶液、KNO_3、NaCl、$K_2HPO_4 \cdot 3H_2O$、$MgSO_4 \cdot 7H_2O$、$FeSO_4 \cdot 7H_2O$、75%酒精等。

3）土壤样品

取地表下 10～15 cm 处的细致土壤,要无沙粒、草根,湿度适中。放入无菌袋中备用,或置于 4 ℃冰箱中暂存。

3. 实验步骤

1）配制选择培养基

配制牛肉膏蛋白胨培养基、高氏一号培养基、马丁氏培养基,分别用于分离土壤中的细菌、放线菌和真菌。

① 配制牛肉膏蛋白胨培养基 200 mL,用于分离培养土壤中的细菌,配方如下:

牛肉膏	0.6 g	(将玻璃棒和烧杯去毛重,用玻璃棒挑取牛肉膏,放入烧杯中称量,加热水溶化)
蛋白胨	2.0 g	(易吸潮,应迅速称取)
NaCl	1.0 g	
自来水	加水定容至 200 mL	(用量筒定容,定容后把溶液倒入 500 mL 的三角瓶中)
调节 pH	7.2～7.4	(用 NaOH 和盐酸调节)
琼脂	3.5 g	(最后添加,倒入三角瓶中,室温下不溶,培养基灭菌后趁热摇匀)

② 配制高氏一号培养基 200 mL,用于分离培养土壤中的放线菌,配方如下:

可溶性淀粉　　　　　　　　4.0 g（用小烧杯称取,加入少量冷水调成糊状,倒入盛热水的

大烧杯中，充分搅拌使淀粉完全溶解，总用水量要小于 200 mL，之后依次溶解以下组分）

KNO_3	0.2 g
NaCl	0.1 g
$K_2HPO_4 \cdot 3H_2O$	0.1 g
$MgSO_4 \cdot 7H_2O$	0.1 g
$FeSO_4 \cdot 7H_2O$	0.2 mL（将 $FeSO_4 \cdot 7H_2O$ 预先配制成 0.01 g/mL 的溶液，棕色瓶盛放）
自来水	加水定容至 200 mL（用量筒定容，定容后把溶液倒入 500 mL 的三角瓶中）
调节 pH	7.4～7.6（用 NaOH 和盐酸调节）
琼脂	3.5 g（最后添加，倒入三角瓶中，室温下不溶，培养基灭菌后趁热摇匀）

③ 配制马丁氏培养基 200 mL（或者直接用虎红琼脂），用于分离培养土壤中的真菌，配方如下：

葡萄糖	2.0 g
蛋白胨	1.0 g
$KH_2PO_4 \cdot 3H_2O$	0.2 g
$MgSO_4 \cdot 7H_2O$	0.1 g
0.1%孟加拉红溶液	0.66 mL
蒸馏水	200 mL
自然 pH	
琼脂	3.5 g（加入琼脂后灭菌）
2%去氧胆酸钠溶液	4.0 mL（单独灭菌，使用前加入已灭菌的培养基中）
1%链霉素溶液	0.66 mL（无菌水配制，受热易分解，待培养基冷却至 45 ℃时加入）

2）高压蒸汽灭菌

盛放培养基的三角瓶用封口膜封口，培养皿用牛皮纸或报纸打包，置于高压蒸汽灭菌器中，温度为 121 ℃条件下灭菌 20 min。

3）制备土壤稀释液

取土壤样品 10 g，迅速倒入带玻璃珠的三角瓶中（玻璃珠用量以充满瓶底为最好），加入无菌水 90 mL，振荡 5～10 min，使土壤样品充分打散，即得 10^{-1}（稀释度）的土壤悬液。用无菌移液管吸取 10^{-1} 的土壤悬液 1.0 mL，加入 9.0 mL 无菌水中，即为 10^{-2}（稀释度）的稀释液，如此重复，可依次制成 10^{-3}、10^{-4}、10^{-5} 的稀释液。

注意：每一个稀释度换一支移液管，每次要将移液管插在液面以下，吹吸 3 次，每次吸上的液面要高于前一次，以减少稀释中的误差。

制备土壤稀释液的示意图如图 2.3 所示，图中左侧三角瓶内为 10^{-1} 的土壤悬液，右侧四个试管中依次是稀释度为 10^{-2}、10^{-3}、10^{-4}、10^{-5} 的土壤稀释液。可预先在四个试管中分别加入 9.0 mL 无菌水，再各自加入上一个稀释度的稀释液 1.0 mL，则依次配得稀释 10 倍的稀释液。

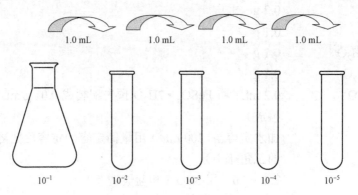

图 2.3　制备土壤稀释液示意图

4）倒平板

在超净工作台上，将灭菌后的培养基趁热摇匀，使琼脂完全溶解且分布均匀。静置片刻使培养基中气泡减少，缓缓倒入无菌培养皿中，培养基厚度约为培养皿高度的 1/3。盖好皿盖，并按住皿盖于操作台平面上摇匀培养基，排除其中气泡。静置，待冷却后形成平板。

5）平板涂布法分离土壤中的微生物

（1）分离细菌

选用 10^{-4} 和 10^{-5} 的土壤稀释液以及牛肉膏蛋白胨培养基平板。取 10^{-4} 或 10^{-5} 的土壤稀释液，滴两滴于相应标号的平板上，用无菌涂布棒涂布均匀，静置 5 min，使菌液吸附于培养基上。每个稀释度接种三个平板。

（2）分离放线菌

选用 10^{-3} 和 10^{-4} 的土壤稀释液以及高氏一号培养基平板，操作同上。

（3）分离真菌（包括霉菌和酵母菌，以霉菌居多）

选用 10^{-2} 和 10^{-3} 的土壤稀释液以及马丁氏培养基平板，操作同上。

6）培养

将接种好的细菌、放线菌、真菌平板倒置，即皿盖位于下方，于 28～30 ℃恒温培养。细菌培养 1～2 天，放线菌培养 5～7 天，真菌培养 3～5 天。出菌后，观察菌落特征并做记录，获得的菌种（一般选用细菌）还可用于进一步分离纯化或直接转接斜面。

7）平板划线分离微生物

（1）倒平板

按无菌操作要求，制备用于待划线分离菌种生长的无菌平板。

（2）划线分离

① 用记号笔、格尺在平板背面画线分出三个区域。

② 把灼烧接种环烧红，冷却后挑取或蘸取菌样（来源于平板涂布分离得到的土壤微生物）。

③ 采用交叉划线法，从第一区开始划线，在划完第一区后，灼烧接种环，待冷却后从第

一区的划线末端开始向第二区划线，第三区重复以上操作。

注意：不要划破培养基；第三区的划线切勿与第一区相连。交叉划线法示意图如图 2.4 所示。

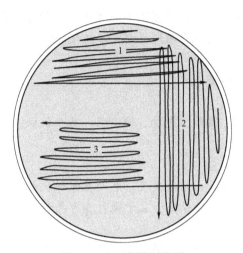

图 2.4　交叉划线示意图

（3）培养

于 28～30 ℃下恒温培养，细菌培养 1～2 天，放线菌培养 5～7 天，真菌培养 3～5 天。

（4）菌落观察

经过培养，第三区会获得较多单菌落（理想结果），观察并记录结果。单菌落即纯种，可转接斜面进行保藏。

8）斜面接种

① 制备新鲜的固体斜面培养基，分别做好标记（写上菌名、日期、接种人等），然后用无菌操作的方法，把菌种接到斜面培养基上。

② 接种方法是用接种环蘸取少量待接菌种，然后在斜面上"之"字形划线，方向是从下部开始，一直划至上部。注意划线要轻，不可把培养基划破。"之"字形划线示意图如图 2.5 所示。

图 2.5　"之"字形划线示意图

③ 接种后于 28～30 ℃恒温培养，细菌培养 1～2 天，放线菌培养 5～7 天，真菌培养 3～5 天。

④ 将斜面菌种转移至 2～8 ℃冰箱中冷藏。

4. 实验结果记录及分析

根据菌落特征可以从实验结果中推断出土壤微生物的种类，也可根据菌落数量判断土壤中微生物的含量。不同地点采集的土壤样品对实验结果影响较大。

附：土壤微生物的菌落特征

（1）细菌的菌落特征

细菌的菌落较小，湿润、黏稠、光滑、较透明，易于挑取，质地均匀，菌落正反面以及边缘与中央部位颜色一致。

（2）放线菌的菌落特征

放线菌的菌落干燥、不透明，质地致密，表面呈丝绒状或有皱折，常覆盖有一层彩色的"干粉"，实际是放线菌的孢子，孢子较小且干燥，具有色素。

（3）真菌的菌落特征

真菌有两大类，即霉菌和酵母菌，通常霉菌居多。霉菌的菌落较大，一般比细菌的菌落大几倍到几十倍，质地疏松，干燥、不透明，有多为黑、白、灰、绿色，菌落正反面以及边缘与中央部位颜色不一致，呈现或紧或松的蛛网状、绒毛状或棉絮状。酵母菌的菌落与细菌的菌落非常相似，最大的区别是酵母菌的菌落一般比细菌的菌落大且厚。

5. 注意事项

① 称取药品后应做好标记，勿与其他药品混在一起；称完药品应及时盖紧瓶盖；注意 pH 不要调得过高或过低，以免影响培养基内各离子的浓度。

② 使用高压灭菌器应严格按照操作程序（加水、排冷空气、降零）进行，避免发生事故；灭菌时操作者切勿擅自离开。

③ 要用记号笔在相应位置注明培养基的名称、组别、日期。

④ 倒平板的时间要掌握好，避免培养基冷却凝固，并且倒完后应当轻轻摇动平板两圈，使平板够平；待培养基凝固后划线，力度要适当，尽量不要将培养基划破。

⑤ 接种时，应尽量挑取生长较好的纯种。

⑥ 接种时应先用酒精灯将接种环前面的铂丝烧红，即对其进行灭菌；待温度降下来之后再接种；每次接种完后，要进行下一次接种之前，都要采取同样的灭菌冷却方式。

⑦ 应及时对试管和平板进行观察，并做相应的记录。

⑧ 一般土壤中，细菌最多，放线菌和霉菌次之，而酵母菌主要见于果园和菜园土壤中，故从土壤分离细菌时应取较高的稀释度，否则菌落将连成一片而不能计数。

⑨ 放线菌的生长时间比较长，故制作平板时，培养基的量应多加一点。

⑩ 观察菌落特征时应选择间距较远、形态较大的菌落，对培养基和试管要做好编号，不要随意移动开盖，以免搞混菌种编号或引入杂菌。

 技能训练二

菌种保藏实验

1. 实验目的

① 学习和掌握菌种的保藏原理。

② 比较不同的保藏方法各自的优缺点。

2. 实验原理

微生物具有容易变异的特性，因此，在保藏过程中，必须使微生物的代谢处于最不活跃或相对静止的状态，才能在一定的时间内使其不发生变异而又保持活性。低温、干燥和隔绝空气是使微生物代谢能力降低的重要因素，菌种保藏方法虽多，但都是根据这三个因素而设计的。

3. 实验材料

1）菌种

细菌、放线菌、酵母菌和霉菌。

2）试剂

牛肉膏蛋白胨斜面培养基，灭菌脱脂牛乳，灭菌水，液体石蜡（化学纯），甘油，五氧化二磷，河沙，瘦黄土或红土，冰块，食盐，干冰，95%酒精，10%盐酸，无水氯化钙。

3）器材

灭菌吸管，灭菌滴管，灭菌培养皿，管形安瓿管，泪滴形安瓿管（长颈球形底），40 目与 100 目筛子，油纸，滤纸条（0.5 cm×1.2 cm），干燥器，真空泵，真空压力表，喷灯，L 形五通管，冰箱，低温冰箱（–30 ℃），液氮冷冻保藏器。

4. 实验步骤

下列各保藏法可根据实验室具体条件与需要选做。

1）斜面低温保藏法

将菌种接种在适宜的固体斜面培养基上，待菌种充分生长后，棉塞部分用油纸包扎好，移至 2～8 ℃的冰箱中保藏。保藏时间依微生物的种类而有不同：霉菌、放线菌及有芽孢的细菌保存 2～4 个月，移种一次；酵母菌保存两个月；无芽孢细菌最好每月移种一次。

2）液体石蜡保藏法

① 将液体石蜡分装于三角烧瓶内，塞上棉塞，并用牛皮纸包扎，于 121.3 ℃灭菌 30 min，然后放在 40 ℃温箱中，使水蒸发掉，备用。

② 将需要保藏的菌种，在最适宜的斜面培养基中培养，从而得到健壮的菌体或孢子。

③ 用灭菌吸管吸取灭菌的液体石蜡，注入已长好菌的斜面上，其用量以高出斜面顶端 1 cm 为准，使菌种与空气隔绝。

④ 将试管直立，置于低温或室温下保存（有的微生物在室温下比冰箱中保存的时间还要长）。此法不仅实用而且效果良好，霉菌、放线菌、芽孢细菌可保藏 2 年以上，酵母菌可保藏 1～2 年，一般无芽孢细菌也可保藏 1 年左右,甚至用一般方法很难保藏的脑膜炎球菌,在 37 ℃温箱内,亦可保藏 3 个月。

3）滤纸保藏法

① 将滤纸剪成 0.5 cm×1.2 cm 的小条，装入 0.6 cm×8 cm 的安瓿管中，每管 1～2 张，塞上棉塞，于 121.3 ℃灭菌 30 min。

② 将需要保存的菌种，在适宜的斜面培养基上培养，使其充分生长。

③ 取灭菌脱脂牛乳 1～2 mL 滴加在灭菌培养皿或试管内，用接种环取数环菌苔在灭菌脱脂牛乳内混匀，制成浓悬液。

④ 用灭菌镊子从安瓿管中取滤纸条浸入菌种悬液内，使其吸饱，再放回至安瓿管中，塞上棉塞。

⑤ 将安瓿管放入内有五氧化二磷吸水剂的干燥器中，用真空泵抽气至干燥。

⑥ 将棉花塞入安瓿管内，用火焰熔封，保存于低温条件下。

⑦ 需要使用菌种、复活培养时，可将安瓿管口在火焰上烧热，滴一滴冷水在烧热的部位，使玻璃破裂，再用镊子敲掉口端的玻璃，待安瓿管开启后，取出滤纸，放入液体培养基内，置温箱中培养。

4）沙土管保藏法

① 河沙中加入 10%稀盐酸，加热煮沸 30 min，以去除其中的有机质。

② 倒去酸水，用自来水冲洗至中性。

③ 烘干，用 40 目筛子过筛，以去除粗颗粒，备用。

④ 另取非耕作层的不含腐殖质的瘦黄土或红土，加自来水浸泡洗涤数次，直至中性。

⑤ 烘干，碾碎，通过 100 目筛子过筛，以去除粗颗粒。

⑥ 按一份黄土、三份沙的比例（或根据需要选择其他比例，甚至可全部用沙或全部用黄土）掺和均匀，装入 10 mm×100 mm 的小试管或安瓿管中，每管装 1 g 左右，塞上棉塞，进行灭菌、烘干处理。

⑦ 抽样进行无菌检查，每 10 支沙土管抽一支，将沙土倒入肉汤培养基中，于 37 ℃培养 48 h，若仍有杂菌，则需要全部重新灭菌，再进行无菌实验，直至证明无菌，方可备用。

⑧ 选择培养成熟的（一般指孢子层生长丰满的，营养细胞用此法效果不好）优良菌种，以无菌水洗下孢子，制成孢子悬液。

⑨ 于每支沙土管中加入约 0.5 mL（一般以刚刚使沙土润湿为宜）孢子悬液，以接种针拌匀。

⑩ 将沙土管放入真空干燥器内，用真空泵抽干水分，抽干时间越短越好，务必在 12 h 内抽干。每 10 支抽取 1 支，用接种环取出少量沙粒，接种于斜面培养基上，进行培养，观察生长情况和有无杂菌生长，如出现杂菌或菌落数很少或根本不长，则说明制作的沙土管有问题，需要进一步抽样检查。若经检查没有问题，用火焰熔封管口，放在冰箱或室内干燥处保存。每半年检查一次活力和杂菌情况。需要使用菌种、复活培养时，取沙土少许移入液体培养基内，置温箱中培养。

5）液氮冷冻保藏法

① 准备安瓿管。用于液氮保藏的安瓿管，要求其能耐受温度突然变化而不致破裂，因此，需要采用硼硅酸盐玻璃制造的安瓿管，通常使用 75 mm×10 mm 的安瓿管，或能容 1～2 mL 液体的冷冻管。

②　加保护剂与灭菌。保存细菌、酵母菌或霉菌孢子等容易分散的细胞时，要将空安瓿管塞上棉塞，于 121.3 ℃灭菌 15 min；若保存霉菌菌丝体则需要在安瓿管内预先加入保护剂如 10%的甘油蒸馏水溶液或 10%二甲亚砜蒸馏水溶液，加入量以能浸没以后加入的菌落圆块为限，于 121.3 ℃灭菌 15 min。

③　接入菌种。将菌种用 10%的甘油蒸馏水溶液制成菌悬液，装入已灭菌的安瓿管内；霉菌菌丝体则可用灭菌打孔器，从平板内切取菌落圆块，放入含有保护剂的安瓿管内，然后用火焰熔封，浸入水中检查有无漏洞。

④　冻结。将已封口的安瓿管以每分钟下降 1 ℃的慢速冻结至 –30 ℃。若细胞急剧冷冻，在细胞内会形成冰晶，降低菌种存活率。

⑤　保藏。将经冻结至 –30 ℃的安瓿管立即放入液氮冷冻保藏器的小圆筒内，然后再将小圆筒放入液氮保藏器内。液氮保藏器内的氮气相为 –150 ℃，液态氮内为 –196 ℃。

⑥　恢复培养。保藏的菌种需要使用时，将安瓿管取出，立即放入 38～40 ℃的水浴中进行急剧解冻，直到全部融化为止。打开安瓿管，将内容物移至适宜的培养基上培养。

此法除适于一般微生物的保藏外，对一些用冷冻干燥法难以保藏的微生物，如支原体、衣原体、难以形成孢子的霉菌、噬菌体及动物细胞均可长期保藏，且性状不易变异。其缺点是需要特殊设备。

6）冷冻干燥保藏法

①　准备安瓿管。用于冷冻干燥菌种保藏的安瓿管宜采用中性玻璃制造的泪滴形安瓿管，大小要求为：外径 6～7.5 mm，长 105 mm，球部直径 9～11 mm，壁厚 0.6～1.2 mm（也可用没有球部的管状安瓿管）。塞好棉塞，于 121.3 ℃灭菌 30 min，备用。

②　准备菌种。用冷冻干燥法保藏的菌种，其保藏期可达数年至数十年，为了在使用时不出差错，故所用菌种要特别注意纯度，即不能有杂菌污染，要在最适宜培养基中用最适宜温度培养。细菌和酵母的菌龄要求超过对数生长期，若用对数生长期的菌种进行保藏，其存活率反而降低。一般情况下，细菌要求 24～48 h 的培养物，酵母需要培养 3 天的培养物，形成孢子的微生物则宜保存其孢子，放线菌与丝状真菌则要求 7～10 天的培养物。

③　制备菌悬液与分装。以细菌斜面为例，用脱脂牛乳 2 mL 左右加入斜面试管中，制成浓菌液，每支安瓿管分装 0.2 mL。

④　冷冻干燥器。有成套的装置出售，价值昂贵，此处介绍的是简易装置，可达到同样的目的。将分装好的安瓿管置于低温冰箱冷冻，无低温冰箱可用冷冻剂如干冰酒精液或干冰丙酮液代替，温度可达 –70 ℃。将安瓿管插入冷冻剂，只需冷冻 4～5 min，即可使悬液结冰。

⑤　真空干燥。为了在真空干燥时使样品保持冻结状态，需要准备冷冻槽，槽内放碎冰块与食盐，混合均匀，可冷至 –15 ℃。安瓿管放入冷冻槽中的干燥瓶内。抽气若在 30 min 内能达到 93.3 Pa 真空度时，则干燥物不致熔化，之后再继续抽气，几小时内，肉眼可观察到被干燥物已趋干燥，一般抽到真空度 26.7 Pa，保持压力 6～8 h 即可。

⑥　封口。真空干燥后，取出安瓿管，接在封口用的玻璃管上，可用 L 形五通管继续抽气，约 10 min 即可达到 26.7 Pa。于真空状态下，以煤气喷灯的细火焰在安瓿管颈中央进行封口。封口以后，保存于冰箱或室内阴暗处。

5. 实验结果记录及分析

① 记录实验结果。

② 比较几种保藏法的优缺点。

项目小结

1. 在微生物工业应用中, 微生物菌种工作主要包括以下四个方面:

① 菌种的分离。② 菌种的选育。③ 菌种的保藏。④ 菌种的扩大培养。

2. 发酵工业要想获得优质的产品, 就要制备优质的发酵培养基, 这就要求根据生产菌的特点, 选择适宜的碳源、氮源、矿物质、水、生长因子等的用量, 制备能最大限度发挥出生产菌生产性能的发酵培养基。

3. 保藏菌种要想用于大规模生产, 首先要制备成种子, 种子的质量对于发酵生产至关重要, 必须采取措施严格控制种子的质量; 种子制备的过程大致可分为两个阶段, 实验室种子制备阶段和生产车间种子制备阶段。影响种子质量的因素有孢子的质量、培养基、培养条件、种龄、接种量等。种子质量的最终指标是考察其在发酵罐中所表现出来的生产能力, 通常进行菌种稳定性检查和无杂菌检查。

复习思考题

1. 发酵工业对菌种有何要求, 菌种有哪些来源?

2. 自然界分离微生物的一般操作步骤有哪些?

3. 自然选育的流程和意义有哪些?

4. 菌种为什么要保藏, 保藏方法有哪些?

5. 什么是培养基, 其组分有哪些?

6. 培养基各组分的原料来源于什么?

7. 为什么要对制备发酵培养基的原料进行处理, 如何处理?

8. 培养基有哪些分类?

9. 什么是种子的扩大培养?

10. 种子扩大培养的目的与要求?

11. 种子扩大培养的一般步骤有哪些?

12. 影响种子质量的因素有哪些, 如何控制?

项目 **3**

发 酵 设 备

 项目描述

　　发酵工业的核心设备是发酵罐。随着发酵工业的蓬勃发展,发酵罐日趋大型化、自动化,发酵罐是影响现代生物技术产业化发展的因素之一。发酵罐配备自动控制系统,能够对发酵温度、压力、空气流量、pH、溶解氧浓度等参数进行监测及自动控制。发酵罐的应用,实现了生物产品的大规模生产,是现代生物产业的基石。通过本项目的学习,熟悉发酵设备的种类,掌握发酵罐的结构、操作与应用,并能够对其进行基础保养与维护。

 学习目标

➤ 了解不同发酵类型所涉及的发酵设备。
➤ 掌握机械搅拌发酵罐的结构。
➤ 掌握酒精发酵罐及啤酒发酵罐的结构。
➤ 能够操作机械搅拌式发酵罐进行产品发酵。
➤ 能够对机械搅拌式发酵罐等发酵设备进行简单维修及保养。

任务 3.1　通风发酵设备

　　大部分发酵过程都是需要氧气的,因此在菌体生长代谢时需要通过无菌过滤系统向发酵罐通入无菌空气或氧气。通风发酵设备的典型特征是具备供气系统,常见的有机械搅拌式通风发酵罐、气升式发酵罐、自吸式发酵罐等。

3.1.1　机械搅拌式通风发酵罐

　　对于新的好氧发酵过程来说,人们首选的发酵罐就是机械搅拌式通风发酵罐。因为它能适应大多数的生物反应过程,并且能形成标准化的通用产品。通常只有在机械搅拌式通风发酵罐的气液传递性能或剪切力不能满足生物过程时才会考虑使用其他类型的发酵罐。

　　机械搅拌式通风发酵罐是利用机械搅拌器的作用,使空气和发酵液充分混合,促使氧气在发酵液中溶解,以供给微生物生长繁殖、发酵所需要的氧气。

1. 机械搅拌式通风发酵罐应达到的基本要求

一个性能优良的机械搅拌式通风发酵罐应达到以下基本要求：

① 发酵罐应具有适宜的径高比。发酵罐的高度与直径之比一般为 1.7～4，罐身越长，氧的利用率越高。

② 发酵罐能承受一定压力。

③ 发酵罐的搅拌通风装置能使气液充分混合，保证发酵液必需的溶解氧。

④ 发酵罐应具有足够的冷却面积。

⑤ 发酵罐内应尽量减少死角，避免藏污纳垢，同时保证灭菌彻底。

⑥ 发酵罐的搅拌器轴封应严密，尽量减少泄漏。

2. 机械搅拌式通风发酵罐的结构

机械搅拌式通风发酵罐是一种密封式受压设备，其主要部件包括罐体、轴封、消泡器、搅拌器、联轴器、轴承、挡板、空气分布装置、变速装置、换热装置等。

1）罐体

机械搅拌式通风发酵罐的结构示意图如图 3.1 所示。发酵罐的罐体由钢制（碳钢或不锈钢）圆柱体及椭圆形或碟形封头焊接而成。小型发酵罐的罐顶和罐身采用法兰连接，一般采用不锈钢材料制成。为了便于清洗，小型发酵罐的罐顶设有便于清洗用的手孔；中大型发酵罐的罐顶装有人孔还装有视镜及灯镜，在罐内视镜表面装有压缩空气或蒸汽吹管；用以冲洗视镜。

发酵罐罐顶上的接管有：进料管、补料管、排气管、接种管和压力表接管等。在发酵罐罐身上的接管有冷却水进出管、进空气管、取样管、温度计管和测控仪表接口。排气管应尽量靠近封头的中心轴封位置，在其顶盖的内面沿搅拌器转动方向装有弧形挡板，可以减少跑料。取样管可装在罐侧或罐顶，视操作方便而定。原则上讲，罐体的管路越少越好，能合并的应该合并，如进料口、补料口和接种口可合为一个接管口。放料可利用通风管加压将发酵液压出，也可在罐底另设放料口。

发酵罐通常装有两组搅拌器，两组搅拌器的间距离 S 约为搅拌器直径的三倍。对于大型发酵罐以及液体深度较高的发酵罐，可安装三组或三组以上的搅拌器。最下面一组搅拌器通常与风管出口较接近为好，与罐底的距离 C 一般等于搅拌器直径 D_i，但也不宜过小，否则会影响液体的循环。常用的发酵罐各部分的尺寸比例如图 3.2 所示。

2）搅拌器

搅拌器的作用是打碎气泡，使空气与发酵液均匀接触，使氧溶解于发酵液中。常见的搅拌器有平叶式、弯叶式、箭叶式三种（如图 3.3 所示）。平叶式功率消耗较大，弯叶式次之，箭叶式最小。为了拆装方便，大型搅拌器可做成两半型，用螺栓连成整体。

3）挡板

挡板的作用是改变液流的方向，由径向流改为轴向流，促使液体剧烈翻动，增加溶解氧，防止溢流。通常，挡板宽度取（0.1～0.2）D，装设 4～6 块即可满足全挡板条件。

小型发酵罐用不锈钢板作为挡板，大型发酵罐通常用换热的竖式列管作为挡板，不另设挡板。

全挡板条件：是指在一定转数下再增加罐内附件而轴功率仍保持不变。

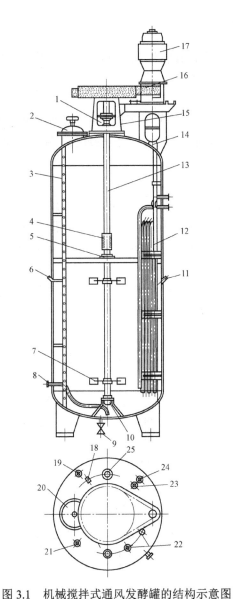

图 3.1　机械搅拌式通风发酵罐的结构示意图

1—轴封；2—人孔；3—梯子；4—联轴器；5—中间轴承；6—热电偶接口；
7—搅拌器；8—通风管；9—放料口；10—底轴承；11—温度计；12—冷却管；
13—轴；14—取样；15—轴承柱；16—三角皮带传动；17—电动机；
18—压力表；19—取样口；20—人孔；21—进料口；22—补料口；
23—排气口；24—回流口；25—窥镜

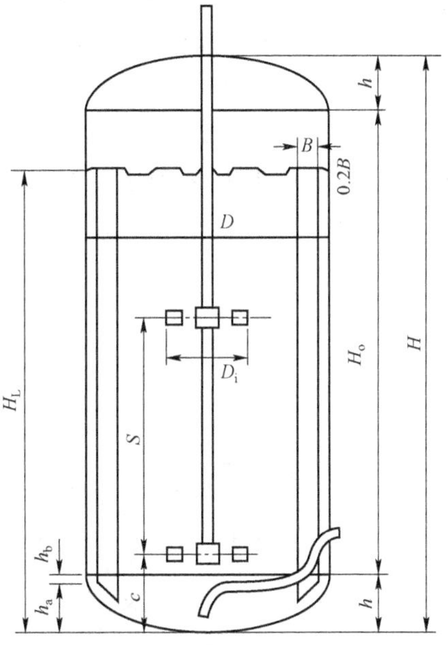

图 3.2　常用的发酵罐各部分的尺寸比例

$D_i=(1/3)D$　$H_o=2D$
$B=0.1D$　$h_a=0.25D$
$S=3D_i$　$C=D_i$

平叶式　　　弯叶式　　　箭叶式

图 3.3　搅拌器的结构示意图

4）消泡器

消泡器的作用是将泡沫打破。消泡器常用的形式有锯齿式、梳状式及孔板式。孔板式的孔径为 10～20 mm。消泡器的长度约为罐径的 0.65 倍。

5）联轴器

大型发酵罐搅拌轴较长，常分为 2～3 段，用联轴器使上下搅拌轴联成牢固的刚性连接。常用的联轴器有鼓形和夹壳形两种。小型发酵罐可采用法兰将搅拌轴连接，轴的连接应垂直，中心线对正。

6）轴承

为了减少震动，中型发酵罐一般在罐内装有底轴承，而大型发酵罐装有中间轴承，底轴承和中间轴承的水平位置应能适当调节。罐内轴承不能加润滑油，应采用液体润滑的塑料轴瓦（如石棉酚醛塑料等）。为了防止轴颈磨损，可以在与轴承接触处的轴上增加一个轴套。

7）轴封

轴封的作用是使罐顶或罐底与轴之间的缝隙密封，防止泄漏和被杂菌污染。常用的轴封有填料函式（如图 3.4 所示）和端面式（如图 3.5 所示）两种。

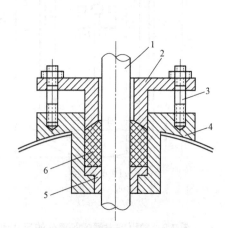

图 3.4 填料函式轴封的结构示意图
1—转轴；2—填料压盖；3—压紧螺栓；4—填料箱体；
5—铜环；6—填料

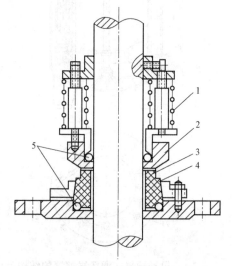

图 3.5 端面式轴封的结构示意图
1—弹簧；2—动环；3—堆焊硬质合金；
4—静环；5—O 形圈

填料函式轴封是由填料箱体、填料压盖和压紧螺栓等零件构成，使旋转轴达到密封的效果。填料函式轴封结构简单，但存在死角多、难以彻底灭菌、容易渗漏及染菌等缺点。因此目前多采用端面式轴封。

端面式轴封主要依靠弹簧、波纹管等弹性元件达到密封。端面式轴封相对于填料函式轴封，具有密封好、无死角、使用寿命长、摩擦功率耗损小等优点，因此在工业生产中得到了广泛的应用。端面式轴封对轴的精度和光洁度没有填料密封要求那么严格，对轴的震动敏感性小。但是端面式轴封的结构比填料密封复杂，装拆不便，另外对动环及静环的表面光洁度及平直度要求也高。

8）空气分布装置

发酵罐借助空气分布装置吹入无菌空气，并使空气均匀分布。常用的空气分布装置为单管式，管口正对罐底，管口与罐底的距离约为 40 mm，这样空气分散效果较好。空气由分布管喷出上升时，在搅拌器作用下与发酵液充分混合。分布管内空气流速大约为 20 m/s。通常在空气分布装置的下部装有不锈钢的衬板，以免分布管吹入的空气直接喷击罐底，可延长罐底的使用寿命。

9）变速装置

发酵罐一般采用无级变速装置，常用的变速装置有三角皮带变速传动装置、圆柱或螺旋圆锥齿轮减速装置，其中三角皮带变速传动装置较为简便。变速装置的传动为机械搅拌轴的运动提供了有力保障，在机械搅拌轴的带动下，搅拌器的搅拌实现了发酵罐内溶氧浓度的增加。

10）换热装置

（1）夹套式换热装置

这种装置多应用于容积较小的发酵罐、种子罐，夹套的高度比静止液面高度稍高即可，不需要进行冷却面积的设计。夹套式换热装置的结构简单，加工容易，罐内无冷却设备，死角少，容易进行清洁灭菌工作，有利于发酵。但是其传热壁较厚，冷却水流速低，发酵时降温效果差。

（2）竖式蛇管换热装置

这种装置是竖式的蛇管分组安装于发酵罐内，有四组、六组或八组不等，根据罐的直径大小而定，容积 5 m³ 以上的发酵罐多用这种换热装置。装置使用时冷却水在管内的流速大，传热系数高。这种冷却装置适用于冷却用水温度较低的地区，水的用量较少。冷却用水温度较高的地区，发酵时降温困难，发酵温度经常超过 40 ℃，影响发酵产率，因此应采用冷冻盐水或冷冻水冷却，这样就增加了设备投资及生产成本。此外，弯曲位置比较容易蚀穿。

（3）竖式列管（排管）换热装置

这种装置是以列管形式分组对称装于发酵罐内。其优点是加工方便，适用于气温较高，水源充足的地区。但其传热系数较蛇管低，用水量较大。

3. 机械搅拌式发酵罐的附属系统

1）蒸汽发生器

蒸汽发生器（俗称锅炉）是利用燃料或其他能源的热能把水加热成为热水或蒸汽的机械设备，它能够为发酵罐、培养基、管道的灭菌提供高压蒸汽。蒸汽发生器按照燃料分为电蒸汽发生器、燃油蒸汽发生器、燃气蒸汽发生器等。蒸汽发生器内蒸汽压最高可达 1.3 MPa，锅炉承受高温高压，安全问题十分重要。即使是小型锅炉，一旦发生爆炸，后果也十分严重。因此，对锅炉的材料选用、设计计算、制造、检验等都有严格的规定，在使用时也应严格遵守操作规程进行操作。

2）循环冷冻机

当气温较高时，冷却水的温度较高无法起到有效冷却效果，就必须使用循环冷冻机将冷却水进一步冷却成冷冻水或冷冻盐水。循环冷冻机通过改变冷媒气体的压力变化来达到低温制冷的效果。循环冷冻机蒸发器中的液态制冷剂吸收水中的热量并开始蒸发，最终制冷剂与水之间形成一定的温度差，液态制冷剂完全蒸发变为气态后被压缩机吸入并压缩，气态制冷剂通过冷凝器吸收热量，凝结成液体，通过膨胀阀或毛细管节流后变成低温低压制冷剂进入蒸发器，完成制冷剂循环过程。水泵负责将水从水箱抽出泵到需冷却的设备，冷冻水将热量带走后温度升高，再回到冷冻水箱中，实现循环冷冻。

4. 机械搅拌式通风发酵罐的维护

① 发酵罐的场地环境应整洁干燥，通风良好，电气部分不得直接接触水或蒸汽。

② 空气过滤器应定期更换，以保证有效过滤。

③ 发酵罐配套仪表如压力表、安全阀应每年校准一次，以保证可以正常使用。

④ 溶氧电极、pH 电极拆下后应进行清洗，探头置于相应保存液中保存。

⑤ 发酵罐暂时不用时，应将发酵罐清洗后并用空气吹干，并排出锅炉及管道内残余蒸汽，同时排出空气管道中的残余空气，取出过滤器滤芯，清洗并晾干。

⑥ 蒸汽发生器应使用软化水，防止结垢。每次使用后，先切断电源，排除压力后停止供水，并排空蒸汽发生器。同时储水箱应定期清洗，排出污水。

⑦ 空气压缩机储气罐应 2～3 天排水一次，并定期更换压缩机进口空气滤芯。

3.1.2 其他通风发酵罐

1. 气升式发酵罐

工业发酵中，经常采用的还有一种重要的发酵罐，即气升式发酵罐。机械搅拌式通风发酵罐其通风原理是罐内通风，靠机械搅拌作用使气泡分割细碎，与培养基充分混合，密切接触，以提高氧的吸收系数，设备构造比较复杂，动能消耗较大。采用气升式发酵罐可以克服上述的缺点。

1）气升式发酵罐的特点

① 结构简单，冷却面积小。

② 无搅拌传动设备，节省动力约 50%，节省钢材。

③ 操作时无噪声。

④ 料液装料系数达 80%～90%，而不需要加消泡剂。

⑤ 维修、操作及清洗简便，减少杂菌感染。

气升式发酵罐对于黏度较大的发酵液溶氧系数较低，所以不能代替好气量较小的发酵罐。

2）气升式发酵罐的结构及原理

气升式发酵罐分为内循环和外循环两种。气升式发酵罐的主要结构包括罐体、上升管、空气喷嘴，其结构如图 3.6 所示。气升式发酵罐是在罐外设一上升管，上升管两端与罐底及上部连接，构成一个循环系统。在上升管的下部装有空气喷嘴，空气以 25～30 m/s 的速度高速喷入上升管，使空气分割细碎，与上升管的发酵液密切接触。由于上升管内的发酵液相对密度较小，加上压缩空气的动能使液体上升，罐内液体下降进入上升管，形成反复的循环。

2. 自吸式发酵罐

自吸式发酵罐是一种不需要空气压缩机，而在搅拌过程中借助形成的局部低压而自动吸入空气的发酵罐。这种设备的耗电量小，能保证发酵所需的空气，并能使气液分离细小，均

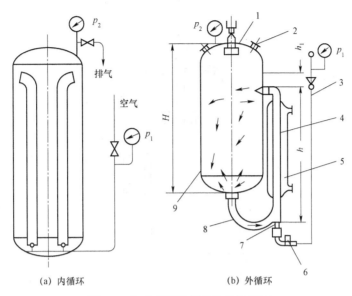

图 3.6 气升式发酵罐的结构示意图

1—人孔；2—视镜；3—空气管；4—上升管；5—冷却器；6—单向阀门；7—空气喷嘴；8—带升管；9—罐体

匀地接触，吸入空气中 70%～80% 的氧被利用，主要用于生产葡萄糖酸钙、维生素 C、酵母、蛋白酶等。

1）自吸式发酵罐的优点

① 不必使用空气净化系统中的空气压缩机、冷却器、油水分离器、总过滤器等设备，减少厂房占地面积。

② 减少工厂发酵设备投资约 30%，例如，应用自吸式发酵罐生产酵母，容积酵母的产量可高达 30～50 g。

③ 设备能够自动化、连续化运行，降低劳动强度，减少劳动力。

④ 酵母发酵周期短，发酵液中酵母浓度高，分离酵母后的废液量少。

⑤ 设备结构简单，溶氧效果高，操作方便。

2）自吸式发酵罐的结构

自吸式发酵罐的主体包括罐体、自吸搅拌器、导轮、轴封、换热装置、消泡器等组成，其结构如图 3.7 所示。

3）自吸式发酵罐的通风原理

自吸式发酵罐的主要构件由自吸搅拌器和导轮组成，简称为转子和定子。转子由箱底向上升入的主轴带动，当转子转动时空气则由导气管吸入。转子的形式有九叶轮、六叶轮、三叶轮、十字形叶轮等，叶轮均为空心体。

自吸式发酵罐的导轮的结构示意图及充气原理示意图如图 3.8 所示，它是利用空心体叶轮的旋转，依靠离心力作用，在空心体内产生负压区，在大气压的作用下，净化的空气就会源源不断经通道吸入，通过定子控制叶轮，使刚离开叶轮的空气立即在不断循环的发酵液中分散细微的气泡，并在湍流状态下混合、翻腾、扩散到整个罐中。因此，自吸式通风装置在搅拌的同时完成了通风过程。

发酵 技术

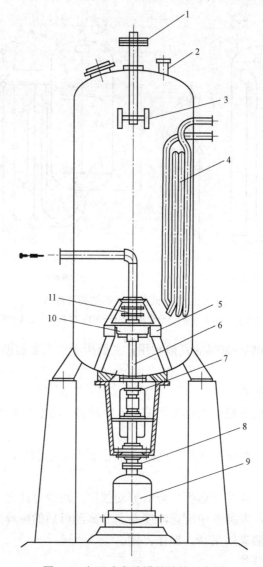

图 3.7 自吸式发酵罐的结构示意图
1—皮带轮；2—排气管；3—消泡器；4—冷却排管；5—定子；6—轴；7—双端面轴封；
8—联轴节；9—马达；10—自顺式转子；11—端面轴封

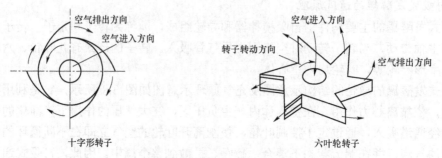

图 3.8 自吸式发酵罐的导轮的结构示意图及充气原理示意图

3. 好氧固体浅层发酵设备

浅盘式发酵设备是比较常用的一种好氧固体浅层发酵设备，这种反应器构造简单，由一个密室和许多可移动的托盘组成，托盘可以由木料、金属（铝或铁）、塑料等制成，底部打孔，以保证生产时底部通风良好。培养基经灭菌、冷却、接种后装入托盘，托盘放在密室的架子上。一般托盘放置在架子的上层，两托盘间有适当空间，保证通风。发酵过程在可控制湿度的密室中进行，培养温度由循环的冷（热）空气来调节。

浅盘式发酵设备是一种没有强制通风的固态发酵设备，特别适合酒曲的加工。所装的固体培养基最大厚度一般为 15 cm，放在自动调温的房间。它们排成一排，一个紧邻一个，之间有一个很小的间隙。这种技术由于规模化生产比较容易，只要增加盘子的数目就可以了。

使用浅盘式发酵设备的曲室设计要求如下：易于保温、散热、排除湿气以及清洁消毒等；曲室四周墙高 3～4 m，不开窗或开有少量的细窗口，四壁均用夹墙结构，中间填充保温材料；房顶向两边倾斜，使冷凝水沿顶向两边下流，避免滴落在曲上；为方便散热和排湿气，房顶开有天窗。固体曲房的大小以一批曲料用一个曲房为准。曲房内设曲架，以木材或钢材制成，每层曲盘应占 0.15～0.25 m，最下面一层离地面约 0.5 m，曲架总高度为 2 m 左右，以方便人工搬取或安放曲盘。

尽管这种技术已经广泛用于工业中，但是它需要很大的面积，而且消耗很多人力。

4. 好氧固体深层发酵设备

1）机械通风固体深层发酵设备

机械通风固体深层发酵设备使用了机械通风即鼓风机，因而强化了发酵系统的通风，使固体发酵培养基厚度大大增加，不仅使发酵生产效率大大提高，而且便于控制发酵温度，提高产物的质量。

机械通风固体深层发酵设备结构示意图如图 3.9 所示。设备多用长方形水泥池，宽为 2 m，深为 1 m，长度则根据生产场地及产量等选取，但不宜过长，以保持通风均匀；底部应比地面高，以便于排水，池底应有 8°～10° 的倾斜，以使通风均匀；池底上有一层筛板，固体发酵培养基置于筛板上，料层厚度为 0.3～0.5 m。设备一端（池底较低端）与风道连接，其间设一风量调节闸门。通风方式常用单项通风操作，为了充分利用冷量或热量，一般把离开固体培养基的排气部分经循环风道回到空调室，另吸入新鲜空气。据实验测试结果，空气适度循环，可使进入固体培养基的空气中的 CO_2 浓度提高，可减少霉菌过度呼吸而减少淀粉

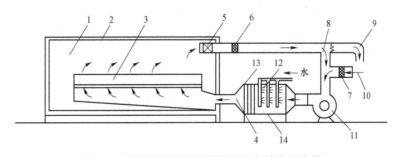

图 3.9 机械通风固体深层发酵设备结构示意图

1—曲室；2—绝热材料；3—曲料；4—进风道；5—回风调节器；6、7—空气过滤器；8—空气调节器；
9—排气口；10—新鲜空气入口；11—鼓风机；12—空调室；13—阻水器；14—水槽

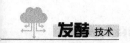

原料的无效损耗。当然，废气只能部分循环，以维持与新鲜空气混合后 CO_2 浓度为 2%～5%。通风量为 400～1 000 m³/（m²·h），视固体培养基厚度和发酵使用菌株、发酵旺盛程度及气候条件等而定。

机械通风固体深层发酵设备的结构与好氧固体浅层发酵设备所用的曲房大同小异，空气通道中风速取 10～15 m/s。因机械通风固体深层发酵通风过程阻力损失较低，故可选用效率较高的离心式送风机，通常用风压为 1 000～3 000 Pa 的中压风机较好。

2）压力脉动固态发酵罐

压力脉动固态发酵罐由中国科学院过程工程研究所开发，其结构原理是对密闭反应器内的气相压力施以周期脉动，并以快速泄压方式使潮湿颗粒因颗粒间气体快速膨胀而发生松动，从而达到强化气相与固相料层间均匀传质、传热的目的。另外，气相压力的周期脉动会引发多种外界环境参数对细胞膜的周期刺激作用，如氧浓度、内外渗透压差、温度波动等，这些波动会加速细胞代谢、生长、繁殖及内外物质、能量、信息的传递过程。压力脉动固态发酵系统结构示意图如图 3.10 所示。

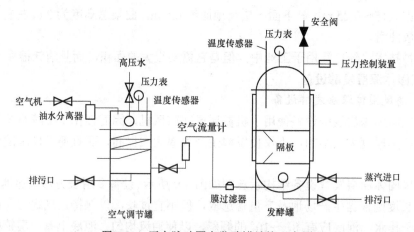

图 3.10 压力脉动固态发酵罐结构示意图

压力脉动固态发酵罐为密闭圆柱体 ϕ 1.7 m×10 m，露天平卧放置，快开门与无菌操作间相连。内部设有循环风机和风道，以及冷却水换热排管，温度与湿度探头。底部有盘架进出轨，固态培养基以浅盘方式密集排放在盘架上，盘架下的钢轮在钢轨上滚动，盘架有两排，每排 9 节，盘架共 21 层。发酵盘中的固体培养基是静态的，但气相是动态的。在气相突然泄压时，颗粒会因间歇中的气体膨胀而发生松动，并使传质、传热由分子扩散转为对流扩散。主要操作是用无菌空气对罐压施以周期性脉动。

任务 3.2 厌气发酵设备

3.2.1 酒精发酵设备

要使酒精酵母将糖转化为酒精，并实现较高的转化率，则在正常情况下，除满足酒精酵母生长和代谢的必要工艺条件外，还需要一定的生化反应时间，此生化反应过程还将释放出一定量的生物热，若该热量不及时转移走，必将影响到酵母的生长和代谢产物的转化率。因此，酒精发酵罐的结构首先必须满足上述工艺要求。此外，从结构上还应考虑有利于发酵液的排出，以及便于设备的清洗、维修和设备的安装。

1. 酒精发酵罐的结构

酒精发酵罐多为圆柱形，顶部和底部均为碟形或锥形的立式金属容器（如图 3.11 所示）。罐顶装有人孔或手孔、视镜、二氧化碳回收管、进料管、接种管、压力表和测量仪表接口管等。罐底装有排料口和排污口，罐身有取样口和温度计接口。

2. 酒精发酵罐的冷却装置

酒精发酵罐通常采用罐内蛇管冷却装置或罐内蛇管和罐外壁喷洒联合冷却装置（如图 3.12 所示）。此外，也有采用罐外喷淋冷却的方法，此法具有冷却发酵液均匀、冷却效率高等优点。若采用罐外喷淋冷却的方法，为避免发酵车间的潮湿和积水，影响车间的卫生和操作，要求在罐底沿罐体四周装有集水槽，废水由集水槽出口排入下水道。

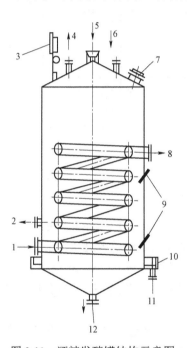

图 3.11　酒精发酵罐结构示意图

1—冷却水入口；2—取样口；3—压力表；4—CO₂ 气体出口；
5—喷淋水入口；6—料液及酒母入口；7—人孔；8—冷却水出口；
9—温度计；10—喷淋水收集槽；11—喷淋水出口；
12—发酵液及污水排出口

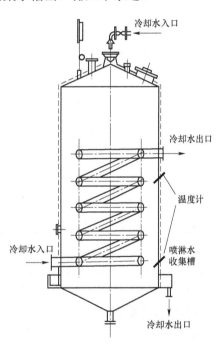

图 3.12　酒精发酵罐冷却装置示意图

3. 酒精发酵罐的洗涤装置

近年来，酒精发酵罐逐步采用水力喷射洗涤装置，从而降低了工人的劳动强度，提高了操作效率。普通水力喷射洗涤装置（如图 3.13（a）所示）是由一根两头装有喷嘴的喷水管组成的，喷水管两头弯成一定的弧度，喷水管上均匀钻有一定数量的小孔，喷水管安装时呈水平，借助活接头和固定供水管连接，喷水管两头喷嘴以一定速度喷出水而形成反作用力，使喷水管自动旋转，从而达到水力洗涤的目的。对于容积为 120 m³ 的酒精发酵罐，采用直径为 36 mm 厚度为 3 mm 的喷水管，管上开有直径为 4 mm 的小孔 30 个，两头喷嘴的直径为 9 mm。高压水力喷射洗涤装置（如图 3.13（b）所示）是由一根垂直的喷水管和一根水平的喷水管组成的，水流在较高压力下，由水平喷水管出口处喷出，并以极大的速度喷射到罐体，而垂直喷水管也以同样的水流速度喷射到罐体。

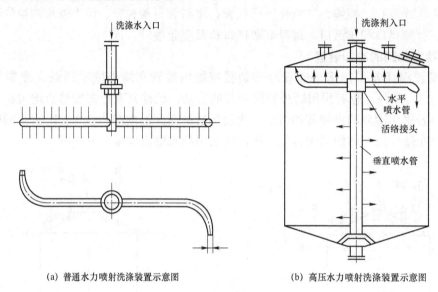

(a) 普通水力喷射洗涤装置示意图 (b) 高压水力喷射洗涤装置示意图

图 3.13　水力喷射洗涤装置示意图

3.2.2　大型啤酒发酵设备

为了适应大规模生产的需要，近年来世界各国啤酒工业在传统生产基础上进行了改进，各种形式的大型发酵设备应运而生。在国际上，啤酒工业发展的趋势是改进生产工艺，扩大生产设备能力，缩短生产周期和使用计算机进行自动控制。我国的啤酒工业从 20 世纪 80 年代开始发展迅速。大型发酵设备及其发酵工艺得到推广，大型发酵罐已在啤酒工业中得到广泛应用。

1. 圆筒体锥底发酵罐

啤酒行业中广泛采用的大型啤酒发酵设备是圆筒体锥底发酵罐。其优点是发酵速度快，易于沉淀收集酵母，减少啤酒及苦味物质的损失，泡沫稳定性得到改善，对啤酒工业的发展极为有利。

1）结构

圆筒体锥底发酵罐（如图 3.14 所示）可以用不锈钢或碳钢制作，用碳钢材料时，需要涂料作为保护层。罐的上部封头设有人孔、视镜、安全阀、压力表、二氧化碳排出口；采用二氧化碳为背压，为了避免用碱液清洗时形成负压，可以设置真空阀；罐体上部中央有不锈钢可旋转洗涤喷射器，具体位置要能使喷出水最有力地射到罐壁结垢最多的地方。罐体的工作压力根据发酵罐的工作性质而定，如果发酵罐兼做储酒罐，工作压力可定为 1.5～2.0 MPa。

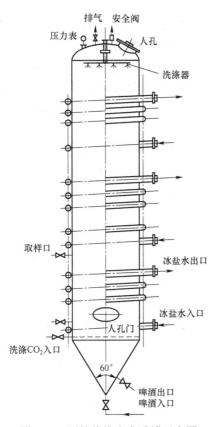

图 3.14　圆筒体锥底发酵罐示意图

　　圆筒体锥底发酵罐一般置于室外。已经灭菌的新鲜麦芽汁与酵母由底部进入罐内，发酵最旺盛时，使用全部冷却夹套，维持适宜的发酵温度。冷介质多采用乙二醇或酒精溶液，也可以用氨做冷介质。

　　如果放置在露天，罐体保温绝热材料可以采用聚氨酯泡沫塑料、脲醛泡沫塑料、聚苯乙烯泡沫塑料或膨胀珍珠岩矿棉等，厚度为 100～200 mm，具体厚度可以根据当地的气候选定。如果采用聚氨酯泡沫塑料作保温材料，可以采用直接喷涂后，外层用水泥涂平。为了罐的美观和牢固，保温层外部可以加薄铝板外套，或镀锌铁板保护，外涂银粉。

　　考虑到 CO_2 的回收，就必须使罐内的 CO_2 维持一定的压力，所以罐体要耐压罐，有必要设立安全阀。罐的工作压力根据不同的发酵工艺而有所不同。若作为前发酵和储酒两用，就应以储酒时 CO_2 含量为依据，所需的耐压程度要稍高于单用于前发酵的罐。

　　2）自动清洗系统

　　大型发酵罐和储酒设备的机械洗涤，现在普遍使用自动清洗系统（CIP）。该系统设有碱液罐、热水罐、甲醛溶液罐和循环用的管道和泵，洗涤剂可以重复使用，浓度不够时可以添加。使用时先将 50～80 ℃的热碱液用泵送往发酵罐，在储酒罐中高压旋转不锈钢喷头，压力不小于 0.392 MPa，使积垢在液流高压冲洗下迅速溶于洗涤剂中，达到清洁的效果。洗涤后，碱液回流到储槽中，每次循环时间不应少于 5 min，之后，再分别泵入热水、清水、甲醛溶液，按工艺要求交替清洗。

圆筒体锥底发酵罐的优点：能耗低、采用的管径小，可以降低生产费用；最终沉积在锥底的酵母，可以打开锥底阀门，使酵母排出罐外，部分酵母留作下次待用。圆筒体锥底发酵罐的缺点：由于罐体比较高，酵母沉降层厚度大，酵母泥使用代数较低（只能使用 5～6 代）；储酒时，澄清比较困难（特别在使用非凝聚性酵母时），过滤必须强化；若采用单酿发酵，罐壁温度和罐中心温度一致需要用一般要 5 d 以上，短期储酒不能保证温度一致。

2. 大直径露天储酒罐

大直径露天储酒罐是一种通用罐，既可以作为发酵罐又可以作为储酒罐，其直径与罐高之比远比圆筒体锥底发酵罐大。大直径罐一般作为储酒保温，没有较高的降温要求，因此其冷却系统的冷却面积远比圆筒体锥底发酵小，安装基础也较简单。

大直径罐基本是一柱体形罐，略带浅锥形底，便于回收酵母等沉淀物和排出洗涤水。因其表面积与容积之比较小，罐的造价较低。冷却夹套只有一段，位于罐的中上部，上部酒液冷却后，沿罐壁下降，底部酒液从罐中心上升，形成自然对流。因此，罐的直径虽大，仍能保持罐内温度均匀。罐的锥角较大，以便排放酵母等沉淀物。罐顶可设安全阀，必要时设真空阀。罐内设自动清洗装置，并设浮球带动出酒管，滤酒时可以使上部澄清酒液先流出。为加强酒液的自然对流，在管的底部加设一个 CO_2 喷射环。环上 CO_2 喷射眼的孔径为 1 mm 以下。当 CO_2 在罐中心向上鼓泡时，酒液运动的结果，使底部出口处的酵母浓度增加，便于回收，同时挥发性物质被 CO_2 带走，CO_2 可以回收。大直径罐外部是保温材料，厚度达 100～200 mm。

3. 朝日罐

朝日罐又称单一酿槽，是 1972 年日本朝日啤酒公司研制成功的前发酵和后发酵合一的室外大型发酵罐。它采用了一种新的生产工艺，解决了酵母沉淀困难的问题，大大缩短了储藏啤酒的成熟期。

朝日罐为一罐底倾斜的平底柱形罐，其直径与高度之比为 1:2～1:1，用厚 4～6 mm 的不锈钢板制成。罐身外部设有两段冷却夹套，底部也有冷却夹套，用乙醇溶液或液氨作为冷介质。罐内设有可转动的不锈钢出酒管，可以使放出的酒液中二氧化碳的含量比较均匀。

朝日罐生产系统示意图如图 3.15 所示，其特点是利用离心机回收酵母，利用薄板换热器控制发酵温度，利用循环泵把发酵液抽出又送回去。

使用朝日罐进行一罐法生产啤酒，可以加速啤酒的成熟，提高设备的利用率，使罐容积利用系数达到 96%左右；在发酵液循环时酵母分离，发酵液循环损失很少，还可以减小罐的清洗工作，设备投资和生产费用比传统法要低。但是朝日罐使用时动力消耗大，冷冻能力消耗大。

4. 联合罐

联合罐是一种具有较浅锥底的大直径（高径比为 1:3～1:1）的发酵罐，能在罐内进行机械搅拌，并具有冷却装置。联合罐在发酵生产上的用途与圆筒体锥底发酵罐相同，既可用于前、后发酵，也能用于多罐法及一罐生产。因为它能适合多方面的需要，所以被称为通用罐。

联合罐是一圆柱体（如图 3.16 所示），是由 7 层 1.2 m 宽的钢板组成的，总的表面积为 378 m^2，总体积为 765 m^3。联合罐是由带人孔的薄壳垂直圆柱体、拱形顶及有足够斜度以除去酵母的锥底组成。锥底的形状可与浸麦槽的锥底相似。联合罐的罐体基础是一个钢筋混凝土圆柱体，其外壁高约为 3 m，厚约为 20 cm。基础圆柱体壁上部的形状是按照罐底的斜度来确定的。圆柱体壁中有 30 个铁锚均匀地分布，并与罐焊接。圆柱体与罐底之间填入坚固结实的水泥砂浆，在填充料与罐底之间留 25.4 cm 的空心层以绝缘。

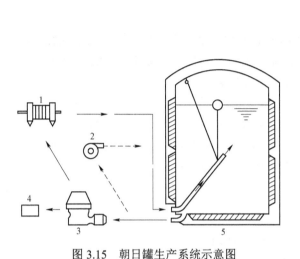

图 3.15　朝日罐生产系统示意图

1—薄板换热器；2—循环泵；3—酵母离心机；4—酵母；5—朝日罐

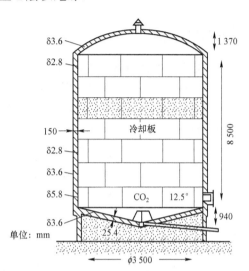

图 3.16　联合罐结构示意图

3.2.3　啤酒发酵附属设备

1. 糊化锅

糊化锅的作用是通过加热使原料中的淀粉糊化和液化。糊化锅锅身为圆柱形，锅底及顶盖均为弧形或球形。糊化锅采用夹套蒸汽加热，外部设有保温层。粉碎后的大米粉、麦芽粉和热水由下粉管及进水管混匀后送入，借助搅拌桨的搅拌，使原料均匀受热。糊化醪经锅底出口泵至糖化锅。

2. 糖化锅

糖化锅的作用是保温进行蛋白质、淀粉等大分子原料的水解。糖化锅的结构与糊化锅基本相同，体积大约是糊化锅的两倍。

3. 麦汁煮沸锅

麦汁煮沸锅又称为煮沸锅或浓缩锅，用于麦芽汁的煮沸与浓缩。麦汁煮沸锅通过加热将麦芽汁中多余的水分蒸发实现麦芽汁的浓缩，并加入酒花，热浸提出酒花中的风味物质，同时实现加热凝固蛋白质、灭菌、钝化酶等作用。麦汁煮沸锅有夹套式加热、列管式加热及外加热等不同类型。夹套式加热加热效率较低；列管式加热常用的是中心加热器，由于麦汁在中心加热器受热后，产生显著密度差，形成内循环，因而蒸发效率较高；具外加热器的麦汁煮沸锅可将麦芽汁加热到 106 ℃，缩短煮沸时间，并提高酒花利用率，实现更佳的啤酒过滤效果。

4. 过滤槽

过滤槽能够实现麦芽汁的澄清，是麦芽汁制备的关键设备。通常分为具有平底筛的常压过滤槽、低压快速过滤槽。常压过滤槽为圆柱形槽身，弧形顶盖，平底上有带滤板的夹层。快速过滤槽的典型特征是使用了离心泵抽滤，增加了过滤压力差，且过滤面积比传统过滤槽大，因而过滤速度快，但麦汁透明度不及传统过滤槽。

 项目小结

1. 发酵设备包括通风发酵罐与厌氧发酵罐，通风发酵罐主要有机械搅拌式通风发酵罐、自吸式发酵罐、气升式发酵罐等，嫌气发酵设备主要有酒精发酵设备及啤酒发酵设备。大部分发酵工业产品都是采用机械搅拌式通风发酵罐进行发酵生产。

2. 机械搅拌式通风罐是由罐体、搅拌器、轴封、消泡器、联轴器、空气分布装置、挡板、换热装置等部件构成。机械搅拌桨能将从空气分布装置分散的气泡与发酵液充分混合，实现氧气的溶解与供给。挡板能够防止旋涡的产生，并提高溶氧浓度。换热装置依靠内部通入的冷却水或循环水实现热交换，保证发酵过程温度的稳定性与可控性。

复习思考题

1. 简述机械搅拌式通风发酵罐的结构及主要部件功能。
2. 简述机械搅拌式通风发酵罐的基本操作步骤。
3. 简述发酵罐的保养与维护要点。
4. 简述啤酒发酵设备的特点。

项目 **4**

发酵工业的灭菌与空气灭菌工艺

项目描述

　　灭菌是指利用物理、化学或其他适宜的方法杀灭或者除去物料、设备及其他目标物中所有活的微生物（包括营养细胞及芽孢、孢子），从而达到无菌的过程。常用的灭菌方法有加热灭菌、化学试剂灭菌、射线灭菌和过滤除菌等。好氧发酵是常见的发酵方式之一时，其最大的特点是发酵时必须向发酵罐内通入大量的无菌空气，若空气净化不彻底，会使其中夹带的杂菌在发酵罐中大量繁殖，从而干扰或破坏发酵的正常进行。因此，为保证发酵的正常进行，在接种之前必须对发酵培养基、设备管道及空气等进行灭菌，同时还必须对环境进行消毒，以防止杂菌和噬菌体的污染。

学习目标

　　➤ 掌握灭菌操作及空气净化的常见方法。
　　➤ 熟悉灭菌操作及空气净化的常见工艺流程。
　　➤ 能正确地使用常见的灭菌方法。
　　➤ 能够根据生产需求选择培养基、设备及管道灭菌的条件，正确地进行培养基、设备及管道的灭菌。
　　➤ 能够选择合适空气除菌工艺流程，正确地制备无菌空气。

任务 4.1　灭　　菌

4.1.1　常用的灭菌方法

　　灭菌是发酵工业生产中纯种培养的关键，接种之前，培养基、空气系统、补料系统、设备及管道等都要进行严格的灭菌，并对生产环境进行消毒，以防止染菌或噬菌体的污染。

　　灭菌的方法有很多种，一般可分为两大类：物理法和化学法。物理法主要有加热灭菌、过滤除菌、射线灭菌等。化学法主要是采用无机或有机化学试剂进行消毒与灭菌。

1. 加热灭菌

加热灭菌的原理：菌体中的蛋白质及酶在高温作用下变性、凝固、失活，从而实现灭菌。加热灭菌根据加热方式不同，分为干热灭菌和湿热灭菌两种。

1）干热灭菌

干热灭菌是一种利用高温使微生物细胞发生氧化，细胞内蛋白质变性、电解质浓缩，引起中毒，导致微生物死亡的加热灭菌方法。

干热灭菌主要有灼烧灭菌法和干热空气灭菌法。

（1）灼烧灭菌法

灼烧灭菌法是利用火焰直接将微生物烧死而达到灭菌的方法。此法灭菌迅速彻底，但局限性较大。主要用于接种环、接种针、接种铲、小刀、镊子等金属小用具接种前后的灭菌，玻璃涂棒、载玻片、盖玻片、试管口、锥形瓶口、移液管和滴管外部的灭菌，以及无用的污染物和实验动物尸体的灭菌。

（2）干热空气灭菌法

干热空气灭菌法适用于不宜直接用火焰灭菌的物品。在实验室里，通常采用电热干燥箱作为灭菌器。该法主要用于培养皿、锥形瓶、试管、离心管、移液管等空玻璃器皿的灭菌，牛津杯、镊子、手术刀等金属用具和陶瓷培养皿盖、菌种保藏采用的沙土管、石蜡油、碳酸钙等耐高温物品的灭菌；但不适用于带有胶皮、塑料的物品、液体及固体培养基等物品的灭菌。该法的优点是在灭菌的同时能对器皿进行干燥。

干热空气灭菌条件一般需 140～160 ℃处理 2～3 h，芽孢灭活需 160 ℃处理 2 h。但温度不能超过 180 ℃，否则会引起包扎纸张起火。灭菌物品摆放时应保留合适的间距，以保证传热均匀。干热空气灭菌的温度和时间见表 4.1。

表 4.1　干热空气灭菌的温度和时间

灭菌温度/℃	150	140	160	170
灭菌时间/h	3	2.5	2	1

2）湿热灭菌

湿热灭菌是一种依据待灭菌物品的不同性质，选用不同温度的湿热蒸汽进行灭菌的方法。微生物对干热的耐受力比湿热强得多，且湿热蒸汽具有很强的穿透力，在冷凝时会放出大量热，能使微生物细胞中的蛋白质不可逆变性，造成细胞死亡。因此，同一温度下湿热灭菌比干热灭菌具有更强的杀菌力。

湿热灭菌具体有高压蒸汽灭菌法、煮沸灭菌法、巴氏消毒法和间歇灭菌法等。

（1）高压蒸汽灭菌法

高压蒸汽灭菌法是发酵工业、微生物学实验、食品检测及外科手术器械消毒等最常用的一种灭菌方法。该法适用于培养基、无菌水、无菌缓冲液、金属用具、玻璃器皿、工作服、发酵罐、附属设备与管道等器物的灭菌，具有价格便宜，来源方便，灭菌效果可靠等优点。

高压蒸汽灭菌的条件一般为 121 ℃，30 min，若是沙土、石蜡油等面积大、含菌多、传热差的灭菌对象，则应适当延长灭菌时间。在恒压前，一定要排尽灭菌锅中的冷空气，否则实际灭菌温度达不到规定要求,会大大地降低灭菌效果。常用的高压蒸汽灭菌的压力、温度与时间见表 4.2。

表 4.2　常用的高压蒸汽灭菌的压力、温度与时间

蒸汽压力/MPa	0.055	0.069	0.103
蒸汽温度/℃	112.6	115.2	121.0
灭菌时间/min	30	20	20

（2）煮沸灭菌法

煮沸灭菌法一般是将待消毒的物品在水中煮沸 15～20 min,该法可杀死微生物的营养细胞,但不能杀灭芽孢;只有煮沸 1～2 h 才能将芽孢杀死,也可在水中加入 2% Na_2CO_3 溶液,既能促使芽孢死亡,又可防止金属器械的生锈。该法主要用于一般食品和器材的灭菌。

（3）巴氏消毒法

巴氏消毒法由法国微生物学家巴斯德首创,一般采用 63～66 ℃、加热 30 min 或 71 ℃、加热 15 min 的灭菌条件,能够杀死物品中的病原菌和一部分微生物营养体。该方法具有消毒防腐,避免高温处理降低食品营养价值及风味等优点,可用于牛奶、啤酒、酱油和醋等食品的灭菌。

（4）间歇灭菌法

间歇灭菌法又称丁达尔灭菌法,是利用 100 ℃时微生物的芽孢在较短时间内不会被灭活,而萌发成营养体后在 0.5 h 时内即能被杀死的特点,通过反复培养和反复灭菌,最终将物品中的芽孢全部杀死。该法适用于明胶、维生素、牛乳等在 100 ℃以上长时间灭菌营养物质会被严重破坏的食品,并且不需加压灭菌设备,但是操作麻烦,耗费时间长。

2. 过滤除菌

过滤除菌是一种利用过滤方法截留微生物实现除菌的方法,有绝对过滤和深层过滤两种方法,适用于含酶、血清、维生素、氨基酸等无法采用高温灭菌的热敏物质的培养基的灭菌以及大量无菌空气的制备。

3. 射线灭菌

射线灭菌是指利用紫外线、高能电磁波或放射性物质产生的 γ 射线来杀灭微生物的灭菌方法。该方法具有使用方便的优点,但比湿热灭菌的穿透力差,使用范围受限。常用的射线有紫外线、高速电子流的阴极射线、X 射线、γ 射线等,尤其以紫外线最为常用。紫外线的杀菌作用主要是因为其能诱导胸腺嘧啶二聚体的形成,抑制 DNA 的复制,且空气在照射下产生具有杀菌作用的臭氧。波长范围在 200～275 nm 的紫外线才具有杀菌作用,波长在 250～270 nm 的紫外线杀菌作用较强,253.7 nm 时最强。紫外线的穿透力很弱,玻璃、塑料薄膜、纸等一般包装材料都不能穿透,一般只适用于接种室、超净工作台、无菌培养室及物质表面的灭菌,对固体物料灭菌不彻底,也不能用于液体物料的灭菌。紫外线直接照射下,微生物的营养细胞为 3～5 min,芽孢约 10 min 即可被杀灭,一般紫外灯开启 30 min 就可以达到灭菌的效果。为了加强灭菌效果,常将紫外线灭菌与化学灭菌结合使用。此外,紫外线对眼、皮肤有损伤,照射过程中产生的臭氧也对眼、鼻有刺激,严重时会造成头晕、胸闷、

血压下降。

4. 化学灭菌

化学灭菌是指利用化学药物灭菌剂杀死微生物的方法。根据抑菌或杀死微生物的效应，化学药物灭菌剂分为杀菌剂、消毒剂、防腐剂三类。杀菌剂是指杀死一切微生物及其孢子的药物，消毒剂即只杀死感染性病原微生物的药剂，防腐剂则是指只能抑制微生物生长和繁殖的药剂。化学灭菌主要用于生产车间环境的灭菌、接种操作前小型器具的灭菌等，由于化学药物灭菌剂会与培养基中的一些成分作用，且加入培养基后不易去除，所以一般不用于培养基的灭菌。根据灭菌对象的不同，化学药物灭菌剂有浸泡、添加、擦拭、喷洒、气态熏蒸等使用方法。常用的化学药物灭菌剂见表 4.3。

表 4.3　常用化学药物灭菌剂

类别	代表灭菌剂	常用浓度	应用范围	备注
醇	乙醇	70%～75%	皮肤消毒或器皿表面消毒	对芽孢及孢子无效
醛	甲醛	36%～40%	熏蒸空气（接种室、培养室）	
酚	石炭酸	3%～5%	室内空气喷雾消毒擦洗被污染的桌面、地面	
		3%～5%	浸泡移液管等玻璃器皿（1 h）	
		1%～2%	皮肤消毒（1～2 min）	
酸	乳酸	80%	熏蒸空气（接种室、培养室）	有机酸
	醋酸	3～5 mL/m³	熏蒸空气	有机酸
	苯甲酸	0.1%	食品防腐剂（抑制真菌）	有机酸
	山梨酸	0.1%	食品防腐剂（抑制霉菌）	有机酸
	硫酸	0.01 mol/L	浸泡玻璃器皿	无机酸
碱	烧碱	4%	病毒性传染病	
	石灰水	1%～3%	粪便消毒、畜舍消毒	
氧化剂	高锰酸钾	0.1%～3%	皮肤、水果、茶具消毒	
	漂白粉	1%～5%	洗刷培养室、饮水及粪便消毒	对噬菌体有效
	氯气	0.2～1.0 mg/m³	饮用水消毒	
	过氧化氢	3%	清洗伤口	
	碘	2.5%	皮肤消毒	
重金属盐	汞	0.05%～0.2%	非金属表面器皿的消毒及组织分离	
去污剂	新洁尔灭（原液为5%季铵盐）	0.25%	皮肤及器皿消毒	
		0.01%	浸泡用过的盖玻片、载玻片	
染料	结晶紫	2%～4%	体表及伤口消毒	

化学灭菌对容器和包材以及设备产生一定量的残留污染，使用时应注意采取严格的措施控制残留，以保障最终产品的安全性。

上述灭菌方法需根据具体情况进行选用，通常需要考虑发酵类型、菌株特性、无菌要求标准、培养基性质、发酵容器的特性等因素，一般容器、管路及液体常用湿热灭菌，气体及含热敏性组分的培养基常用过滤除菌的方法。有时也可根据需要结合使用。例如，动物细胞离体培养的培养基中通常含有热敏性物质，如血清、氨基酸、维生素等，灭菌时可将其中的热敏性物质用无菌过滤法除菌，其他物质用湿热灭菌法除菌，也可将热敏性物质在较低温度或较短时间内灭菌，最后在无菌条件下再与其他组分混合。

4.1.2　工业培养基的灭菌

1. 工业培养基的灭菌原理和灭菌效果的影响因素

1）工业培养基的灭菌原理

在发酵工业中，培养基的灭菌常采用湿热灭菌法。因为湿热灭菌法蒸汽来源容易，本身无毒，操作方便、费用低，易管理，所以是一种简单、廉价、有效的工业培养基灭菌方法，同时也可以用于设备、管路及阀门的灭菌。

培养基在湿热灭菌时，其营养成分受热后被破坏。故在灭菌过程中应选择合适的工艺条件，既能保证杂菌被彻底杀灭，又要使营养成分的破坏作用降到最低。杀死微生物的极限温度称为致死温度。在致死温度下，杀死全部微生物所需要的时间称为致死时间。因为微生物营养细胞、芽孢和孢子对热的抵抗力有所差异，所以致死温度和致死时间也有区别。

微生物对热的抵抗力用热阻表示。热阻是指微生物在某一特定条件（主要是温度和加热方式）下的致死时间。不同种类微生物的热阻不同。一般无芽孢细菌在 60 ℃下经过 10 min 即可被全部杀灭，而芽孢细菌的芽孢能经受较高温度，在 100 ℃下要数分钟至数小时才能被杀死，某些嗜热菌能在 120 ℃下耐受 20～30 min，但这种菌在培养基中极少出现。一般来说，灭菌的彻底与否以能否杀死芽孢为标准。

2）工业培养基灭菌效果的影响因素

影响灭菌效果的因素包括灭菌温度和时间、所污染杂菌的种类及数量、培养基成分、培养基的物理状态、pH、搅拌、泡沫等。

① 灭菌温度和时间。培养基的灭菌效果受灭菌温度、时间的直接影响，一般高温短时效果较好。

② 杂菌的种类及数量。培养基中微生物数量越多，达到灭菌效果所需的时间越长；菌龄短的较菌龄长的微生物个体更易被杀死；细菌、酵母的营养体及霉菌的菌丝体耐热性较差，而放线菌、霉菌孢子更耐热，芽孢的耐热性要更强一些，灭菌彻底与否的标准常以杀死芽孢为标准。

③ 培养基成分。培养基成分对灭菌效果也有影响，培养基中的脂肪、糖类和蛋白质等有机物会增加微生物的耐热性；而高浓度盐类、色素等的存在会增加微生物细胞的通透性，从而削弱微生物细胞的耐热性，一般较易灭菌。

④ 培养基的物理状态。培养基的物理状态对灭菌有极大的影响，固体培养基的灭菌时间要长于液体培养基的灭菌时间。液体培养基中固体颗粒小，灭菌容易；颗粒大，则灭菌难，颗粒过大时应在不影响培养基质量的条件下，对其粗过滤处理，并适当提高灭菌温度，才能达到彻底灭菌的效果。

⑤ pH。pH 对微生物的耐热性影响很大，pH 越低，灭菌时间越短，同时要兼顾微生物生长对 pH 的要求，若两者有较大矛盾则应考虑适当延长灭菌时间或提高灭菌温度。

⑥ 搅拌。实罐灭菌时，搅拌可使培养基在罐内始终充分均匀的翻动，能防止培养基局部过热而营养物质破坏过多，或局部"死角"温度过低杀菌不彻底等问题。

⑦ 泡沫。培养基灭菌时易产生泡沫，而泡沫中的空气容易在泡沫和微生物之间形成隔热层，使灭菌温度不易达到微生物的致死温度，造成灭菌不彻底，一般可通过加消泡剂及控制好进气和排气的平衡来解决。

此外，实罐灭菌时，若罐内空气排除不完全，压力表显示值包括罐内蒸汽压力和罐内空气分压，实际灭菌温度就低于压力表显示压力所对应的温度，会因灭菌温度不够而使灭菌不彻底。

2. 工业培养基的灭菌工艺

1）分批灭菌

分批灭菌，也称间歇灭菌或实罐灭菌（实消），是指将配制好的培养基放入发酵罐或其他贮存容器中，向其中通入蒸汽，实现对培养基及所用设备一起灭菌的操作过程。

（1）分批灭菌的优缺点

① 分批灭菌的优点：灭菌效果可靠，灭菌用蒸汽要求低（表压为 0.2～0.3 MPa）；设备要求简单，无须另外设置加热冷却装置，设备投资少；操作要求低。

② 分批灭菌的缺点：升温降温较慢，灭菌时间长，对培养基成分破坏大，灭菌后培养基质量会下降；灭菌过程需反复进行加热和冷却，能耗较高；间歇式操作，发酵罐利用率较低，操作难以实现自动控制等。

由以上分批灭菌的优缺点可知，分批灭菌适合手动操作，小规模生产，也适合固体物质含量大，培养基有较多泡沫的培养基灭菌；不适合大规模生产的培养基灭菌。

（2）分批灭菌的操作步骤及注意事项

图 4.1 为分批灭菌设备结构示意图，分批灭菌的操作步骤如下。

① 灭菌前准备：先将与发酵罐相连的空气分过滤器灭菌，之后用空气吹干、保压。培养基按照培养基配方在配制罐中配制好，通过专用管道输送至发酵罐中，然后开启搅拌以防料液沉淀，之后放出夹套或蛇管中的冷却水，开启排气管阀门，准备开始灭菌。

② 升温：灭菌时先利用夹套或蛇管中通入的蒸汽间接加热升温，并开启搅拌，温度升至 80 ℃左右停止搅拌，并关闭夹套或蛇管蒸汽阀门。然后打开空气、取样、放料管路进气阀，由空气管、取样管、放料管蒸汽旁通阀门向发酵罐内的培养基直接通入蒸汽进一步加热，当排气管冒出大量蒸汽后，可打开接种、补料、消泡剂、酸碱等管道阀门，并调节好各排气和进气阀门的开度，使培养基温度上升。

③ 保温：当培养基温度达到 120 ℃，罐压达 0.1 MPa（表压）时，开始保温计时，保温 30 min 左右。

④ 降温：保温结束，依次关闭各排气阀、进气阀，同时向夹套或蛇管中通入冷却水，温度降至 80 ℃时开启搅拌，继续降温至培养温度，便可进行下一步的接种或发酵操作。同时注意，降温时，当罐内压力低于空气分过滤器内的空气压力时需向罐内通入无菌空气进行保压。

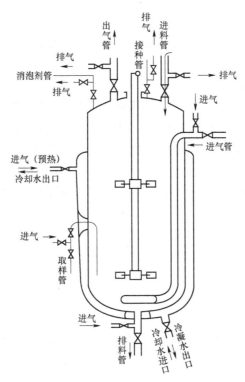

图 4.1　分批灭菌设备结构示意图

　　分批灭菌操作时应注意：配制培养基时应注意计量准确，所配制的培养基体积应扣除种子液的体积和灭菌过程冷凝水的预留体积。分批灭菌前要对发酵罐进行空消，并校正 pH 电极、DO 电极等传感电极。在加热和保温过程中，各路蒸汽进口要通畅，防止短路逆流；罐内液体翻动要剧烈，以使罐内物料达到均一的灭菌温度；排气量不宜过大，以节约蒸汽用量；应防止突然开大或关小进气、排气阀门，避免泡沫大量产生，造成灭菌不彻底，使营养成分遭到破坏。另外，还应注意，凡在培养基液面下的各种进口管道均应通入蒸汽，而在培养基以上的其余管道应排放蒸汽，保证不留"死角"，灭菌彻底。

　　保温结束后的冷却阶段，应先关闭各排气阀门，再关闭各进气阀门，待自然冷却，罐内压力有所降低后，再在夹套或蛇管中通入冷却水，当培养基温度降至 80 ℃时，方可开启搅拌器，否则易损坏搅拌器。另外，当罐内压力低于空气分过滤器内空气压力时，必须通入无菌空气保压，以避免罐压迅速下降产生负压而吸入外界空气发生二次污染或引起发酵罐破坏。在引入无菌空气之前，罐内压力必须低于空气分过滤器内压力，否则培养基将倒流进入过滤器内。

　　通常，一个灭菌周期需耗时 3～5 h，其中升温阶段占整个灭菌时间的 20%，保温阶段占75%，降温阶段占 5%，灭菌过程中加热和保温阶段的灭菌作用是主要的，降温阶段的灭菌作用是次要的，一般很小，可忽略不计，在计算时一般不考虑。此外，发酵罐容积也对灭菌时间长短有影响，容积越大，分批灭菌的升温和降温时间就越长，由此造成培养基成分的破坏越严重，同时，发酵罐的利用率也有所降低。灭菌时应尽量避免过长时间加热，但实际生产中若遇到蒸汽不足、温度不够高的情况时，也可适当延长灭菌时间。

2）连续灭菌

连续灭菌，也称为连消，是指将配制好的培养基在向发酵罐输送的同时进行加热、保温、降温而进行灭菌的方法。

（1）连续灭菌的优缺点

连续灭菌的优点：与分批灭菌相比，连续灭菌具有"高温、快速"的特点。培养基升温、降温都较快，灭菌时间短，能有效地减少培养基中营养成分的损失；操作条件恒定，灭菌质量稳定；便于管道化和自动化控制；可避免反复加热和冷却，热利用率高；发酵设备利用率高。

连续灭菌的缺点：设备投入多、要求高，需另外设置加热、冷却装置；对蒸汽要求高；操作烦琐；染菌机会多。

由以上连续灭菌的优缺点可知，连续灭菌适合于大规模生产的培养基灭菌，但不适合大量固体物料的灭菌。对于容积小的发酵罐，连续灭菌的优点不明显，分批灭菌则比较方便。

（2）连续灭菌的工艺流程

按照设备和工艺条件的不同，连续灭菌的工艺流程可分三种形式。

① 连消塔加热的连续灭菌流程。

灭菌：培养基在调浆罐内配料后，用连消泵送入加热器或连消塔底部（控制输入速度低于 0.1 m³/min），料液被加热至灭菌温度 132 ℃，在塔内停留 20～30 s，然后由顶部流出，进入维持罐，保温维持 5～8 min。

冷却：保温结束后，培养基由维持罐的侧面（位于上部）流出，罐内最后的培养基由底部排尽，经喷淋冷却器冷却到发酵温度，送去发酵罐。

该流程要注意控制好培养基的流速，要求培养基输入的压力与蒸汽总压力相近，否则流速不稳影响培养基灭菌的质量，具体流程示意图如图 4.2 所示。

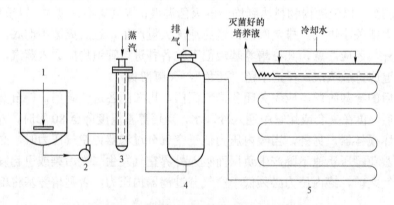

图 4.2　连消塔加热的连续灭菌流程示意图

1—调浆罐；2—连消泵；3—连消塔；4—维持罐；5—喷淋冷却器

② 喷射加热器加热的连续灭菌流程。

灭菌：该流程分为喷射加热、管道维持、真空冷却。灭菌时，以一定流速将培养基喷射进入喷射加热器，培养基与喷入的高温蒸汽直接接触混合，其温度在短时间内急速上升到预定灭菌温度，之后在维持管中维持一段时间灭菌，保温时间由维持管道的长度来保证。

冷却：灭菌后的培养基通过膨胀阀单向进入真空冷却器急速冷却至发酵温度。

喷射加热器加热的连续灭菌流程示意图如图 4.3 所示。该流程中培养基总的受热时间短，培养基不会被严重破坏，在喷射加热器和维持管中培养能保证先进先出，可以避免过热或灭菌不彻底的现象。需要注意的是该流程中真空冷却系统要求严格密封，否则易二次污染。

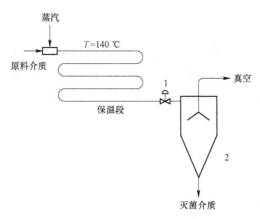

图 4.3 喷射加热器加热连续灭菌流程示意图
1—膨胀阀；2—真空冷却器

③ 薄板换热器加热的连续灭菌流程。

该流程中，培养基在薄板换热器中可同时完成预热、加热和冷却的过程。加热段可使预热后的培养基温度升高，经维持管保温一段时间，然后在冷却段进行冷却，同时对生培养基预热。

该流程在对灭菌过的培养基的冷却时可同时对未灭菌培养基进行预热，能节约蒸汽及冷却水用量；与喷射式连续灭菌相比，加热和冷却所需时间稍长，但与分批灭菌相比短得多。需要注意的是，由于薄板换热器结构的限制，该流程只适合于含少量固形悬浮物的培养基的灭菌，若固形悬浮物含量较高，可改用螺旋板式换热器。薄板换热器加热的连续灭菌流程示意图如图 4.4 所示。

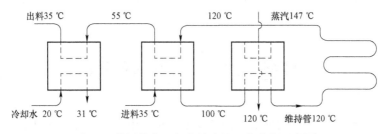

图 4.4 薄板换热器加热的连续灭菌流程示意图

针对上述三种连续灭菌的流程，在操作时应注意如下问题：灭菌时所使用的加热器、维持管、冷却器等应先进行清洗和灭菌，然后才能进行培养基灭菌，此外，发酵罐也应在连续灭菌前进行空消。培养基要先进行预热，可使一些不溶物糊化，减少加热时加热器产生的噪声和振动。若培养基中同时含有热敏性物料和非热敏性物料，应在不同温度下分开灭菌，以

减少物料受热破坏的程度；另外，对于加热易发生反应的物料也需分开灭菌。

（3）连续灭菌条件的确定

与分批灭菌的保温时间相对应，连续灭菌过程的关键参数是培养基的平均停留时间。对使用维持罐的系统，平均停留时间 τ 可按下式计算：

$$\tau = \frac{V}{F} \tag{4-10}$$

式中，τ 为平均停留时间（s），V 为维持罐体积（m³），F 为培养基体积流量（m³/s）。

使用罐式保温设备，平均停留时间在灭菌温度为 130 ℃时可取 10 min，在 140 ℃时可取 3～4 min。使用管式保温设备，若已得到平均停留时间的数值，可根据管路的内径和培养基的流量计算管子的长度。

4.1.3 设备的灭菌

1. 发酵设备的灭菌

需要灭菌的发酵设备主要包括种子罐、发酵罐、计量罐、补料罐等，具体采用的是空消的方法。灭菌时由各罐底部的管道通蒸汽灭菌，保温时维持罐内压力 0.147 MPa（表压），维持 45 min。应重点防止"死角"产生和灭菌后的二次污染。灭菌过程应从各罐顶部的阀门排出空气，并使蒸汽通过，可有效地防止灭菌"死角"。灭菌完毕，关闭蒸汽阀门后，待罐内压力低于空气过滤器压力时要及时通入无菌空气保压至 0.098 MPa（表压），可防止已灭菌培养基的二次污染。

2. 空气过滤器的灭菌

空气过滤器一般分为总过滤器和分过滤器，对其进行灭菌时蒸汽由空气过滤器上部通入，从上、下排气口排出。灭菌保温时维持压力 0.147 MPa（表压），维持 2 h。灭菌完毕，通入压缩空气将空气过滤器吹干，然后保压。

3. 管路的灭菌

发酵涉及的管路包括补料管路、消泡剂管路、接种管路。补料管路、消泡剂管路的灭菌可与补料罐、消泡剂罐同时进行，维持时间为 1 h。接种管路的灭菌，一般要求蒸汽压力 0.3～0.45 MPa，维持 1 h。

任务4.2 空气除菌

好氧发酵时需要大量空气的供给，为了保证纯种发酵，这些空气要求是无菌空气，而且空气除菌不彻底是引起发酵染菌的主要原因之一。因此，空气除菌是好氧发酵的重要环节。

4.2.1 发酵用无菌空气的质量标准和空气除菌方法

1. 发酵用无菌空气的质量标准

空气中存在大量的微生物，主要有金黄色小球菌、产气杆菌、蜡状芽孢杆菌、普通变形杆菌、地衣芽胞杆菌、巨大芽孢杆菌、枯草芽孢杆菌等细菌，以及酵母和病毒。据统计，一般城市空气的含菌量为 $10^3 \sim 10^4$ 个/m^3。不同地区、季节和气候条件下,空气中微生物的数量也不同,一般潮湿温暖的南方较干燥寒冷的北方多;夏季比冬季多;城市比农村、山区多;由于颗粒沉降,在同一地方随着高度的升高,空气中的颗粒和微生物含量急剧下降,地平面空气含微生物量比高空处多,一般来说高度每升高 2.5 m,空气中的尘埃粒子含量下降一个数量级。

无菌空气是指自然界的空气通过除菌处理使其含菌量降低到一个极限百分数的净化空气。工业生产中,发酵用的无菌空气是将自然界的空气经过压缩、冷却、减湿、过滤等处理获得的,为保证发酵效果,需达到以下质量标准:

① 含菌量低至零或极低,一般按染菌概率 0.001 计算,即 1 000 次发酵周期所用无菌空气只允许一次染菌。

② 空气中杂质一般要求颗粒直径 $d < 0.01$ μm、杂质含量 < 0.1 mg/m^3、油相对含量 $< 0.003 \times 10^{-6}$。

③ 要求连续提供一定流量的压缩空气。通常要求通气比为 $0.1 \sim 2.0$ m^3/($m^3 \cdot min$)。

④ 无菌空气的压强要达到 $0.2 \sim 0.4$ MPa(表压)。

⑤ 空气温度和湿度的要求对不同的发酵工艺也不尽相同。一般要求空气温度为 35~40 ℃。进入空气主过滤器之前,压缩空气的相对湿度 ≤70%,一般要求相对湿度控制在 50%~60%。如有特殊要求可根据计算确定其温度和相对湿度。

2. 空气除菌方法

空气除菌是指除去或杀死空气中的微生物,使其达到发酵时对无菌空气要求的过程。

获得无菌空气的方法有两类:一类是利用加热、化学药剂或射线等,使空气中微生物细胞的蛋白质变性,以杀灭各种微生物;另一类是利用过滤介质及静电除尘捕集空气中的灰尘和各种颗粒,以除去空气中的各种微生物。生产上往往将二者结合在一起应用。

除菌方法虽多,但适用于大量无菌空气制备的,主要有以下几种。

1)加热灭菌

加热灭菌是利用微生物受热后体内的蛋白质(酶)氧化变性而死亡的原理,与培养基的加热灭菌相比,虽然都是热杀菌,但是有本质的区别。空气的加热灭菌利用的是压缩机的压缩作用,空气经由压缩机提高自身压力的同时,若压缩后空气温度能够升至 200 ℃以上,并维持一定时间后,便可实现干热灭菌,而不必用蒸汽或其他载热体加热。一般来说,要杀死空气中的杂菌,在不同温度下所需的时间见表 4.4。

表 4.4 不同温度下杀死空气中微生物所需时间

灭菌温度/℃	200	250	300	350
灭菌时间/s	15.1	5.1	2.1	1.05

2)辐射杀菌

辐射杀菌主要利用 α 射线、X 射线、β 射线、γ 射线、紫外线、超声波具有破坏蛋白质等生物活性物质的特性,从而起到杀菌作用,用于空气除菌时,只要有足够长的时间,可以达到完全杀菌的目的。但是这种方法在发酵工业大规模应用中缺乏经济性,且尚有不少问题亟

发酵 技术

待解决，因此辐射杀菌仅用于一些表面杀菌及有限空间内空气的杀菌。但是，这只是减少空气中的微生物，并不能完全除菌。无菌室中空气的无菌概念与提供给发酵罐的无菌空气的概念是不一样的。

3）静电除菌

静电除菌是利用静电引力来吸附带电粒子而达到除尘除菌的方法。静电除菌能量消耗少（处理 1 000 m³ 空气只耗电 0.4～0.8 kW），空气压头损失小（为 400～2 000 Pa），对于 1 μm 的尘粒捕集效率可达 99% 以上。但是由于直径小的微粒所带电荷很少，所以小微粒静电除菌的效率较低。为了提高除尘效率，空气应当为无油的，且相对湿度较低为好。此外，静电除尘的设备也较庞大。在发酵工业上，静电除菌主要应用于超净工作台和无菌室等所需无菌空气的第一次除尘，然后再配合高效过滤器使用。

4）介质过滤除菌

介质过滤除菌是利用过滤介质阻截空气中所含微生物而获得无菌空气的方法。通过介质过滤除菌处理的空气可达到无菌，并有足够的压力和适宜的温度，适合于发酵培养所用。这是发酵工业广泛使用的无菌空气制备方法。

（1）种类

介质过滤除菌按过滤除菌机制的不同分为绝对过滤和深层介质过滤。

绝对过滤是利用孔径比一般细菌（一般大小为 1 μm）还小的微孔滤膜（孔径小于 0.5 μm，甚至小于 0.1 μm）作为过滤介质，当空气流过介质层后，由于介质之间的孔径小于被滤除的细菌，可将空气中的细菌滤除。这种过滤方法易于控制过滤后空气的质量，节约时间和能量，操作简便，近年来备受关注。常用的绝对过滤膜有纤维素酯微孔滤膜（孔径小于等于 0.5 μm，厚度为 0.15 mm），硅酸硼纤维微孔滤膜（孔隙为 0.1 μm）、聚四氟乙烯微孔滤膜（孔径为 0.2 μm 或 0.5 μm）等。我国研制出的醋酸纤维素微孔滤膜在热稳定性和化学稳定性上性能优良。图 4.5 为折叠筒式膜过滤器的滤芯。

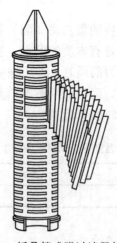

图 4.5　折叠筒式膜过滤器的滤芯

深层介质过滤采用的过滤介质包括由棉花、玻璃纤维、尼龙等纤维类或活性炭填充成一定厚度而制成的过滤层，或由玻璃纤维、聚乙烯醇、聚四氟乙烯、金属烧结材料等制成的过滤层，介质间的孔隙大于被滤除的尘埃和微生物，当空气流过这种介质过滤层时，主要借助惯性碰撞、阻截、静电吸附、扩散等作用将空气中所含的细菌截留在介质内，从而实现过滤除菌。深层介质过滤的设备费用低，操作简单，是目前工业上用来制备大量灭菌空气的常规方法。深层介质过滤按照介质孔隙大小又分为两类：一类过滤层采用纤维状（棉花、玻璃纤维、尼龙等）或颗粒状（活性炭）介质，这种过滤层比较深，其孔隙一般大于 50 μm，远大于细菌，除菌时主要靠静电、扩散、惯性和阻截等作用将细菌截留在滤层中，不是真正的过滤；另一类采用超细玻璃纤维（纸）、石棉滤板、烧结金属板等介质，这种过滤层比较薄，但是孔隙仍大于 0.5 μm，因此，仍属于深层介质过滤。常见的深层介质过滤器如图 4.6 和图 4.7 所示。

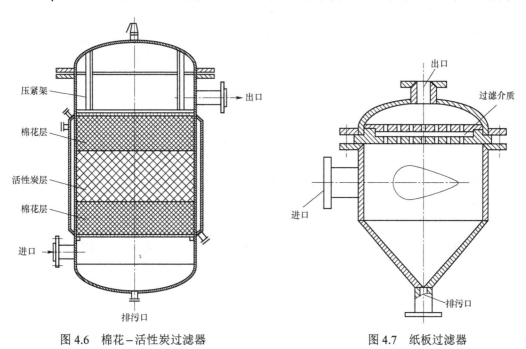

图 4.6　棉花–活性炭过滤器　　　　　图 4.7　纸板过滤器

（2）机理

深层介质过滤除菌的机理主要是基于过滤时滤层纤维的层层阻碍，使空气在流动过程发生无数次气速大小和方向的改变，从而使微生物颗粒与滤层纤维间发生撞击滞留、拦截滞留、布朗扩散、重力沉降及静电吸附等作用，一般认为过滤时上述五种机理共同起作用，其中作用较大的是惯性冲击滞留、挡截滞留和布朗扩散，而重力沉降和静电吸附作用则较小，最终将微生物颗粒截留、捕集在纤维介质表面上，达到过滤除菌的目的。

（3）常用的过滤介质

通常要求满足过滤介质通常要满足吸附性强、阻力小、空气流量大、能耐干热等条件。下面对工业上常用的几种过滤介质进行介绍。

① 棉花。这是常用的传统过滤介质，在工业规模生产和实验室中均采用。常用的为脱脂棉，它具有弹性，纤维度适中，长 2～3 cm，纤维直径为 16～21 μm，实体密度约为 1 520 kg/m^3，填充密度为 130～150 kg/m^3，填充率为 8.5%～10%。

② 玻璃纤维。常用的为无碱玻璃纤维，它的纤维直径小，不易折断，过滤效果好，但空

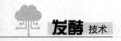

气阻力大，纤维直径为 5~19 μm，实体密度为 2 600 kg/m³，填充密度为 130~280 kg/m³，填充率为 5%~11%。

③ 活性炭。一般用小圆柱状颗粒活性炭，要求质地坚硬、颗粒均匀、不易压碎。大小为 φ3 mm×（10~15）mm，实体密度为 1 140 kg/m³，填充密度为 470~530 kg/m³，填充率为 44%。活性炭装填前应将粉末和细粉筛去，以提高过滤效率。

④ 超细玻璃纤维纸。它由无碱的玻璃纤维采用造纸方法制成，很薄，一般需将 3~6 张滤纸叠在一起使用。它的过滤效率相当高，去除直径大于 0.3 μm 颗粒的效率可达 99.99%以上，同时阻力和压力降较小；但是强度不大，尤其是受潮后强度更差，为改善其强度常用增韧剂或疏水剂处理，或者在制造滤纸时加入 7%~50%的木浆。

⑤ 石棉滤板。它采用 20%纤维小而直的蓝石棉和 8%纸浆纤维混合打浆抄制而成，其湿强度较大，受潮时不易穿孔或折断，能耐受蒸汽反复杀菌，使用时间较长，但过滤效率低，只适宜于空气分过滤器。

⑥ 烧结材料。它是将金属、陶瓷、塑料的粉末加压成型，然后在其熔点温度下黏结固定，在各种材料粉末的表面由于熔融黏结而保持了粒子的空间和间隙，形成了微孔通道，具备微孔过滤的作用，一般孔隙为 10~30 μm。烧结材料种类很多，有烧结金属（蒙乃尔合金、青铜等）、烧结陶瓷、烧结塑料等。

由于过滤介质的理化性质、填充方法、厚度及空气流速等不同，其过滤效率有较大差异。介质过滤除菌效率会受空气中微粒的大小，过滤介质的种类、纤维直径、介质的填充密度、滤层厚度和通过的气流速度等因素影响。在其他条件相同时，介质纤维直径越小，过滤效率越高。对于相同的介质，过滤效率与介质滤层厚度、介质填充密度和空气流速有关，介质填充厚度越厚，过滤效率越高；介质填充密度越大，过滤效率越高。

4.2.2　空气除菌的工艺流程

无菌空气制备的整个过程包括空气预处理和空气过滤处理两部分。空气预处理，是为了提高压缩前空气的洁净度，降低空气过滤器的负荷，对压缩后的空气进行冷却、去油、去水、加热降湿，以合适的湿度和温度进入空气过滤器。空气过滤处理主要是除去微生物颗粒，满足生物细胞培养的需要。

按照发酵生产对无菌空气的质量要求，结合采气环境的空气条件和所选除菌设备的特性，常见的空气除菌工艺流程有一次冷却和析水的空气除菌流程，两级冷却、分离、加热的空气除菌流程，冷热空气直接混合式空气除菌流程，将空气冷却至露点以上的空气除菌流程，利用热空气加热冷空气的空气除菌流程，高效前置空气除菌流程。

1. 一次冷却和析水的空气除菌流程

① 特点：将压缩空气冷却至露点以下，析出部分水分，用二级析水器充分分离出油水后，再用加热器加热至相对湿度为 60%~70%，最后经空气总过滤器和分过滤器过滤达到无菌空气的要求，具体如图 4.8 所示。

② 适用范围：适用于空气湿度较大的地区。

2. 两级冷却、分离、加热的空气除菌流程

该流程是比较完善的空气除菌流程，具体如图 4.9 所示。

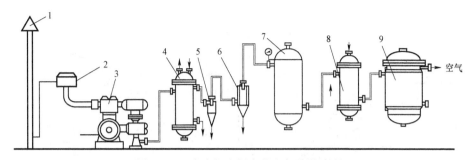

图 4.8　一次冷却和析水的空气除菌流程

1—吸风塔；2—粗过滤器；3—压缩机；4—冷却器；5,6—析水器；7—贮气罐；8—加热器；9—空气总过滤器

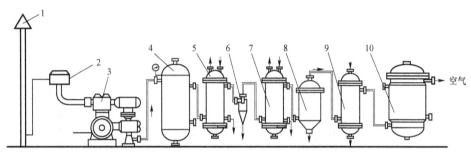

图 4.9　两级冷却、分离、加热的空气除菌流程

1—吸风塔；2—初过滤器；3—空压机；4—贮罐；5,7—冷却器；6—旋风分离器；

8—丝网分离器；9—加热器；10—过滤器

① 特点：两次冷却、两次分离油水、适当加热。空气第一次冷却到 30～35 ℃，第二次冷却到 20～25 ℃，经分离后加热到 30～35 ℃。采用旋风分离器能分离较大的雾滴（水、油），丝网分离器分离较小的雾滴，两次分离油水完全，分离效果好，提高了传热系数，节约了冷却用水。最后利用加热器把空气的相对湿度降到 50%～60%，保证干燥过滤，过滤效果好。该流程优点在于充分分离油水，提高了冷却器的传热系数，节约了冷却水，空气在低相对湿度下进入空气总过滤器，过滤效率高。

② 适用范围：适用于各种气候条件，尤其适宜于潮湿的地区。

3. 冷热空气直接混合式空气除菌流程

① 特点：压缩空气从贮罐出来后分成两部分，一部分进入冷却器，冷却至较低温度，经分离器分离油水后与另一部分未经处理过的高温压缩空气混合，混合空气可达到温度为 30～35 ℃，相对湿度为 50%～60% 的要求，再进入过滤器过滤。该流程可省去第二次冷却后的分离设备和空气再加热设备，流程较简单，利用压缩空气来加热析水后的空气可减少冷却水的用量，具体如图 4.10 所示。

② 适用范围：适用于中等湿度地区，但不适合于湿度高的地区。

4. 将空气冷却至露点以上的空气除菌流程

① 特点：将空气冷却至露点以上，使进入过滤器的空气相对湿度在 60% 以下，具体如图 4.11 所示。

② 适用范围：适用于内陆和北方比较干燥的地区。

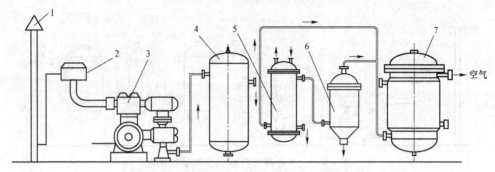

图 4.10 冷热空气直接混合式空气除菌流程

1—吸风塔；2—粗过滤器；3—压缩机；4—贮罐；5—冷却器；6—丝网分离器；7—过滤器

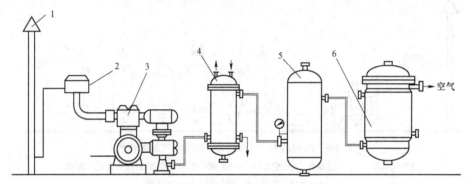

图 4.11 将空气冷却至露点以上的空气除菌流程

1—吸风塔；2—粗过滤器；3—压缩机；4—冷却器；5—贮罐；6—空气过滤器

5. 利用热空气加热冷空气的空气除菌流程

① 特点：利用压缩后的热空气和冷却析水后的冷空气进行热交换，使冷空气得到加热，降低了其相对湿度，使空气总过滤器和空气分过滤器更好地发挥性能。整个流程的热利用较合理，热交换器还可兼作贮罐，但由于气-气换热的传热系数很小，要求换热器的换热面积要足够大才能满足要求，具体如图 4.12 所示。

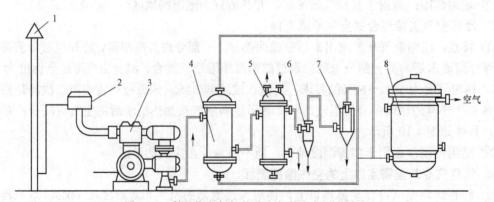

图 4.12 利用热空气加热冷空气的空气除菌流程

1—吸风塔；2—粗过滤器；3—压缩机；4—热交换器；5—冷却器；6，7—析水器；8—空气总过滤器

② 适用范围：适用于空气湿度较大的地区。

6. 高效前置空气除菌流程

特点：利用压缩机抽吸作用，空气经中效、高效过滤后，再进入空气压缩机，可降低主过滤器的负荷。高效前置过滤器可采用泡沫塑料和超细纤维纸为过滤介质，串联使用。经过高效前置过滤器后，空气无菌程度可以达到 99.99%，再经过冷却、分离、主过滤器过滤后，空气无菌程度更高，具体如图 4.13 所示。

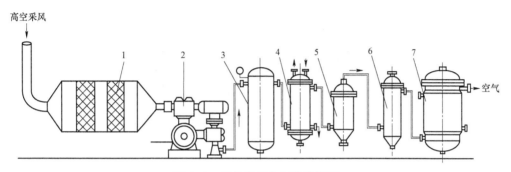

图 4.13 高效前置空气除菌流程

1—高效前置过滤器；2—压缩机；3—贮罐；4—冷却器；5—丝网分离器；6—加热器；7—过滤器

理想的空气预处理流程，设备应尽量简单，且选用耐受蒸汽灭菌，检修和维护方便的设备；采用高空采风（一般吸气风管设置在工厂的上风向高 20～30 m 处），以减少吸入空气的细菌含量；装设前置过滤器，以减轻空气总过滤器的负荷；采用无油润滑压缩机，减少压缩后空气中的油雾污染；压缩机后置冷却型的空气贮罐，可降低空气的温度，同时除去部分润滑油；油水分离尽量完全；除水除油空气需再加热降低湿度后进入空气总过滤器，以保证空气总过滤器维持干燥状态。不同的地区，空气状态也不同，如北方的空气干燥，相对湿度低，南方空气潮湿，相对湿度大。流程的制订与设计要考虑到地区的气候条件，即使采用同一流程，其操作条件也应随季节的变化而适当调节，以达到较好的效果。

为保证除菌效果，通常要求各种过滤介质处于干燥的工作状态。此外，加强生产场所的卫生管理，降低进口空气的含菌量，选用除菌效率高的过滤介质，合理地设计和安装空气过滤器；针对不同地区，设计合理的空气预处理设备，有效地除水、除油、除杂；稳定压缩空气的压力等措施的实施，能有效地提高除菌效率。

 技能训练一

常见灭菌方法的练习

1. 实验目的

（1）了解加热灭菌、过滤除菌等常见灭菌方法的原理和应用范围。

（2）学习并掌握加热灭菌、过滤除菌等常见灭菌方法的操作技术。

（3）学习并掌握分批灭菌的操作技术。

2. 实验原理

1）干热空气灭菌

干热空气灭菌常采用的设备是恒温干燥箱，具体如图 4.14 所示。灭菌条件一般为 160～170 ℃温度下维持 1～2 h，干热灭菌与湿热灭菌相比，灭菌所需温度高，时间长，这主要是因为微生物细胞内的蛋白质凝固性与其本身的含水率有关，环境和菌体细胞内含水率越大，蛋白质凝固越快；反之含水率越小，凝固越慢。

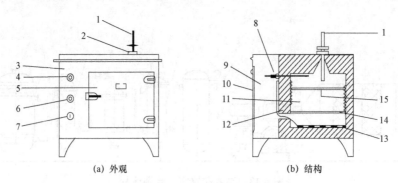

(a) 外观   (b) 结构

图 4.14　恒温干燥箱的外观和结构

1—温度计；2—排气阀；3—箱体；4—控温旋钮；5—箱门；6—指示灯；7—加热开关；8—温度控制阀；
9—控制室；10—侧门；11—工作室；12—保温层；13—电热器；14—散热板；15—搁板
（引自：陈玮，董秀芹. 微生物学及实验实训技术. 化学工业出版社，2007）

2）高压蒸汽灭菌

高压蒸汽灭菌一般采用的设备是高压蒸汽灭菌锅，具体有立式、卧式和手提式等几种。相同温度下，由于湿热蒸汽的穿透力比干热空气大，且有潜热存在，湿热灭菌时细菌菌体吸收水分，蛋白质较易凝固，所以湿热灭菌的杀菌效力大于干热灭菌的杀菌效力。但是操作时应注意，一定要将灭菌锅内冷空气排除完全。

高压蒸汽灭菌的温度及维持的时间应视灭菌物品的性质和容量等具体情况而定。一般培养基在蒸汽压力 $1.05 \ kg/cm^2$、温度 $121.3 \ ℃$ 条件下灭菌 15～30 min；含糖培养基在蒸汽压力 $0.56 \ kg/cm^2$、温度 $112.6 \ ℃$ 条件下灭菌 15 min。为了保证效果，可将其他成分先行于 $121.3 \ ℃$ 温度下，灭菌 20 min，然后无菌操作下加入到已灭菌的糖液中。分装于试管内的培养基用蒸汽压力 $1.05 \ kg/cm^2$，温度 $121.3 \ ℃$ 灭菌 20 min，分装于大瓶内的培养基最好以蒸汽压力 $1.05 \ kg/cm^2$ 灭菌 30 min。

3）过滤除菌

培养基中存在的微生物也可由过滤器过滤除去。过滤器是由各种多孔径介质构成的滤板，可将含菌的液体或气体中的微生物截留在滤板上，而达到除菌目的。许多材料如血清、抗生素及糖溶液等用加热消毒灭菌方法会被热破坏，因此可采用过滤除菌。此外，发酵工业中所用的大量无菌空气及超净工作台，也是根据过滤除菌的原理设计的。

常用的过滤器有蔡氏过滤器（石棉滤板）和微孔滤膜过滤器。蔡氏过滤器（石棉滤板）是由铝、银或不锈钢等金属制成的过滤器，分上下两节，石棉板制成的滤板放在下节的金属网上。过滤时将溶液置于过滤器中抽滤，每次过滤必须用一张新的滤板。微孔滤膜过滤器是一种新型过滤器，主要利用的是孔径由 0.025～10.00 μm 不等的薄膜来滤除微生物，常用的滤膜是醋酸纤维酯和硝酸纤维酯的混合物制成的薄膜，过滤时，液体和小分子物质通过，细菌则被截留在滤膜上。微孔滤膜也可用来测定液体或气体中的微生物。

3. 实验材料

盛装于容器中的待灭菌的培养基、待灭菌的器皿、电烘箱、手提式高压蒸汽菌锅、微孔滤膜过滤装置、发酵罐、蒸汽锅炉等。

4. 实验步骤

1）干热灭菌

（1）灭菌前准备

将包扎好的培养皿、吸管等待灭菌物品均匀地放置于电烘箱内。注意物品摆放不要太挤，以免妨碍热空气流通；另外灭菌物品也不要与电烘箱内壁的铁板接触，以防包装纸烤焦起火。

（2）灭菌

升温：接通电源，打开开关，设定好灭菌温度，打开电烘箱排气孔，温度逐渐上升，当温度升至 100 ℃时，关闭排气孔。

保温：当温度升至 160～170 ℃时，开始保温计时，维持 2 h。电烘箱利用恒温调节器的自动控制能将温度维持在灭菌温度以下。

降温：切断电源，自然降温。

（3）开箱取物

待电烘箱内温度降到 70 ℃以下后，打开箱门，取出已灭菌好的物品。

干热灭菌时，应注意干燥过程中必须有专人看管，严防恒温调节的自动控制失灵而造成安全事故，灭菌结束后需待电烘箱内温度降到 70 ℃以下再开箱取物，否则会因骤然降温导致玻璃器皿的炸裂。

2）高压蒸汽灭菌

（1）灭菌前准备

先检查高压灭菌锅内的水位情况，水不足时，应将内层灭菌桶取出，向锅内加入水至水面与三角搁架相平。然后，放回灭菌桶，将待灭菌物品均匀装入，不要装得太挤，以免妨碍蒸汽流通而影响灭菌效果，三角烧瓶与试管口端均不要与桶壁接触，以免冷凝水淋湿包口的纸而透入棉塞。最后，将盖上的排气软管插入内层灭菌桶的排气槽内，盖上锅盖，再以两两对称的方式同时旋紧相对的两个螺栓，使螺栓松紧度一致，防止漏气。

（2）灭菌

现在常用的高压蒸汽灭菌锅多为电加热，灭菌时先将电源接通，同时打开排气阀，直至水沸腾将锅内的冷空气排除干净，这是保证灭菌效果的关键。待冷空气完全排尽后，关上排气阀，锅内的温度随蒸汽压力增加而逐渐上升。当锅内压力升到灭菌所需压力时，开始计时，同时通过控制电源开关，将锅内压力维持在灭菌所需压力，直至达到灭菌所需的维持时间。常用的灭菌条件是温度为 121.3 ℃，保持 20 min。

（3）降温取物

灭菌达到规定时间后，切断电源，自然冷却降温。当压力表的压力降至 0 ℃时，再打开排气阀，旋松螺栓，打开盖子，取出物品。切忌压力未降至零就打开排气阀，这会导致锅内

压力突然下降，会使容器内的培养基因内外压力不平衡而冲出容器，造成棉塞沾染培养基而发生污染。

（4）无菌检查

将灭好菌的培养基放入恒温培养箱中 37 ℃培养 24 h，观察有无杂菌生长，若无杂菌生长，证明灭菌符合要求，即可使用。

3）过滤除菌

（1）灭菌前准备

先将塑料过滤器清洗干净，然后装入孔径 0.22 μm 的滤膜，旋紧压平，包扎灭菌。之后，在无菌条件下先将已灭菌的过滤器的入口与装有待过滤培养基的注射器连接起来，再将针头与过滤器的出口处连接，并将针头插入带橡皮塞的无菌试管中。

（2）过滤除菌

推动注射器，将待过滤溶液缓缓挤入过滤器内，在外力的作用下，培养基经微孔滤膜过滤后进入到无菌试管中。应注意的是：压滤时用力要适当，切忌太猛太快，以免细菌被挤压通过滤膜。过滤完成后，将针头拔出。

（3）清洗

先将塑料过滤器上用过的微孔滤膜弃去，再用清水将塑料过滤器清洗干净，换上新的滤膜，组装包好，备用。

（4）无菌检查

吸取过滤后的培养基 0.1 mL，将其涂布于牛肉膏蛋白胨平板上，放入恒温培养箱中在温度 37 ℃下培养 24 h，观察有无杂菌生长，若无杂菌生长，证明灭菌符合要求，即可使用。注意无菌检查时，也应严格按照无菌操作的要求进行。

5. 结果分析与讨论

结果记录：记录各灭菌方法处理后的结果。无菌检查时，若有菌长出，需描述菌落形态。

6. 思考题

（1）在干热灭菌操作过程中应注意哪些问题，为什么？

（2）如何正确使用高压蒸汽灭菌锅实施器物的湿热灭菌？

（3）为什么干热灭菌比湿热灭菌所需的温度要高，时间要长？并设计实验方案，比较干热灭菌和湿热灭菌的效果。

（4）简述分批灭菌的过程及注意事项。

 技能训练二

无菌空气制备

1. 实验目的

学习并掌握无菌空气制备的操作要点与注意事项。

2. 实验原理

发酵工业中常用过滤除菌的方法进行大量无菌空气的制备。对于实验室小型好氧发酵系

统来说，空气过滤系统较为简单，主要由总过滤器和分过滤器组成。无菌空气制备时，事先将总过滤器与分过滤器湿热灭菌备用，空气经总过滤器、分过滤器两级过滤，进入到发酵罐中。

3. 实验材料

空气过滤系统，包括空压机、发酵系统（含发酵罐、管道）的空气管路，蒸汽发生器等。

4. 实验步骤

下面以 100 L 发酵罐配套空气过滤系统为例，介绍无菌空气的制备。

1）空气过滤器的消毒

对发酵罐进行检查，确保各个开关处于关闭状态，然后打开蒸汽总阀门及与其相通的排污阀门，待蒸汽管路冷凝水排出后，将排污阀门调至微开。通过控制蒸汽总阀门，蒸汽压力控制在 0.13～0.14 MPa。缓慢打开与空气过滤器相连的蒸汽阀门，同时微开排污管路，使其有少量蒸汽排出即可。调节与空气过滤器相连的蒸汽阀门，将压力控制在 0.11～0.12 MPa。在此压力下，维持 30～50 min，进行保温灭菌，灭菌结束后依次关闭排污阀门及与空气过滤器相连的蒸汽阀门。此过程中应注意：用于空气过滤器灭菌的蒸汽首先要经过滤器过滤，才能使用，过滤器灭菌时，应控制好蒸汽压力，防止超压损坏滤芯。

2）空气过滤器的干燥

先将空压机出气阀关闭，待空压机压力表显示为 5 MPa 时，缓慢打开空气出气阀和发酵系统的空气总阀门，使发酵设备慢慢升压，调节发酵系统中的空气总阀门使其压力为 2.5 MPa。然后打开空气总过滤器的排污阀门，待排出冷凝水后改为微开，打开发酵罐空气管路，将通气比控制在 0.3 左右，吹干过滤器，时间为 15～20 min。结束后关闭阀门使空气管道内保持正压。注意：在吹干空气过滤器时，应缓慢打开空气进气阀门，使流量缓慢上升，防止压力过大损坏空气过滤器滤芯。

3）过滤供气

培养基灭菌及发酵过程中所需的无菌空气，可通过已经灭菌的空气过滤除菌系统得到，具体流量可通过流量计按需进行调整、控制。

5. 结果分析与讨论

记录空气除菌时的压力、时间、流量等相关数据。

6. 思考题

结合实训操作，说明空气除菌过程中的操作关键是什么？

 项目小结

1. 本项目主要包括灭菌与空气除菌两个主要的发酵单元操作。

2. 常见的灭菌方法主要有加热灭菌（包括干热灭菌与湿热灭菌）、过滤除菌、射线灭菌等物理法，以及采用无机或有机化学试剂进行消毒与灭菌的化学法。工业培养基灭菌主要有分批灭菌和连续灭菌两种。分批灭菌简单、易操作，适合于小批量生产规模或含大量固体物质的培养基灭菌；连续灭菌效率高、灭菌质量稳定，易于实行管道化和自动化控制，适合于大规模生产使用。培养基的灭菌质量由灭菌时间、灭菌温度以及其他影响因素三个方面来确

定，其中灭菌时间的确定和灭菌温度的选择应符合培养基湿热灭菌原理。

3. 发酵工业中空气净化的方法常采用介质过滤除菌法，生产中应根据实际情况选择合理的除菌流程。应从减少进口空气的含菌数，设计和安装合理的空气过滤器，选用除菌效率高的过滤介质，选择合理的空气预处理设备达到除水、除油、除杂质的目的，降低进入过滤器的空气的相对湿度，保证过滤介质能在干燥状态下工作等方面入手来提高空气过滤除菌的效率。

思考练习题

1. 常用的灭菌方法有哪些？有什么特点？适用于什么条件？
2. 培养基灭菌的原理是什么？
3. 影响培养基灭菌的因素有哪些？
4. 什么是分批灭菌？有什么特点？分批灭菌操作的要点有哪些？
5. 什么是连续灭菌？有什么特点？常见的连续灭菌工艺有哪些？
6. 发酵工业所使用的空气要求符合哪些条件？
7. 空气除菌有哪些方法？这些方法各有什么特点？
8. 常见的空气过滤介质有哪些？这些介质各有什么特点？
9. 常见的空气除菌流程有哪些？

项目 **5**

发酵过程控制技术

项目描述

发酵生产的水平受生物因素（营养要求、生长速率、呼吸强度、产物合成速率等菌株的特性）和外部环境因素两部分决定，其中起决定性作用的是生产菌种的性能，但是有了优良的菌种之后，还需要有最佳的环境条件即发酵工艺相配合，才能使菌种的生产能力充分地表现出来。因此，必须研究生产菌种的最佳发酵工艺条件（如营养要求、培养温度、pH、对氧的需求等），并在发酵过程中通过过程调节达到最适水平的控制。

学习目标

➤ 掌握常见发酵参数的类型与特点。
➤ 理解温度、pH、溶氧、泡沫等条件对发酵的影响，及其控制优化机理。
➤ 熟悉常见的发酵方式及其特点。
➤ 能利用相关仪器设备进行温度、pH、溶氧浓度、菌体浓度等常见发酵参数的测定。
➤ 能够按操作规程对温度、pH、泡沫、溶氧等发酵条件进行控制。
➤ 能够正确地进行发酵生产数据的记录和分析处理。

任务 5.1 发酵方式控制

微生物发酵的方式很多，如按微生物对氧的需求不同，可分为好氧发酵、厌氧发酵、兼性好氧发酵；按所使用的培养基的物理状态不同，可分为固态发酵、液态发酵、半固态发酵；按培养基的装载方式不同，可分为浅层发酵和深层发酵，其中使用最为广泛和研究较多是液体深层发酵；按操作方式的不同，可分为分批发酵、连续发酵、分批补料发酵。

5.1.1 分批发酵

分批发酵，又称间歇发酵，是指将一定数量的培养基一次性投入发酵罐中，接种微生物菌进行发酵，待发酵成熟后再一次性地排出发酵液的培养方式。分批发酵的过程包括空罐灭菌、实罐灭菌、接种、发酵、放罐和洗罐，所需时间的总和为一个发酵周期。分批发酵操作

简单，易于掌握，是最常见的操作方式，适合于小规模的发酵生产。分批发酵的整个过程中，除氧气的供给、发酵尾气的排出、消泡剂的添加和加酸（或碱）控制 pH 之外，整个培养系统与外界没有其他物质的交换。

在分批发酵过程中，基质不断消耗，细胞不断生长，产物也不断形成，微生物所处的周围环境随时间不断变化，是一种非稳态操作法。这个过程中，底物和产物浓度随时间发生变化，且某些过程的产物对反应有抑制作用，因此随着反应过程的不断进行，分批发酵的效率将逐渐降低。在分批发酵过程中，微生物的生长可分为停滞期、对数生长期、稳定期和死亡期四个阶段。

1. 停滞期

停滞期是微生物细胞适应新环境的过程。此时，微生物细胞从一个培养基被转移至另外一个培养基，需要有一个适应过程，在该过程中，系统的微生物细胞数量并没有增加，处于一个相对的停止生长的状态。

2. 对数生长期

处于对数生长期的微生物细胞内的与细胞分裂相关的物质浓度达到一定程度，细胞开始分裂，这时细胞生长很快，对于初级代谢产物，在对数生长期初期就开始合成并积累。

3. 稳定期

在微生物的培养过程中，随着培养基中的营养物质的消耗和代谢产物的积累或释放，微生物的生长速度也就随之下降，直至停止生长。当所有微生物细胞停止分裂或细胞增加的速度与死亡的速度大致相等时，微生物的数量就达到平衡，微生物的生长也就进入了稳定期。

4. 死亡期

当发酵过程处于死亡期时，微生物细胞内所储存的能量已经基本耗尽，细胞开始在自身所含的酶的作用下死亡。需要注意的是，微生物生长的停滞期、对数生长期、稳定期和死亡期的时间长短取决于微生物的种类和所用的培养基。

在分批发酵过程中，菌体各个生长阶段的生理、代谢特征明显；发酵周期短；培养基一次灭菌，一次投料，不易染菌；操作简单，易于操作控制，产品质量稳定；培养浓度较高，易于产品分离。但是，分批发酵非发酵时间长（每一次发酵都需要进行反复的清洗、灭菌等操作），设备利用率及发酵效率低；底物利用率低（每次发酵均存在一个微生物的生长适应、增殖过程，增大了对底物的消耗）；采用一次性投料，培养基中的底物浓度较高，渗透压较高，不利于微生物的生长。

目前，分批发酵因其简便易行、不易染菌等优点，在工业生产上占有重要地位，是国内外绝大多数发酵生产以及实验室研究阶段探索菌体发酵过程、发酵动力学的主要方式。

在分批发酵过程中，根据产物生成是否与菌体生长同步，将产物形成动力学分成两种类型，即与生长有联系的和与生长无联系的。前一种类型，生产速率与菌体生长速率成正比关系，产物主要是初级代谢产物，常是微生物分解基质途径中的直接产物，与微生物的生长、繁殖关系密切，对生命存在的意义重大，如氨基酸、核酸、维生素等小分子物质；分批发酵过程中基质浓度随发酵时间的延长而降低，被用于菌体的生长繁殖及初级代谢产物的形成，没有明显的产物形成期，而与菌体的生长呈平行关系，产物生产速率与菌体的生长速率成正比关系。后一种类型，产物的形成速率与菌体生长速率无关，而与菌体量的多少有关，如次级代谢产物中的某些抗生素合成，分成菌体的生长期和产物的生产期，产物的形成只与菌体的多少量有关，与菌体的生长速率无关。

对上述两种分批发酵方式中不同产物代谢变化情况的研究可知，若产品是菌体细胞或初级代谢产物，则适宜采用有利于细胞生长的培养条件，延长与产物合成相关的对数生长期；若产品是次级代谢产物，则适宜在迅速获得足量的细胞后，缩短菌体的对数生长期，以防止细胞过多地将营养物质用于生长，影响产物生成，需有效地延长产物生产期，以降低成本，提高产量。

5.1.2 连续发酵

连续发酵是指发酵过程中以一定的速度向发酵罐内添加新鲜培养基，同时以相同的速度流出培养液，从而使发酵罐内培养液的量维持恒定，使微生物在近似恒定（稳定）状态下生长的培养方式。发酵过程中，微生物细胞所处的如营养物质的浓度、产物浓度、供氧情况等环境条件以及细胞的浓度、生长速率可以维持不变，其生长可维持在一个相对稳定的状态，甚至还可以根据需要来调节微生物细胞的生长速率。连续培养的最大特点是微生物细胞的生长速率、产物的代谢均处于恒定状态，彻底改变了在分批发酵过程中的代谢变化规律，细胞代谢更利于产物的合成，能达到稳定、高效培养微生物细胞或生产产物的目的，也有利于微生物细胞组成、代谢活动等过程的研究和分析。

连续发酵与分批发酵相比具有以下特点：连续发酵可以调节细胞的生长及代谢产物的生成，能维持稳定的操作条件，从而使产率和产品质量也相应保持稳定；机械化和自动化程度高，可控性好，劳动强度低；菌种的适应期短，非发酵时间短，设备利用率和单位时间的产量高，节省工时和能源；灭菌次数减少，测量仪器探头的使用寿命长；易对工艺过程进行优化，能有效地提高发酵产率。但是连续发酵还存在一些不足，如对细胞生长时同步产生的代谢副产物的生成不能控制；发酵周期长，容易造成杂菌污染，微生物也易发生变异；对设备、仪器及控制元器件的技术要求较高，从而增加投资成本。目前，连续发酵多用于废水处理、葡萄糖酸发酵、酒精发酵等工业生产。

连续发酵还有单级连续发酵和多级连续发酵的形式。单级连续发酵是指在连续发酵开始时先进行分批培养，在接种后菌体生长繁殖达到一定细胞浓度后，进入产物合成期，之后才开始以恒定流量向发酵罐流加培养基，同时以相同的流量流出培养液，使发酵罐内培养液的体积保持恒定，微生物持续生长。多级连续发酵是将多个发酵罐串联起来，第一罐类似单罐培养，以后前一发酵罐的出料是下一级发酵罐的进料，形成多级串联培养（多级恒化系统），这种连续发酵中不同级的发酵罐内存在不同的条件，有利于多种碳源的利用和次级代谢物的生产，能提高生产能力，但多级连续发酵系统比较复杂，用于研究工作和生产实际有较大的困难。

目前，工业化的连续发酵主要应用于酵母、细菌等单细胞蛋白产品以及酒精、啤酒、醋酸等一次代谢产物的生产，另外在污水的生化处理等方面有所应用。我国连续培养，目前已有用造纸厂亚硫酸盐废液连续生产饲料酵母，以糖蜜为原料连续生产药用酵母和酒精，用淀粉质原料生产酒精，污水的连续生化处理，啤酒和面包酵母的连续发酵等应用实例。

此外，连续发酵在科学研究中也有较广泛的应用，如菌体生产方面的应用、代谢产物生

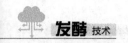

产方面的应用、微生物生理特性及动力学方面的研究、菌种遗传稳定性方面的研究、菌种的筛选和富集方面的研究、发酵培养基配方改进方面的研究等。

5.1.3 分批补料发酵

分批补料发酵是指在分批发酵过程中，随着细胞对营养物质的不断消耗，间歇地或连续地向培养基中补加新的营养成分的发酵方式，新添加的营养可以使细胞进一步生长代谢，克服由于养分不足而导致的发酵过早结束，到反应终止时再取出整个反应系，该方法可在获得较高的产品得率的同时有效利用培养基组分。

分批补料发酵是介于分批发酵及连续发酵之间的一种过渡性操作，又称为半连续发酵或半连续培养。分批补料发酵现已成功应用于甘油、有机酸、氨基酸、抗生素、维生素、核苷酸、酶制剂、单细胞蛋白、面包酵母、有机溶剂及生长激素等产品的生产。

分批补料发酵技术兼有分批发酵和连续发酵的优点，并克服了两者的缺点。分批补料发酵同分批发酵相比，具有以下优点：能够调节培养环境中营养物质的浓度，可以避免某些营养成分的初始浓度过高而出现底物抑制现象，可以解除产物反馈抑制和分解代谢物抑制作用；可以避免在分批发酵过程中因一次性投料过多造成细胞大量生长而产生不利影响；能防止某些限制性营养成分在培养过程中被耗尽而影响细胞的生长和产物的形成；可作为控制细胞量的手段，以提高发芽孢子的比例；可为自动控制和最优控制提供实验基础。与连续发酵相比，分批补料发酵的菌种老化、变异、污染的概率相对较低，最终产物浓度较高，使用范围也比连续发酵更为广泛。

但分批补料发酵存在一些不足：需要增加反馈控制的附属设备，投资成本增加；反馈调节较为复杂，对发酵过程中的补料种类及补料时间的控制，需要先进行相应的发酵动力学研究，在此基础上结合经验来确定最佳补料控制，这样才可能进行较有效的控制；发酵过程中有补料加入，发酵液体积不断地变化，这种操作方式与外界有接触，增大了染菌的可能性；对操作者的技能要求较高。

目前，分批补料发酵的类型很多，按补料的方式分为连续补料、半连续补料和多周期补料，每次补料又可分为快速补料、恒速补料、指数速度补料和变速补料；按反应器中发酵液的体积分为变体积和恒体积；按反应器数目，分为单级和多级；按补加的培养基成分，分为单一组分补料和多组分补料；按控制角度，分为有反馈控制流加（一般是连续或间断地测定系统中限制性营养物质的浓度，操作过程中底物浓度的选择要与过程参数的数值及变化相关联）和无反馈控制流加（底物流加速率按照预先设定的规律变化进行），其中有反馈控制流加包括间接控制、直接控制、定值控制和程序控制等流加操作，无反馈控制流加包括定流量流加、指数流加和最优流加量流加。

任务 5.2　发酵过程中的重要参数

微生物发酵要取得理想的效果，即就必须对发酵过程进行严格的控制。发酵控制是否得当，对发酵是否能取得预期的效果至关重要。然而，发酵控制的先决条件是了解发酵进行的情况，进而根据这些情况进行调整，使发酵过程有利于目的产物的积累和产品质量的提高。发酵罐内发酵进行的情况不能通过肉眼直接观察到，但却能够通过取样分析获得有关发酵进行情况的大量信息。在分析这些信息的基础上，人们也就能够对发酵进行的情况进行清楚的了解，进而更好地控制发酵过程。

微生物发酵过程中各种参数是不断变化的，要对发酵过程进行控制，必须了解微生物在发酵过程中的代谢变化规律，这需要通过各种监测手段，如取样测定随时间变化的菌体浓度，糖、氮消耗及产物浓度，以及采用传感器测定发酵罐中的培养温度、pH、溶氧量等，从而掌握微生物在发酵过程中的变化规律，并进行有效控制，使微生物处于产物合成的优化环境之中，提高生产能力。

发酵参数按性质分，有物理参数、化学参数和生物参数。

5.2.1 物理参数

1. 温度

这是指整个发酵过程或不同阶段中所维持的温度。它的高低与发酵过程中酶反应速率、氧在培养液中的溶解度和传递速率、菌体生长速率和产物合成速率等有密切关系。目前发酵罐普遍采用具有直流输出信号的温度传感器，可通过与其相偶联的电磁阀等执行机构自动控制发酵温度。

2. 压力

这是指发酵过程中发酵罐维持的压力。发酵罐内维持正压可以防止外界空气中的杂菌侵入，以保证纯种的培养。同时罐压的高低还与氧和 CO_2 在培养液中的溶解度有关，间接影响菌体的代谢。罐压一般维持在表压 $0.02 \sim 0.05$ MPa。目前，发酵罐中普遍采用的是结构简单、耐高压蒸汽灭菌的薄膜式压力计，用以测量罐压和发酵系统管路的压力，测得的气动信号可直接或通过简单的装置转换为电信号，通过与其相偶联的罐压调节阀实现罐压的自动控制。

3. 空气流量

这是指每分钟内每单位体积发酵液通入空气的体积，它是需氧发酵中重要的控制参数之一。它的大小与氧的传递和其他控制参数有关。一般控制在 $0.5 \sim 1.5$ V/（V·min）范围内。发酵工业常用于测量空气流量的是转子流量计，其浮动转子的位置可以通过电容或电阻原理转换为电信号，信号经过放大之后，通过与其相偶联的控制器可以实现对气体流量的自动控制。利用空气流经受热的电热丝产生温差，再经热电偶或热敏电阻转变成反映流量大小的电信号原理设计的空气测量装置，也可用于空气流量的测量。

4. 搅拌转速

这是指搅拌器在发酵过程中的转动速度，通常以每分钟的转数来表示。它的大小与氧在发酵液中的传递速率和发酵液的均匀性有关。一般，小罐的搅拌器转速要比大罐快一些。搅拌器转速可采用测速发电机测定，测速发电机与搅拌器轴连接，根据输出电压值高低表示转速的快慢，使用时应对仪表的刻度盘进行校正。

5. 黏度

黏度大小可以作为细胞生长或细胞形态的一项标志，也能反映发酵罐中菌丝分裂过程的情况，通常用表观黏度表示。它的大小可影响氧传递的阻力，也可反映相对菌体浓度。

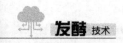

6. 泡沫

发酵罐内泡沫的形成常用泡沫电极进行检测，并通过与其相偶联的消泡装置或消泡剂添加装置实现对泡沫的自动控制。泡沫电极有电导式、电容式、热导式、超声波式和转盘式等，应用最多的是电容式和电导式泡沫电极。

5.2.2 化学参数

1. pH

发酵液 pH 是发酵过程中各种产酸和产碱的生化反应的综合结果，是发酵控制的重要参数之一，它的高低与菌体生长和产物合成有着重要的关系。

2. 溶解氧

溶解氧是需氧菌发酵的必备条件。氧是微生物体内一系列经细胞色素氧化酶催化产能反应的最终电子受体，也是合成某些代谢产物的基质，所以，溶氧浓度的影响是多方面的。利用溶氧浓度的变化，可了解产生菌对氧利用的规律，反映发酵的异常情况，也可作为发酵中间控制的参数及设备供氧能力的指标。溶氧浓度一般用绝对含量（mmol/L，mg/L）来表示，有时也用培养液中的溶氧浓度与在相同条件下未接种前培养基中饱和氧浓度比值的百分数（%）表示。

3. 氧化还原电位

培养基的氧化还原电位是影响微生物生长及其生化活性的因素之一。对各种微生物而言，培养基最适宜和所允许的最大电位值，应与微生物本身的种类和生理状态有关。氧化还原电位常作为控制发酵过程的参数之一，特别是某些氨基酸发酵是在限氧条件下进行的，用溶氧电极测定已不准确，这时用氧化还原电位控制则较为理想。

4. 产物的浓度

这是发酵产物产量高低或生物合成代谢正常与否的重要参数，也是决定发酵周期长短的根据。

5. 废气中氧的含量

废气中氧的含量与产生菌的摄氧率和溶氧系数 K_La 有关。从废气中氧和 CO_2 的含量可以算出产生菌的摄氧率、呼吸商和发酵罐的供氧能力。

6. 废气中 CO_2 的含量

废气中的 CO_2 是由产生菌在呼吸过程中放出的，测定它可以算出产生菌的呼吸商，从而了解产生菌的呼吸代谢规律。

7. 基质浓度

这是指发酵液中糖、氮、磷等重要营养物质的浓度。它们的变化对产生菌的生长和产物的合成有着重要的影响，也是提高代谢产物产量的重要控制手段。因此，在发酵过程中必须定时取样来测定糖、氮等基质的浓度。

5.2.3 生物参数

为了了解发酵过程中微生物菌体的代谢状况，还需要测定一些与发酵相关的生物学参数。

1. 菌体浓度

菌体浓度是控制微生物发酵过程的重要参数之一，特别是对抗生素等次级代谢产物的发酵控制。菌体量的大小和变化速度对菌体合成产物的生化反应都有重要的影响，因此测定菌体浓度具有重要意义。菌体浓度与培养液的表观黏度有关，间接影响发酵液的溶氧浓度。在生产中，常常根据菌体浓度来决定适合的补料量和供氧量，以保证生产达到预期的水平。

2. 菌丝形态

在放线菌和真菌这样的丝状菌的发酵过程中，菌丝形态的改变是生化代谢变化的反应。可以作为衡量种子质量、区分发酵阶段、控制发酵过程的代谢变化和决定发酵周期的依据之一。

任务 5.3　发酵过程中温度的影响及调控

温度是影响微生物生长繁殖最重要的因素之一，究其原因是因为任何生化酶促反应都受温度的直接影响。温度是重要的发酵控制条件之一，为得到好的发酵效果，就需要保证适宜的温度环境。

5.3.1　温度对发酵的影响

温度对微生物发酵的影响是多方面的，主要表现在影响细胞生长、产物形成、发酵液的物理性质、生物合成方向，以及其他发酵条件等方面，最终会影响微生物的生长和产物的形成。

1. 温度对微生物生长的影响

每种微生物对温度的要求可用最适温度、最高温度、最低温度来表征，在最适温度下，微生物生长迅速；超过最高温度，会使微生物细胞内蛋白质发生变性或凝固，微生物生长会受抑制或死亡；在最低温度范围内微生物尚能生长，但速度非常缓慢，世代时间无限延长。

在最低和最高温度之间，微生物的生长速率会随温度升高而增加，这主要是因为微生物生长代谢与繁殖都是酶促反应，温度升高会加速反应，菌体呼吸作用加强，细胞生长繁殖会加快，通常在生物学范围内温度每升高 10 ℃，酶反应速度增加 2～3 倍，微生物生长速度加快 1 倍；超过最适温度后，随温度升高，酶失活的速度也越快，生长速率下降，菌体衰老提前，发酵周期缩短，这对发酵生产极为不利。

2. 温度对产物合成的影响

发酵过程的反应速率实际是酶反应速率，酶反应都有一个最适温度。抗生素发酵过程中，大量实验证明，产物形成速率对温度反应最为敏感，过高或过低的温度都会使其生产速率下降。通常，同一种生产菌，菌体生长繁殖的最适温度和代谢产物积累的最适温度也不相同，例如，青霉素发酵时，菌体生长最适繁殖温度为 30 ℃，抗生素最适积累温度为 25 ℃；谷氨酸生产菌最适生长温度为 30～32 ℃，产谷氨酸的最适生长温度为 34～37 ℃。

3. 温度对发酵液物理性质的影响

温度除了直接影响发酵过程的各种反应速率外，还通过改变发酵液的物理性质间接影响

发酵过程的各种反应速率。实践证明，温度会改变发酵液的黏度，随着温度的升高，气体在发酵液中的溶解度减小，氧的传递速率也会改变。另外，温度还影响基质的分解速率，以及菌体对养分的分解和吸收速率，间接影响产物的合成。例如，在 25 ℃ 时菌体对硫酸盐的吸收率最小。

4. 温度对生物合成方向的影响

在对微生物代谢调节的研究中发现，温度与微生物的调解机制关系密切。在发酵过程中会出现同一个生产菌株在不同的发酵温度下会产生不同的代谢产物。例如，金色链霉菌同时能产生金霉素和四环素，当温度低于 30 ℃ 时，这种菌产生金霉素能力较强，随着温度的提高，产生四环素的比例提高，即产生四环素的比例随温度的升高而增大，当温度达到 35 ℃ 时，产生金霉素几乎停止，只产生四环素。因此，发酵生产过程中要重视温度的调节控制。

5.3.2　影响发酵温度变化的因素

在发酵过程中，由于整个发酵系统中不断有热能产生，同时又有热能的散失，所以引起发酵温度的变化。发酵热是引起发酵过程温度变化的原因。发酵热会引起发酵液的温度上升，发酵热越大，温度上升越快，发酵热越小，温度上升越慢。

在发酵工业生产中，微生物对培养料的分解利用以及机械搅拌都会产生一定的热量，同时由于发酵罐罐壁的散热、水分的蒸发等会丧失一部分热量。习惯上将发酵过程中释放出来的引起温度变化的净热量（各种产生的热量和各种散失的热量的代数和）称为发酵热，单位是 $J/(m^3 \cdot h)$。发酵热包括生物热、搅拌热、蒸发热和辐射热。

1. 生物热

生物热是指微生物在生长繁殖过程中自身产生的热量。生物热的产生过程：菌体对碳水化合物、脂肪、蛋白质等营养物质分解氧化会产生能量，其中一部分用于合成高能化合物，供给细胞合成和代谢产物合成的能量所需，多余的热量以热能的形式散发出来，这散发出来的热量就是生物热。

发酵过程中生物热的产生具有强烈的时间性和阶段性：发酵初期，菌体处在孢子发芽和适应期，菌数少，呼吸作用缓慢，产生的热量较少；发酵旺盛期，菌体处于对数生长期，繁殖迅速，菌数多，呼吸作用强烈，产生的热量多，温度上升快，对数生长期释放的发酵热最大，必须注意控制温度；发酵后期，菌体已基本上停止繁殖，逐步衰老，主要靠菌体内的酶系进行代谢作用，产生热量不多，温度变化不大，且逐渐减弱。此外，利用生物热产生的规律来监控发酵过程，例如，若培养前期温度上升缓慢，说明菌体代谢缓慢，发酵不正常，若发酵前期温度上升剧烈，有可能染菌。

2. 搅拌热

搅拌热是指在机械搅拌通气发酵罐中，发酵液会在机械搅拌的带动下做机械运动，造成液体之间，液体与搅拌器等设备之间的摩擦作用，而产生的热量，单位是 kJ/h。搅拌热与搅拌轴功率有关。

3. 蒸发热

蒸发热是指向发酵罐内通气时，进入发酵罐的空气与发酵液广泛接触后，引起发酵液水分蒸发所需的热量，单位是 kJ/h。

4. 辐射热

辐射热是指由于发酵罐内温度与罐外环境大气间的温度差异，而使发酵液通过罐体向大气辐射的热量。辐射热的大小取决于罐内温度与罐外环境温度的差值大小，差值越大，散热越多。一般，冬天比夏天多，但一般不超过发酵热的 5%。

综上所述，在发酵过程中，既有产生热能的因素（生物热和搅拌热），又有散失热能的因素（蒸发热和辐射热）。发酵热是发酵过程中释放出来的净热量，即产生的热能减去散失的热能就是发酵热。

所以，发酵热为：$Q_{发酵}=Q_{生物}+Q_{搅拌}-Q_{蒸发}-Q_{辐射}$

发酵热是发酵温度变化的主要因素。由于生物热、蒸发热，尤其是生物热在发酵过程中是随时间变化的，所以发酵热在整个发酵过程中也随时间变化，从而引起发酵温度的波动。

5.3.3　发酵过程中温度的控制

1. 最适温度的选择

发酵的最适温度是指最适于微生物生长或发酵产物合成的温度。这是一种相对概念，是在一定条件下测得的结果，会受到微生物的种类、生长阶段、培养条件、菌体生长状况等因素的影响。

微生物种类不同，所具有的酶系及其性质不同，所要求的温度范围也不同，如黑曲霉生长温度为 37 ℃，谷氨棒状杆菌生长温度为 30～32 ℃，青霉菌生长温度为 30 ℃。另外，菌体在不同生长阶段对温度的要求也不同，在发酵前期，尤其是刚接种时，温度可以高一些，促使菌体的呼吸与代谢，使菌体迅速生长繁殖，而且此时发酵温度大多数是下降的；当发酵温度表现为上升时，将温度控制在微生物的最适生长温度。在发酵旺盛期，菌量已达到合成产物的最适量，温度可控制的比最适生长温度低一些，即将温度控制在代谢产物合成的最适温度，能推迟菌体衰老，延长产物合成的时间，从而提高产量。在发酵后期，温度会下降，产物合成能力降低，发酵成熟即可放罐。

微生物的最适生长温度和产物的最适合成温度往往是不一致的。例如，乳酸发酵时，乳酸链球菌的最适生长温度为 34 ℃，产酸量最多的温度为 30 ℃，发酵速率最高的温度为 40 ℃；谷氨酸发酵中，生产菌的最适生长温度为 30～34 ℃，谷氨酸合成的最适温度为 36～37 ℃；青霉素发酵时，黄青霉的最适生长温度通常为 30 ℃，而青霉素合成的最适温度为 24.7 ℃。因此，生产中应考虑在不同的菌体培养阶段，分阶段控制发酵温度，以获得较高的产量。

总之，在各种微生物的培养过程中，各发酵阶段最适温度的选择要根据菌种、生长阶段及培养条件综合考虑，同时还需要通过不断的生产实践才能确实掌握其规律。通常还要根据菌种与发酵阶段进行实验，通过反复实践以确定最适温度。

2. 发酵温度的控制

最适温度确定之后，生产上常利用专门的换热设备、控制设备来进行调温、控温。工业生产上，对于大发酵罐会因发酵中释放了大量的发酵热，而常常需要冷却降温，而需要加热的情况并不多。对于小型种子罐或发酵前期，在散热量大于菌种所产生的发酵热时，尤其是气候寒冷的地区或冬季，则需要用热水保温。

目前，发酵罐的温度控制主要有罐内、罐外两种换热方式。罐内换热主要采用蛇管或列

管换热，适用于体积在 10 m³ 以上的发酵罐。罐外换热主要采用夹套换热，常用于体积小于 10 m³ 的发酵罐。

发酵过程的恒温控制常用自动化控制或手动调整的阀门来控制冷却水的流量大小，以平衡时刻变化的发酵温度，维持恒温发酵。但是，气温较高（尤其是我国南方的夏季气温）且冷却水的温度又高时，这种冷却效果就很差，达不到预定的温度，此时，可采用冷冻盐水进行循环式降温，以迅速降到最适温度。大型工厂需要建立冷冻站，提高冷却能力，以保证在正常温度下进行发酵。

任务 5.4　发酵过程 pH 的影响及调控

发酵液中 pH 的变化是微生物代谢状况（基质代谢、产物合成、细胞状态、营养状况、供氧状况等）的综合反映。pH 对微生物的生长繁殖、产物代谢都有影响，是十分重要的状态参数。发酵过程中 pH 是不断变化的，通过测量 pH 的变化可以了解发酵是否正常，另外控制 pH 还可以防止杂菌的污染。因此，掌握发酵过程中 pH 的变化规律，对其及时监控和控制，在发酵过程中是十分重要的。

5.4.1　pH 对发酵过程的影响

不同的微生物对 pH 要求是不同的，每种微生物都有其生长最适的 pH 范围和耐受的 pH。例如，大多数细菌的最适 pH 为 6.5～7.5，放线菌的最适 pH 为 6.5～8.0，霉菌的最适 pH 为 4.0～5.8，酵母菌的最适 pH 为 3.8～6.0。pH 还会影响代谢产物的形成，即便是对于同一种微生物，pH 不同时，得到的代谢产物也不同。例如，酵母菌在 pH 为 4.5～5.0 时发酵产物主要是酒精，在 pH 为 8.0 时，发酵产物除酒精外，还有醋酸和甘油。

通常微生物生长的最适 pH 和发酵产物形成的最适 pH 是不一致的。例如，青霉素产生菌生长最适 pH 为 6.5～7.2，而青霉素合成的最适 pH 为 6.2～6.3。

pH 对微生物生长繁殖和代谢产物合成的影响，主要有以下几个方面。

1. pH 影响微生物细胞内酶的活性

pH 影响微生物某些酶的活性时会使其新陈代谢受阻。pH 对微生物细胞内酶活性的影响是由培养基中 H^+ 或 OH^- 间接作用来产生的。培养基的 H^+ 或 OH^- 首先作用在细胞外的弱酸（或弱碱）上，使之成为易于透过细胞膜的分子状态的弱酸（或弱碱），然后进入细胞，之后解离产生 H^+ 或 OH^-，改变细胞内原先存在的中性状态，影响酶蛋白的解离度和电荷情况，改变酶的结构和功能，引起酶活性的改变，进而影响微生物的生长繁殖和产物的合成。

2. pH 影响细胞膜的通透性

pH 会影响微生物细胞膜所带电荷的状况，从而改变细胞膜的通透性，影响微生物对营养物质的吸收及代谢物的排泄，进而影响微生物的生长及新陈代谢的正常进行。

3. pH 影响微生物对物质的吸收和利用

pH 对培养基中某些重要的营养成分和中间代谢物的解离有影响，从而影响到微生物对这些物质的吸收和利用。构成微生物细胞的各种物质大多在水中一边解离，一边保持一定的平衡，pH 对这些物质的解离或平衡有着重要的影响，进而影响微生物对其吸收，从而引起微生物代谢过程的改变，对代谢产物的产量和质量产生影响。

4. pH 影响微生物产物的合成方向

pH 会影响微生物的代谢方向，使代谢产物的质量和比例发生改变。例如，黑曲霉在 pH 为 2～3 时生成柠檬酸，而在 pH 接近 7 时生成草酸；谷氨酸发酵时，在中性和微碱性条件下生成谷氨酸，在酸性条件下则容易生成谷氨酰胺和 N−乙酰谷氨酰胺。

5.4.2 发酵过程中 pH 变化的原因

发酵过程中，由于在一定温度及通气条件下微生物对培养基中碳源、氮源等营养物的利用，以及有机酸或氨基氮等物质的积累，会使发酵液 pH 产生一定的变化。通常在微生物生长及产物合成的合适环境下，微生物本身具有一定的调节 pH 的能力，会使 pH 处于比较适宜的状态。

发酵过程中，pH 变化取决于微生物的代谢、培养基的成分、微生物的活动、培养发酵条件等因素。此外，通气条件的变化，菌体自溶或杂菌污染都可能引起发酵液 pH 的变化。

1. 基质代谢

糖代谢，尤其是快速利用的糖，能分解成小分子酸，使 pH 下降；糖缺乏，pH 会上升，这也是补料的标志之一。氮代谢时，当氨基酸中的—NH_2 被利用后使 pH 下降；若尿素被分解成 NH_3，pH 上升；NH_3 被利用后 pH 会下降；当碳源不足氮源被当作碳源利用时 pH 上升。通常 pH 变化与碳氮比直接有关，高碳源培养基倾向于向酸性转移，高氮源培养基倾向于向碱性转移。

此外，生理酸性物质或生理碱性物质被利用后也会导致 pH 下降或上升，如醋酸根、磷酸根等阴离子被吸收或氮源被利用后产生 NH_3，则 pH 上升；NH_4^+、K^+ 等阳离子被吸收或有机酸的积累，使 pH 下降。

2. 产物形成

微生物代谢生成的某些产物本身具有酸性或碱性，导致发酵液 pH 的变化。例如，有机酸的生成会使 pH 下降，红霉素、盐酸林可霉素、螺旋霉素等呈碱性的抗生素的积累，会使 pH 上升。

3. 菌体自溶

发酵到后期，培养基中营养物质耗尽，菌体细胞内蛋白酶比较活跃，菌体自溶，造成发酵液中的氨基氮增加，pH 上升。

总之，凡是导致酸性物质的生成或碱性物质消耗的代谢过程，就会引起 pH 的下降。而凡是导致碱性物质的生成或酸性物质消耗的代谢过程，就会引起 pH 上升。引起发酵液 pH 下降的原因主要有：培养基中碳氮比例不当，碳过多，特别是葡萄糖过量或中间补糖过多以及溶氧不足，造成有机物氧化不完全而积累大量的有机酸；消泡剂加得过多；生理酸性物质过多，氨被利用，导致 pH 下降。引起发酵液 pH 上升的原因主要有：培养基中碳氮比不当，氮过多，氨基氮释放；生理碱性物质过多；中间补料时，加入的氨水或尿素等碱性物质过多。

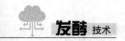

5.4.3 发酵过程中 pH 的控制

1. 最适 pH 的确定

微生物有生长繁殖和产物合成的最适 pH。这主要是因为发酵是多酶复合反应系统，各酶的最适 pH 也不相同，故同一菌种，生长最适 pH 可能与产物合成的最适 pH 是不一样的。发酵过程中应按照不同阶段的要求分别控制在不同的 pH 范围，使产物的产量达到最大。

最适 pH 的选择应既有利于菌体的生长繁殖，又可以最大限度地获得高的产量。最适 pH 一般是根据实验结果来确定的，具体过程是：通常将发酵培养基调节成不同的起始 pH，在发酵过程中通过定时测定与调节，或利用缓冲剂，将发酵液的 pH 维持在起始 pH，最后观察菌体的生长情况，菌体生长达到最大值的 pH 即为菌体生长的最适 pH。类似地，产物形成的最适宜 pH 也可以依照此法进行确定。在确定最适 pH 时，要不定期考虑培养温度的影响，若温度提高或降低，最适 pH 也可能发生变动。

2. pH 的控制方法

发酵生产中，pH 的控制方法要根据具体情况进行选择，具体有以下几种。

① 调节好基础料的 pH，即调节培养基的原始 pH。例如，在培养基中加入具有缓冲能力的试剂，如磷酸缓冲液等，或者选用代谢速度不同的碳源与氮源进行 pH 控制。培养基在灭菌后 pH 会降低，所以在灭菌前往往要 pH 适当调高一些。

② 通过在发酵过程中加入弱酸或弱碱控制 pH，合理控制发酵。

③ 通过调整通风量来控制 pH。

④ 通过补料控制 pH。仅用酸或碱控制 pH 不能改善发酵情况，且补料与控制 pH 没有矛盾时可采用补料控制 pH。这样做既能控制发酵液的 pH，又能补充营养，增加培养基的总浓度，减少阻遏作用，进而提高发酵产物的产率，一举多得。通过补料控制 pH 是一种较好的方法，在现代发酵工业中取得了明显的效果。例如，流加氨水、尿素，氨水作用快，对发酵液的 pH 波动影响大，应少量多次流加，通常根据微生物的特性、发酵过程的菌体生长情况、耗糖情况等来决定，常用自动控制连续流加的方法；尿素是目前国内味精厂普遍采用的流加氮源，同时用于控制 pH，其变化规律易操控。采用补料来控制 pH 时，采用少量多次流加来控制。

有时，pH 控制可采用一些应急措施，如改变搅拌转速或通风量，以改变溶解氧浓度，控制有机酸的积累量及其代谢速率；改变加入的消泡剂用量或加糖量等，调节有机酸的积累量；改变罐压及通风量，改变溶解二氧化碳浓度；改变温度，以控制微生物的代谢速率。

pH 控制是一项非常细致的工作，在测定了发酵过程中不同阶段的最适宜 pH 要求之后，便可以采用相应方法来控制。目前 pH 可以连续在线测定，并可反馈自动添加酸或碱来调节 pH，使 pH 在最小的波动范围内。

任务 5.5　发酵过程溶氧的影响及调控

发酵工业中使用的菌种多数是好氧菌，通常需要供给大量的空气才能满足菌体对氧的需求，但因氧气是难溶性气体，故它常常是发酵生产的限制性因素。因此，生产上如何保证氧的供给，以满足菌种对氧的需求，是稳定和提高产量、降低成本的关键之一。了解发酵中氧究竟够不够及通气搅拌对发酵的影响，最简便有效的办法便是就地测量发酵液中氧的浓度，此外从氧浓度变化曲线还可以看出氧供需的规律及其对生产的影响。因此，溶氧可作为发酵中氧是否足够的度量，是发酵过程重要的控制参数之一，也是发酵异常情况的指示。

5.5.1 溶氧对发酵过程的影响

1. 氧气的性质及发酵液中实际需氧量

氧气是难溶气体，25 ℃和 $1×10^5$ Pa 时，其在纯水中的溶解度为 0.25 mol/m³，在发酵液中的溶解度比纯水中还小。氧气的溶解度会随着温度的升高而下降，随着培养液固形物的增多或黏度的增加而下降。微生物只能利用溶解在发酵液中的氧，这就决定了大多数微生物深层培养需要适当的通气条件，才能维持一定的生产水平。发酵时，每小时每立方米培养液中需氧量是其溶解量的 750 倍，如果中断供氧，菌体会在几秒钟内耗尽溶氧，使溶解氧成为限制因素。因此，氧气的供应往往是发酵能否成功的重要限制因素之一。随着高产菌株的广泛应用和丰富培养基的采用，对氧气的要求更高。发酵过程中，监测发酵液中的溶解氧浓度是了解溶氧是否足够的最简便有效的办法，从溶氧变化的情况可以了解氧的供需规律及其对生长和产物合成的影响。

2. 微生物对氧的需求

氧是微生物细胞的组成成分及各种产物的构成元素，也是生物能量代谢的必需元素，是生物体生存的重要元素。此外，氧还作为反应物直接参与一些生物合成反应。

在发酵过程中，不需要使溶解氧浓度达到或接近饱和值，而只要超过某一临界溶氧浓度即可。临界溶氧浓度是指满足微生物呼吸的最低氧浓度，对产物而言是指不影响产物合成所允许的最低浓度。临界溶氧浓度不仅取决于微生物本身的呼吸强度，还受到培养基的组分、菌龄、代谢物的积累、温度等其他条件的影响。一般好氧微生物临界溶氧浓度很低，为 0.003～0.05 mmol/L，需氧量一般为 25～100 mmol/（L·h）。发酵行业常将一定的温度、罐压和通气搅拌下，消毒灭菌后的发酵液充分通风搅拌达到饱和时的溶氧水平定为 100%。一般来说，好氧微生物临界溶氧浓度是饱和浓度的 1%～25%，如细菌和酵母为 3%～10%，放线菌为 5%～30%，霉菌为 10%～15%。对于微生物生长，只需要控制发酵过程中空气氧饱和度（即发酵液中氧的浓度/临界溶氧溶度）＞1。通常，呼吸临界氧值并不一定与产物合成临界氧值相同。呼吸临界氧值可采用尾气 O_2 含量变化和通气量测定。

3. 溶氧与发酵过程之间的相互影响

1）溶氧浓度对发酵过程的影响

好氧微生物的生长和代谢活动都需要消耗氧气（必须是溶解于发酵液中的氧气），供氧对于需氧微生物是必不可少的。

氧对辅酶 NAD（P）浓度有影响。NAD（P）是微生物的代谢过程中的许多催化脱氢氧化反应的酶的辅酶，其浓度是保证酶活力的基础。NAD（P）H 是 NAD（P）接受 H 后加氢还原的产物，只有在有氧的条件下才可以及时地通过呼吸链被氧化或在少数情况下通过还原反应脱氢，生成氧化性的 NAD（P），作为辅酶重新加入脱氢反应。但当发酵液中氧的浓度不够时，NAD（P）的浓度明显降低，与 NAD（P）相关的酶促反应则停止，会影响代谢的正常进行。

氧对代谢途径也有影响。氧的存在是 TCA 循环（三羧酸循环）能够进行的基础，缺氧必然使丙酮酸积累，导致乳酸形成，使发酵液的 pH 下降，从而影响菌体的正常代谢。

溶氧大小对菌体生长、产物的性质和产量会产生不同的影响。在不存在其他限制性基质时，溶氧浓度高于临界值，发酵条件适宜的情况下，有利于菌体的生长和产物的合成。但溶氧太大有时反而会抑制产物的形成，尤其是次级代谢产物的合成。如果溶氧过低，低于临界值时，会影响微生物呼吸，细胞的呼吸速率会随着溶氧浓度降低而显著下降，细胞处于半厌氧状态，会影响正常代谢。例如，谷氨酸发酵时，供氧会积累大量乳酸和琥珀酸。对抗生素发酵来说，氧的供给更为重要，又如，金霉素发酵，生长期停止通风，就可能影响菌体在生产期的糖代谢途径，降低金霉素的合成。不同微生物或同一微生物的不同生长阶段对溶氧的要求也不相同，例如，天氡酰胺酶的发酵，前期为好氧培养，后期为厌氧培养，产酶能力会大大提高。

因此，为避免发酵处于限氧条件下，需要考察每种发酵产物的临界溶氧浓度和最适溶氧浓度，并将发酵时的溶氧控制在最适浓度。最适溶氧浓度的大小与菌体及产物合成代谢的特性有关，需要通过实验确定。

2）发酵过程对溶氧的影响

发酵过程对溶氧的影响主要是耗氧方面的影响。

① 培养基的成分和浓度对耗氧的影响。培养液营养越丰富，菌体生长越快，耗氧量越大；同样地，发酵浓度越高，耗氧量越大；发酵过程补料或补糖，微生物对氧的摄取量也会随之增大。

② 菌龄对耗氧的影响。处于对数期的菌体，其呼吸旺盛时，耗氧量大；处于衰老状态的菌体，呼吸作用弱，耗氧量随之减弱。

③ 发酵条件对耗氧的影响。菌体在最适条件下发酵，耗氧量就大。

④ 有毒代谢产物对耗氧的影响。发酵过程中，二氧化碳、挥发性的有机酸和过量的氨等有毒代谢产物的排出，有利于提高菌体的摄氧量。

5.5.2 发酵过程中溶氧的变化

1. 发酵过程中溶氧的变化规律

分批发酵过程中，在确定的设备和发酵条件下，每种微生物需氧量的变化均有自己的规律，如图 5.1 和图 5.2 所示。

一般来说，发酵初期，菌体大量增殖，需氧量大，耗氧量超过供氧量，使溶氧浓度明显下降，出现一个低谷（如谷氨酸发酵的溶氧低谷在发酵后的 6~20 h），相应地，菌体的摄氧率同时出现一个高峰。

过了生长阶段，菌体需氧量有所减少，溶氧浓度经过一段时间的平稳阶段或上升阶段后，就转入产物形成阶段，溶氧浓度也不断上升。发酵中后期，若不补加基质，发酵液的摄氧率变化也不大，供氧能力仍保持不变，故溶氧浓度变化比较小；但若补入碳源、前体、消泡剂等物料时，溶氧浓度就会发生改变。例如，补糖后，菌体的摄氧率就会增加，引起发酵液溶氧浓度下降，经过一段时间后又逐步回升，若继续补糖，溶氧浓度甚至会降到临界溶氧浓度以下，而成为生产的限制因素。发酵后期，由于菌体大量衰亡，呼吸强度减弱，溶氧浓度也会逐步上升，一旦菌体开始自溶，溶氧浓度上升更为明显。

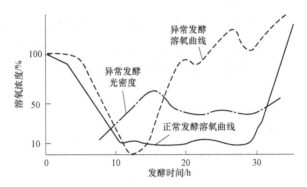

图 5.1　谷氨酸发酵时正常溶氧曲线和异常溶氧曲线

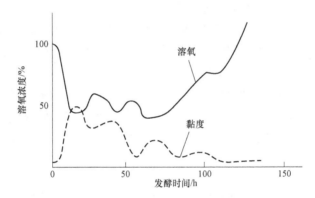

图 5.2　红霉素发酵时溶氧和黏度的变化曲线

2. 发酵过程中溶氧的异常变化

在发酵过程中，有时出现溶氧浓度明显下降或明显升高的异常变化，常见的是溶氧下降。造成异常变化的原因是耗氧或供氧出现了异常因素或发生了障碍。

引起溶氧异常下降的原因主要有：污染好氧杂菌，溶氧被大量消耗，溶氧在短时间内下降至零附近，若杂菌耗氧能力不强时，溶氧的变化也可能不明显；菌体代谢发生异常，如向好氧代谢途径迁移，对氧的需求增加，造成溶氧下降；某些供氧设备或工艺控制发生故障或变化，也能引起溶氧下降，如搅拌速率变小、停止搅拌、闷罐（罐排气封闭），以及消泡剂因自动加油器失灵或人为加量太多等，这些都会造成溶氧下降。

发酵过程中，有时也会出现溶氧异常升高。在供氧条件没有发生变化的情况下，引起溶氧异常升高的原因主要是耗氧发生改变。例如，菌体代谢出现异常（菌体向厌氧代谢途径迁移），耗氧能力下降，使溶氧上升。尤其是污染烈性噬菌体，影响最为明显，产生菌尚未裂解前，呼吸已受到抑制，溶氧有可能上升，直到菌体破裂后，完全失去呼吸能力，溶氧就直线上升。

由上可知，从发酵液中的溶氧浓度的变化能够了解微生物生长代谢是否正常，工艺控制

是否合理，设备供氧能力是否充足等问题，这有利于帮助人们查找发酵不正常的原因，更好地控制发酵生产。

5.5.3 发酵过程中溶氧的控制

发酵液的溶氧浓度，是由供氧和需氧两方面决定的。发酵液中溶氧的任何变化都是氧的供需不平衡的结果。发酵液中氧的供给与氧的消耗始终处于动态平衡。当发酵的供氧量大于需氧量，溶氧浓度就上升，直到饱和；反之就下降。因此要控制好发酵液中的溶氧浓度，需从氧的供需两方面着手。

1. 供氧控制

提高氧传递速率，需要设法提高液相体积氧传递系数 $K_L a$ 值和氧传递的推动力 $(c^* - c)$，因此，供氧可以通过溶液中饱和溶氧浓度 c^*（与氧分压成正比）和液相体积氧传递系数 $K_L a$ 来调节。凡是能使 $K_L a$ 和 c^* 提高的因素都能使发酵供氧改善。

1）提高液相体积氧传递系数 $K_L a$

对 $K_L a$ 影响较大的是搅拌转速和通气量。

① 搅拌转速对 $K_L a$ 的影响。一般情况下，提高搅拌转速可有效提高 $K_L a$，但过快的搅拌转速或不合适的搅拌器类型会影响菌体的正常代谢，还会形成旋涡，降低气液间的混合效果，能耗也较大，以及增加传热的负担。

② 通气量对 $K_L a$ 的影响。研究表明，当通气量较低时，随着通气量的增加，溶氧提高的效果显著，但通气量增加到一定程度后，单位体积发酵液所拥有的搅拌功率会随着通气量的增加而下降，$K_L a$ 不但不能提高，甚至会下降。此外，高通气量还会造成发酵液逃液，增大料液与产物损失及染菌机会。

2）提高氧传递的推动力 $(c^* - c)$

在氧传递的推动力中，液相中氧的实际浓度 c 都有一定的工艺要求，所以供氧可以通过调节溶液中饱和溶氧浓度 c^* 来实现。增加 c^* 可以用提高罐压的办法，因为罐压提高可以增加气体在液体中的溶解度。但在增加溶氧浓度的同时，代谢产物 CO_2 在发酵液中的浓度也会增加。并且罐压过大，对细胞的代谢有不利影响，还会增加对设备强度的要求，因此增加罐压有一定的限度。

目前，在工业生产中供氧的控制方法，除在发酵器的设计方面进行考虑以外，对于已定反应器，提高改变搅拌转速和通气量等方法较为有效。同时调整培养液的黏度等工艺条件，可使供氧与需氧达到平衡。

2. 需氧量控制

在发酵过程中，微生物是耗氧的主体，其需氧量受微生物的种类、代谢类型、菌龄、菌体浓度、培养基成分及浓度、培养条件等因素的影响。微生物的种类不同，耗氧量不同，一般为 25～100 mmol/（L·h）。

需氧量受菌体浓度影响最明显。一般情况下，发酵液的摄氧率（耗氧速率）会随着菌体浓度的增加而按比例增加。控制菌体的比生长速率略高于临界值水平，达到最适菌体浓度，既能保证产物的比生产速率维持在最大值，又不会使需氧量大于供氧量，这是控制最适溶氧的重要方法。最适菌体浓度可以通过控制基础培养基组分及补料组分、调节连续流加培养基的速率等来控制菌体的比生长速率，达到控制菌体呼吸强度及菌体浓度的目的，实现供氧量和需氧量的平衡。除控制补料速度外，在工业上，还可通过调节温度（降低培养温度可提高溶氧浓度）、液化培养基、中间补水、添加表面活性剂等工艺措施，来改善溶氧水平。

发酵培养基的组成和成分也对菌体需氧量有影响，尤其是碳、氮的组成与比例。氮源丰富，且有机氮源与无机氮源的比例恰当时，菌体比生长速率大，呼吸强度增大，需氧量大。培养基的浓度偏高，即营养丰富，特别是限制性营养物质的浓度得以保证，菌体代谢旺盛，呼吸强度就大，耗氧量大。

此外，菌体耗氧能力也受发酵条件的影响，例如，温度、pH 等会影响菌体内的酶系活性，会对菌体生长及代谢能力造成影响，影响其对氧的需求。因此，在一定范围内，可以通过调节发酵条件来控制菌体的需氧量。

表 5.1 中列出了常用溶氧控制方法的比较。

表 5.1　常用溶氧控制方法的比较

溶氧控制方法	影响的因素	投资	运转成本	效果	对生产作用	备　　注
气体含氧量	c^*	中～低	高	高	好	气相中高氧浓度可能会爆炸
搅拌转速	K_La	高	低	高	好	在一定限度内，要避免过剪切力作用
挡板	K_La	中	低	高	好	设备需要改装
通气速率	c^*	低	低	低		可能引起泡沫
罐压	c^*	中～高	低	中	好	对罐体强度要求高
基质浓度		中	低	高	不一定	响应较慢，需要及早行动
温度	c^*	低	低	变化	不一定	不常用
表面活性剂	K_La	低	低	变化	不一定	需要实验确定

溶氧只是发酵参数之一，它对发酵过程的影响还必须与其他参数综合起来进行分析。例如，虽然搅拌对发酵液的溶氧和菌体的呼吸有较大的影响，但分析时还要考虑搅拌对菌丝形态、泡沫形成、CO_2 排除等其他因素的影响。此外，溶氧还有重要的监控作用，例如，将溶氧作为发酵异常的指示，在掌握发酵过程中溶氧和其他参数间的关系后，若溶氧发生异常变化，便可及时预告生产可能出现的问题，以便及时采取补救措施；对溶氧参数的监测，能研究发酵中溶氧的变化规律，改变设备或工艺条件，配合其他参数的应用，必然会在发酵生产控制、增产节能等方面起重要作用。

任务 5.6　发酵过程泡沫的影响及调控

5.6.1　发酵过程中泡沫形成的原因

通常泡沫是气体在液体中的粗分散体，属于气液非均相体系。发酵过程泡沫产生的原因为：好氧发酵时，需要不断通入大量无菌空气，为了达到较好的传质效果，通入的气流在机

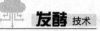

械搅拌的作用下，被分散成无数的小气泡；发酵过程也会产生二氧化碳等代谢气体，这种情况在代谢旺盛时才比较明显；此外，发酵液中的蛋白质、糖和脂肪等物质也对泡沫的产生及稳定起到了重要的作用。

发酵液中的泡沫主要有面上泡沫和面下泡沫两种。面上泡沫，即表面泡沫，存在于发酵液液面上的泡沫，这类泡沫在气相中所占的比例特别大，泡沫密集。面下泡沫，即流态泡沫，出现在黏稠的菌丝的发酵液中，这种泡沫分散得很细且均匀，比较稳定地分散在发酵液中，泡沫与液体之间无明显的界限。

5.6.2 泡沫对发酵过程的影响

好氧发酵过程中产生少量泡沫是正常的，但当泡沫过多就会对发酵产生许多不利的影响。主要表现在以下几个方面。

① 导致产物的损失。发酵过程中，大量的泡沫若不加控制会引起"逃液"，使原料浪费、产物损失。

② 降低发酵罐的装料系数。为了防止"逃液"，需要在发酵设备中留出容纳泡沫的空间，这样会降低发酵罐的装料系数，发酵液体积减少直接影响了收率，降低了生产能力，设备利用率也降低。大多数罐的装料系数为 $0.6 \sim 0.7$，余下的空间用以容纳泡沫。

③ 增加染菌的概率。大量的泡沫上涌，升至罐顶轴封处，轴封处的润滑油有消泡作用，从轴封处落下的泡沫往往引起杂菌污染。上涌的气泡会使排气管中粘附培养基滋生杂菌。染菌严重时会导致倒罐。

④ 增加菌群的非均一性。由于泡沫位置的高低变动，会使处在不同生长周期的微生物随泡沫漂浮，或粘附在罐壁或罐顶上，使附着的菌体改变了环境（在气相环境中生长），引起菌体的分化，甚至有的自溶、瓦解，从而影响了菌群的整体效果。而被带走的菌体不能再回到发酵液中，使发酵液中的菌体量减少。

⑤ 影响菌体的呼吸。当泡沫稳定，不易破碎，难以消除时，微生物的呼吸代谢产生的气体不能及时排出，气泡中充满二氧化碳，而且又不能与空气中的氧气进行交换，影响菌体正常呼吸作用，造成了代谢异常，甚至造成菌体提前自溶。而菌体自溶会促使更多的泡沫形成。

生产上，为了减少因通气搅拌引起的泡沫的产生，常采用降低通气量甚至是"闷罐"的措施，这样做会影响溶氧效果。另外，泡沫也可采用加消泡剂来控制，但是消泡剂的加入有时会对发酵工艺及后期分离提取工作造成不便。

因此，控制发酵过程中产生的泡沫，是使发酵过程得以顺利进行和稳产、高产的重要因素之一。

5.6.3 发酵过程中泡沫的消除和控制

1. 发酵过程中泡沫的消长规律

在发酵过程中，培养液的性质随微生物的代谢活动而不断变化，影响了泡沫的消长，泡沫的形成有一定的规律性。实验发现，发酵初期，培养基的浓度大、黏度高、营养丰富，泡沫的高稳定性与高的表观黏度和低的表面张力有关，随着菌体对碳源、氮源的利用，造成泡沫稳定的蛋白质分解，培养液的黏度下降，促进表面张力上升，泡沫减少；发酵旺盛期，随着发酵进行，表观黏度下降，表面张力上升，泡沫寿命逐渐缩短，但菌体的繁殖，尤其是细菌本身具有稳定泡沫的作用，在发酵最旺盛期泡沫形成得较多；发酵后期，菌体自溶，导致发酵液中可溶性蛋白质增加，利于泡沫产生，又促使泡沫上升；发酵过程中染菌会使发酵液黏度增加，产生大量泡沫。

2. 发酵过程中泡沫的消除

一般可以从这几个方面进行控制：控制发酵工艺，即调整培养基成分避免或减少（少加或缓加）易起泡沫的培养基成分（原材料），改善发酵工艺，采用分批补料方法发酵，以减少泡沫形成的机会，改变发酵的部分物理和化学参数，如温度、pH、通气和搅拌，采用机械消泡或化学消泡这两种方法来消除已形成的泡沫。机械消泡和化学消泡是目前工业上常用的消泡方法。

1）机械消泡

（1）原理

机械消泡是依靠机械力引起强烈振动或者压力变化促使泡沫破裂。

（2）特点

机械消泡的优点是不需要在发酵液中引进外界物质（如消泡剂），可降低培养液性质复杂化的程度，也可节省原材料，减少污染杂菌机会及对下游工艺的影响作用。缺点是不能从根本上消除引起泡沫稳定的因素，效果不如化学消泡迅速可靠，还需要一定设备和消耗一定的动力。机械消泡的效果不理想，仅可作为消泡的辅助方法。

（3）方法

机械消泡一般分为罐内消泡（内消法）和罐外消泡（外消法）。罐内消泡是用安装在罐内的消泡桨的转动来打碎泡沫，也可将少量消泡剂加到消泡转子上以增强消沫效果；罐外消泡是将泡沫引出罐外，通过喷嘴的加速作用或利用离心力来消除泡沫。

（4）消泡装置

消泡装置具有动力小，结构简单，坚固耐用，清扫、杀菌容易，维修、保养费用低的特点。罐内消泡装置通常是在搅拌轴上方安装消泡桨，为提高消沫效果可将少量消泡剂加到机械消沫转子上，再喷洒到主流液体中，常见的有耙式、冲击反射板式、碟式气流吸入式、流体吸入式、超声波等。罐外消泡装置常见的有旋转叶片式、喷雾式、离心力式、转向板式等。

2）化学消泡

化学消泡是指利用化学消泡剂进行消泡的方法。大、小规模的发酵生产均适用，添加某种测试装置后易实现自动控制。化学消泡剂来源广泛，消泡效果好，作用迅速可靠，尤其是合成消泡剂效率高，用量少，不需要改造现有设备，不耗能，具有很多优点。

（1）原理

消泡剂一般起破泡和抑制泡沫产生的作用。破泡作用，主要是因为消泡剂是表面活性剂，当泡沫的表层存在由极性的表面活性物质形成的双电层时，加入的另一种具有相反电荷的表面活性剂，可使气泡膜局部表面张力降低，导致泡沫破灭。抑制泡沫产生作用，主要是因为当泡沫的液膜具有较大的表面黏度时，可以加入某些分子内聚力较小的消泡剂，除去发泡剂的吸附层，本身优先吸附，使表面黏度降低，使液膜的液体流失，导致液膜破裂。

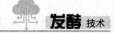

（2）常用消泡剂的种类和性能

在发酵工业中，常用的消泡剂主要有天然油脂类、高级醇类、聚醚类及硅酮类。此外，还有脂肪酸、磺酸盐和亚硫酸等。其中以天然油酯类和聚醚类在生物发酵中最为常用。

常用的天然油脂类消泡剂有玉米油、豆油、米糠油、棉籽油、鱼油和猪油等，除作为消泡剂外，还可作为碳源或中间补料。此类消泡剂的消泡能力不强。聚醚类消泡剂是应用较多的一类消泡剂，主要有聚氧丙烯甘油和聚氧乙烯氧丙烯甘油（俗称泡敌），用量一般为 0.03%～0.035%，消泡能力比植物油大 10 倍以上，尤其是聚氧乙烯氧丙烯甘油的亲水性好，在发泡介质中易铺展，消沫能力强，但其溶解度也大，消沫活性维持时间较短，在黏稠发酵液中使用效果比在稀薄发酵液中更好。

此外，氟化烷烃是一种潜在的消沫剂，它的表面能比烃类、有机硅类要小。近年来出于对环境保护的重视，天然产物消泡剂的地位继续提高，而且还在研究新的天然消泡剂，如酒糟榨出液、啤酒花油。

（3）消泡剂的使用

一般，消泡剂可在基础料中一次加入，连同培养基一起灭菌，此方法操作简单，但消泡剂用量大。或者将消泡剂配制一定浓度，经灭菌、冷却后在发酵过程中加入，此法能充分发挥消泡剂的作用，用量较少，但工艺复杂，易造成杂菌污染。对于已形成的泡沫，工业上可以采用机械消泡和化学消泡两种方法同时使用。

过量的消泡剂通常会影响微生物的呼吸活性和物质透过细胞壁的运输。因此，应尽可能减少消泡剂的用量。使用前需进行比较性实验，找出一种对微生物生理、产物合成影响最小，消泡效果最好，且成本低的消泡剂。

 项目小结

1. 微生物发酵的方式很多，按操作方式的不同，可分为分批发酵、连续发酵、分批补料发酵。分批发酵，又称间歇发酵，是指将一定数量的培养基一次性投入发酵罐中，接种微生菌进行发酵，待发酵成熟后再一次性地排出发酵液的培养方式。连续发酵是指发酵过程中以一定的速度向发酵罐内添加新鲜培养基，同时以相同的速度流出培养液。分批补料发酵是指在分批发酵过程中，随着细胞对营养物质的不断消耗，间歇地或连续地向培养基中补加新的营养成分的发酵方式。

2. 发酵参数按性质分为物理参数、化学参数、生物参数。

3. 温度是影响微生物生长繁殖最重要的因素之一，主要表现在影响微生物的生长、产物的合成、发酵液的物理性质、生物合成方向等。发酵热是引起发酵过程温度变化的原因，具体包括生物热、搅拌热、蒸发热和辐射热。发酵过程温度的控制应选择最适温度，菌体的最适生长温度和最适产物合成的温度往往也是不一致的，生产上需要分阶段控温，一般通过夹套、蛇管或列管换热器来实施控温。

4. 发酵过程中 pH 对酶的活性、细胞膜的通透性、物质的吸收和利用等有影响，从而影响微生物的生长和代谢产物的形成。发酵过程中，pH 的变化取决于微生物的代谢、培养基的成分、微生物的活动、培养发酵条件、通气条件的变化，菌体自溶或杂菌污染等因素。发酵过程中应将 pH 控制在最适值，生长最适 pH 可能与产物合成的最适 pH 是不一样的，生产中采用加弱酸或弱碱、改变通风、补料等方式来控制 pH。

5. 溶氧是发酵过程的重要参数之一，可作为发酵异常情况的指示。氧气是难溶气体，微生物只能利用溶解于发酵液中的氧气，微生物的耗氧量（需氧量）常用呼吸强度和耗氧速率两个物理量来表示。溶氧大小对菌体生长和产物的性质和产量会产生不同的影响。发酵过程中，培养基的成分和浓度、菌龄、发酵条件、有毒代谢产物等对耗氧都有影响。每种微生物对氧气的需要变化均有自己的规律。发酵过程中溶氧的控制要注意供需平衡。此外，溶氧还有重要的监控作用和意义。

6. 发酵过程中形成的泡沫在可控范围内对溶氧有帮助，但是大量的泡沫会导致产物的损失、降低发酵罐的装料系数、增加染菌的概率、增加菌群的非均一性、影响菌体的呼吸等。发酵过程中泡沫的形成受通气搅拌的强烈程度、培养基配比与原料组成（培养基性质）等因素的影响。生产上，常采用机械消泡或化学消泡这两种方法来消除已形成的泡沫。

复习思考题

1. 常见的发酵参数有哪些？如何检测？
2. 温度对发酵有哪些影响？
3. 发酵热的定义是什么？
4. 发酵过程中温度如何控制？
5. pH 对发酵的影响表现在哪些方面？
6. 发酵过程的 pH 控制可以采取哪些措施？
7. 泡沫对发酵有哪些影响？
8. 发酵过程中如何对泡沫进行控制和消除？
9. 溶氧对发酵过程有什么影响？
10. 简述发酵过程中溶氧的变化规律。
11. 如何对发酵过程中的溶氧进行控制？
12. 请说明分批发酵、连续发酵、分批补料发酵的特点及应用。

项目 **6**

发酵染菌及其防治

项目描述

　　发酵染菌指在发酵过程中生产菌以外的其他微生物侵入了发酵系统，从而使发酵过程失去真正意义上的纯种培养。防止杂菌污染是任何发酵工程的一项重要工作内容，尤其是无菌程度要求高的液体深层发酵，污染防止工作的重要性更为突出。本项目详细阐述了杂菌污染对发酵工业造成的危害，从多个方面分析了引起杂菌污染的原因，预防杂菌污染的方法以及针对不同情况发生染菌的挽救措施，最后对噬菌体的污染和防治也进行详细介绍。

学习目标

▶ 了解发酵过程中染菌的危害及引起染菌的原因。
▶ 掌握发酵过程中杂菌污染的预防措施。
▶ 掌握发酵过程中不同情况染菌的挽救措施。
▶ 掌握噬菌体污染的补救措施及预防途径。
▶ 能够根据发酵的异常现象判断是否染菌。
▶ 能够进行发酵染菌的无菌检测。
▶ 能够进行发酵染菌的噬菌体检测。

任务 6.1 　染菌对发酵的影响

　　几乎所有的发酵工业，都有可能遭受杂菌的污染。不同的发酵过程，可污染不同种类和性质的杂菌。由于发酵菌种、培养基、发酵条件、生产周期及产物性质的不同，发酵染菌的危害程度也不同；不同污染时间，不同污染途径，污染不同数量的微生物产生的后果也不同。染菌的结果，轻者影响产量或产品质量，重者可能导致倒罐，甚至停产。

6.1.1　不同时期染菌对发酵的影响

　　染菌时间是指用无菌检测方法确定的染菌时间，不是杂菌进入培养液的时间。杂菌进入培养液后，经过足够的生长、繁殖的时间才能显现出来，显现的时间又与污染菌量有关，污染的菌量多，显现染菌所需的时间就短，污染菌量少，显现染菌的时间就长。

1. 种子培养期染菌

种子培养主要是使微生物细胞生长与繁殖，由于接种量较小，微生物菌体浓度低，生产菌生长一开始不占优势，培养基营养十分丰富，并且培养液中几乎没有抗生素（产物）或只有很少抗生素（产物），因而它防御杂菌能力低，此时容易污染杂菌。若将污染的种子带入发酵罐，则危害极大，因此应严格控制种子染菌的发生。一旦发现种子受到杂菌的污染，应经灭菌后弃去，并对种子罐、管道等进行仔细检查和彻底灭菌。

2. 发酵前期染菌

在发酵前期，微生物菌体主要是处于生长、繁殖阶段，菌量不很多，与杂菌没有竞争优势，此时期代谢的产物很少，抵御杂菌能力弱，相对而言这个时期也容易染菌。染菌后的杂菌将迅速繁殖，与生产菌争夺培养基中的营养物质，严重干扰生产菌的正常生长、繁殖及产物的生成，危害极大。在这个时期要特别注意防止染菌的发生。

3. 发酵中期染菌

发酵中期染菌将会导致培养基中的营养物质大量消耗，并严重干扰生产菌的代谢，影响产物的生成。有的染菌后杂菌大量繁殖，产生酸性物质，使 pH 下降，糖、氮等的消耗加速；有的染菌后菌体自溶，使发酵液黏度增加，产生大量的泡沫，代谢产物的积累减少或停止；有的染菌后甚至会使已生成的产物分解，使发酵液发臭。从目前的情况来看，发酵中期染菌一般较难挽救，危害性较大，在生产过程中应尽力做到早发现、快处理。

4. 发酵后期染菌

由于发酵后期培养基中的糖等营养物质已基本耗尽，且发酵的产物也已积累较多，如果染菌量不太多，对发酵影响相对来说就要小一些，可继续进行发酵。对发酵产物来说，发酵后期染菌对不同的产物的影响也是不同的。例如，抗生素、柠檬酸的发酵，染菌对产物的影响不大；肌苷酸、谷氨酸的发酵，后期染菌会影响产物的产量、提取和产品的质量。如果染菌严重，又破坏性较大，可以提前放罐。

6.1.2 染菌对不同发酵品种的影响

在青霉素发酵过程中，由于许多杂菌都能产生青霉素酶，因此不管染菌是发生在发酵前期、中期或后期，都会使青霉素迅速分解破坏，使目的产物得率降低，危害十分严重。

链霉素、四环素、红霉素、卡那霉素等虽不像青霉素发酵染菌那样一无所得，但也会造成不同程度的危害。例如，杂菌大量消耗营养干扰生产菌的正常代谢；杂菌改变发酵液 pH，降低产量。灰黄霉素、制霉菌素、克念菌素等抗生素抑制霉菌，对细菌几乎没有抑制和杀灭作用。

在核苷或核苷酸发酵过程中，由于所用的生产菌种是多种营养缺陷型微生物，其生长能力差，所需的培养基营养丰富，因此容易受到杂菌的污染，且染菌后，培养基中的营养成分迅速被消耗，严重抑制了生产菌的生长和代谢产物的生成。

在柠檬酸等有机酸发酵过程中，一般在产酸后发酵液的 pH 比较低，杂菌生长十分困难，在发酵中期、后期不太会发生染菌，主要是要预防发酵前期染菌。

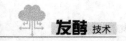

谷氨酸发酵周期短，生产菌繁殖快，培养基不是很丰富，一般较少污染杂菌，但噬菌体污染对谷氨酸发酵的影响较大。

疫苗多采用深层培养，这是一类不加提纯而直接使用的产品，在其深层培养过程中，一旦污染杂菌，不论死菌、活菌或内外毒素，都应全部废弃。因此，发酵罐容积越大，污染杂菌后的损失也越大。

6.1.3 不同种类的杂菌对发酵的影响

1. 污染噬菌体

噬菌体的感染力很强，传播蔓延迅速，也较难防治，故危害极大。污染噬菌体后，可使发酵产量大幅度下降，严重时造成断种，被迫停产。

2. 污染其他杂菌

有些杂菌会使生产菌自溶产生大量泡沫，即使添加消泡剂也无法控制逃液，影响发酵过程的通气搅拌。有些杂菌会使发酵液发臭、发酸，致使 pH 下降，使不耐酸的产品被破坏。特别是如果被芽孢杆菌污染，由于芽孢耐热，不易杀死，往往一次染菌后会反复染菌。例如，青霉素发酵时，被细短产气杆菌污染比粗大杆菌的危害大；链霉素发酵时，被细短杆菌、假单孢杆菌和产气杆菌污染比粗大杆菌的危害大；四环素发酵时，被双球菌、芽孢杆菌和夹膜杆菌污染危害较大；柠檬酸发酵时，最怕被青霉菌污染，肌苷、肌苷酸发酵时，被芽孢杆菌污染危害最大；谷氨酸发酵时，最怕被噬菌体污染；高温淀粉酶发酵时，被芽孢杆菌和噬菌体污染危害较大。

6.1.4 染菌对产物提取和产品质量的影响

1. 对过滤的影响

发酵液染菌后，菌体大多自溶，导致发酵液的黏度加大增加过滤难度；污染杂菌的种类对过滤的影响程度有差异，如污染霉菌时，对过滤影响较小，而污染细菌时对过滤影响较大，造成过滤时间长，影响设备的周转使用，破坏生产平衡，大幅度降低过滤率。

2. 对提纯的影响

染菌发酵液中含有比正常发酵液更多的水溶性蛋白和其他杂质。采用有机溶剂萃取的提炼工艺，则极易发生乳化，很难使水相和溶剂相分离，影响进一步提纯。采用直接用离子交换树脂的提取工艺，如链霉素、庆大霉素，染菌后大量杂菌粘附在离子交换树脂表面，或被离子交换树脂吸附，大大降低了离子交换树脂的交换容量。而且有的杂菌很难用水冲洗干净，洗脱时与产物一起进入洗脱液，影响进一步提纯。

3. 对产品质量的影响

染菌的发酵液中含有较多的蛋白质和其他杂质，对产品的纯度有较大影响；一些染菌的发酵液经过滤后得到澄清的发酵液，放置后会出现混浊，影响产品的外观。

任务 6.2　发酵染菌的判断和原因分析

6.2.1　发酵染菌的判断

在发酵过程中，如何及早发现杂菌的污染并及时采取措施加以处理，是避免染菌造成严重经济损失的重要手段。因此，生产上要求能准确、迅速地判断出杂菌的污染。发酵过程是否染菌应以无菌实验的结果为依据进行判断。目前常用于判断是否染菌的无菌实验方法主要有：显微镜检查法、肉汤培养法、平板划线培养法，同时，发酵过程异常现象观察法也经常作为染菌的辅助判断。

1. 显微镜检查法

用革兰氏染色法对发酵液样品进行涂片、染色，然后在显微镜下观察微生物的形态特征，根据生产菌与杂菌的特征进行区别、判断是否染菌。如发现有与生产菌形态特征不一样的其他微生物的存在，就可判断为染菌。

显微镜检查法的优点：简便、快速，能及时检查出杂菌。显微镜检查法的缺点：对固形物多的发酵液检查较困难；对含杂菌少的样品不易得出正确结论，应多检查几个视野；由于菌体较小，本身又处于非同步状态，应注意区别不同生理状态下的生产菌与杂菌，必要时可用革兰氏染色、芽孢染色等辅助方法进行鉴别。

2. 肉汤培养法

此法主要用于空气过滤系统和液体培养基的无菌检查，也可用于噬菌体的检查。进行空气过滤系统无菌检查时，首先将葡萄糖酚红肉汤培养基（牛肉膏 0.3%，蛋白胨 1%，葡萄糖 0.5%，氯化钠 0.5%，1%酚红溶液 0.4%，pH 为 7.2）装在吸气瓶中，经灭菌后，置于 37 ℃条件培养 24 h，若培养液未变浑浊，表明吸气瓶中的培养液是无菌的，就可用于空气过滤系统的杂菌检查。把过滤后的空气引入吸气瓶的培养液中，经培养后，若培养液变浑浊，表明过滤后的空气中仍有杂菌，说明过滤系统有问题；若培养液未变浑浊，说明空气无菌。用于检查培养基灭菌是否彻底时，取少量培养基接入肉汤中，培养后观察肉汤的浑浊情况即可判断培养基是否染菌。

3. 平板划线培养法

将待测样品在严格执行无菌操作的条件下在无菌平板上划线，分别于 37 ℃、27 ℃进行培养，一般 24 h 后即可进行镜检观察，检查是否有杂菌，若出现与生产菌株形态不同的菌落，就表明可能被杂菌污染。有时为了提高平板培养法的灵敏度，也可将需要检查的样品先置于 37 ℃培养 6 h，使杂菌迅速增殖后再划线培养。

平板划线培养法的优点：适于固形物多的发酵液；形象直观，肉眼可辨。

平板划线培养法的缺点：所需时间较长，至少需 8 h；无法区分形态（包括细胞形态与菌落形态）与生产菌相似的杂菌，如啤酒生产中被野生酵母污染时，由于啤酒酵母与野生酵母很难从形态上加以区分，只能借助生理生化实验进行确认。

4. 发酵过程异常现象观察法

在正常的发酵过程中，发酵液内部的物理参数、化学参数、生物参数都有特定的变化规律，但有时会出现溶氧、pH、排出气体的 CO_2 含量以及微生物菌体酶活力等的异常变化，对这些异常变化的分析可以判断发酵液是否染菌。

1）溶氧水平异常变化显示染菌

每一种生产菌都有其特定的耗氧曲线，如果发酵过程中溶氧水平发生了异常变化，一般是发酵染菌的表现。当被好氧性杂菌污染时，溶氧在较短的时间内下降，甚至接近零，且长时间不能回升；当被非好氧菌污染时，生产菌的代谢由于受污染而遭抑制，会使耗氧量减少，发酵液中的溶氧就会升高。例如，味精生产中受噬菌体污染时，菌体利用的氧减少，溶氧上升。

2）排出气体的 CO_2 含量异常变化显示染菌

对特定的发酵，排出气体的 CO_2 含量变化也是有规律的。在染菌后，糖的消耗发生变化，从而引起排出气体的 CO_2 含量异常变化。被杂菌污染后，糖耗加快，CO_2 含量增加；被噬菌体污染后，糖耗减慢，CO_2 含量减少。

另外，还可以根据其他的异常变化来判断是否染菌，如菌体生长不良、耗糖慢、pH 的异常变化、发酵过程中泡沫的异常增多、发酵液颜色的异常变化、代谢产物含量的异常降低、发酵周期的异常拖长、发酵液的黏度异常增加等。发酵异常现象只是判断可能染菌的经验因素，要确定染菌还需进一步做无菌实验。

在上述判断染菌方法中，以肉汤培养法和平板划线培养法为主，无菌实验时，如果肉汤连续三次发生变色反应（红色→黄色）或产生混浊，如果平板划线培养连续三次发现有异常菌落的出现，即可判断为染菌。有时肉汤培养法的阳性反应不够明显，而发酵样品的各项参数确有可疑染菌，并经镜检等其他方法确认连续三次样品有相同类型的异常菌存在，也应该判断为染菌。通常，无菌实验的肉汤或平板应保存并观察至本批（罐）放罐后 12 h，确认为无杂菌后才能弃去；无菌实验期间应每 6 h 观察一次无菌实验样品，以便能及早发现染菌。

6.2.2 发酵染菌率的统计和发酵染菌的原因分析

1. 发酵染菌率的统计

以发酵罐染菌罐（批）次为基准（染菌罐（批）次应包括染菌重消后的重复染菌的灌（批）次），发酵总过程（全周期）无论前期或后期染菌，均按"染菌"处理。

$$染菌率（\%）= \frac{发酵罐染菌罐（批）次}{总投罐（批）次} \times 100\%$$

$$总染菌率（\%）= \frac{一年内发酵罐染菌罐（批）次}{一年总投罐（批）次} \times 100\%$$

设备染菌率：统计发酵罐或其他设备的染菌率，有利于查找因设备缺陷而造成的染菌原因。

不同品种发酵的染菌率：统计不同品种发酵的染菌率，有助于查找不同品种发酵染菌的原因。

不同发酵阶段的染菌率：将整个发酵周期分成前期、中期和后期三个阶段，分别统计其染菌率。有助于查找染菌的原因。

季节染菌率：统计不同季节的染菌率，可以采取相应的措施制服染菌。

操作染菌率：统计操作工的染菌率，一方面可以分析染菌原因，另一方面可以考核操作工的灭菌操作技术水平。

2. 发酵染菌的原因分析

要防止杂菌污染，首先要知道造成污染的途径，然后对症下药，隔绝污染源，达到安全生产的目的。造成染菌的原因很多，从发酵工厂的生产经验来看，染菌的原因是以设备渗漏和空气系统的染菌为主，其他则次之。现将收集到的国外、国内抗生素工厂发酵染菌原因分别列于表 6.1 和表 6.2，以供比较。

表 6.1 国外一抗生素发酵染菌原因的分析

染菌原因	染菌百分比/%	染菌原因	染菌百分比/%
种子带菌	9.64	蛇管穿孔	5.89
接种时罐压跌零	0.19	接种管穿孔	0.39
培养基灭菌不透	0.79	阀门泄漏	1.45
空气系统带菌	19.96	发酵罐顶渗漏	1.54
搅拌轴密封泄漏	2.09	其他设备渗漏	10.13
泡沫冒顶	0.48	操作问题	10.15
夹套穿孔	12.36	原因不明	24.91

表 6.2 国内一制药厂发酵染菌原因的分析

染菌原因	染菌百分比/%	染菌原因	染菌百分比/%
外界带入杂菌（取样、补料带入）	8.20	蒸汽压力不够或蒸汽量不足	0.60
设备穿孔	7.60	管理问题	7.09
空气系统带菌	26.00	操作违反规程	1.60
停电罐压跌零	1.60	种子带菌	0.60
接种	11.00	原因不明	35.00

1）发酵染菌的规模分析

① 大批发酵罐染菌：整个工厂中各个产品的发酵罐都出现染菌现象而且染的是同一种菌，一般来说，这种情况是由使用的统一空气系统中空气过滤器失效或效率下降使带菌的空气进入发酵罐而造成的。大批发酵罐染菌的现象较少但危害极大。所以对于空气系统必须定期经常检查。

② 分发酵罐（或罐组）染菌：生产同一产品的几个发酵罐都发生染菌，这种染菌如果出现在发酵前期可能是种子带杂菌，如果发生在中后期则可能是中间补料系统或油管路系统发

生问题所造成的。通常同一产品的几个发酵罐其补料系统往往是共用的，倘若补料灭菌不彻底或管路渗漏，就有可能造成这些罐同时发生染菌现象。另外，采用培养基连续灭菌系统时，那些用连续灭菌进料的发酵罐都出现染菌，可能是连消系统灭菌不彻底所造成的。

③ 个别发酵罐连续染菌和偶然染菌：个别发酵罐连续染菌大多是由设备问题造成的，如阀门的渗漏或罐体腐蚀磨损，特别是冷却管不易觉察的穿孔等。设备的腐蚀磨损所引起的染菌会出现每批发酵的染菌时间向前推移的现象，即第二批的染菌时间比第一批提早，第三批又比第二批提早。至于个别发酵罐的偶然染菌其原因比较复杂，因为各种染菌途径都有可能。

2）发酵染菌的类型分析

所染杂菌的类型也是判断染菌原因的重要依据之一。一般认为，被耐热性芽孢杆菌污染多数是由于设备存在死角或培养液灭菌不彻底所致。被球菌、酵母等污染可能是从蒸汽的冷凝水或空气中带来的。在检查时如平板上出现的是浅绿色菌落（革兰氏阴性杆菌），由于这种菌主要生存在水中，所以发酵罐的冷却管或夹套渗漏所引起的可能性较大。污染霉菌大多是灭菌不彻底或无菌操作不严格所致。

3）发酵染菌的时间分析

① 种子培养期染菌：通常是由种子带菌，菌种在培养过程或保藏过程中受污染，培养基或设备灭菌不彻底，以及接种操作不当或设备因素等原因而引起的。

② 发酵前期染菌：大部分也是由种子带菌、培养基或设备灭菌不彻底，以及接种操作不当或设备因素、无菌空气带菌等原因而引起的。

③ 发酵后期染菌：大部分是由空气过滤不彻底、中间补料染菌、设备渗漏、泡沫顶盖以及操作问题而引起的。

4）发酵染菌的途径分析

① 无菌空气系统染菌，主要是由过滤介质的效能下降引起的，包括：

过滤介质（棉花、玻璃纤维等）被油水浸湿，失去了过滤效能；突然停电时，由于发酵罐压力高于过滤器的压力，导致培养基倒流进过滤器的介质中，使之成为杂菌生长繁殖的场所。所以在遇停电时，要立即关闭发酵罐上的进气阀，再关闭排气阀；过滤介质铺放松紧不均匀，空气从疏松的部位穿过，造成过滤不完全，过滤后的空气中仍带有杂菌；过滤系统发生渗漏，密封性能差，造成染菌。

② 培养基灭菌不彻底，主要原因包括：对于淀粉质原料，若搅拌时间不足，没有让淀粉与冷水充分混匀，一经加热，淀粉容易结成块状，蒸汽就不易穿入其内，致使灭菌不彻底而染菌；冷空气未放尽，虽到预定压力，但达不到预定温度，致使灭菌不彻底；对黏度高的培养基，若在灭菌过程中搅动不均匀，会造成受热不均，使一部分培养基灭菌不彻底。

③ 设备管道灭菌不彻底，主要原因包括：设备管道存在死角，使蒸汽不能有效地到达，造成染菌。操作不当引起。在管道系统灭菌时，应把所有进气阀门都打开，让蒸汽均匀地进入管道，并维持一段时间。所有放气（料）阀门及进料阀门（如接种阀或加料阀）也应微开，以消除死角。

④ 设备管道系统渗漏，主要原因包括：罐体部位腐蚀；罐中冷却用的蛇形管穿孔；管路上的阀门不配套，或阀门连接方式、管路安装方法等不当。

任务 6.3 杂菌污染的途径和防治

6.3.1 种子带菌及其防治

种子带菌染菌率虽然不高，但它是发酵前期染菌的重要原因之一，是发酵成败的关键，因而对种子染菌的检查和防治是极为重要的。种子带菌主要原因包括保藏斜面试管菌种染菌、培养基和器具灭菌不彻底、种子转移和接种过程染菌、种子培养所涉及的设备和装置染菌等。针对以上染菌原因，生产上常采用以下的一些措施进行预防。

① 严格控制无菌室的污染，根据生产工艺的要求和特点，建立相应的无菌室，交替使用各种灭菌手段对无菌室进行处理。

② 菌种的转移、接种等相关操作必须在超净台上进行，保证严格的无菌操作。

③ 在制备种子时对砂土管、斜面、三角瓶及摇瓶均严格进行管理，防止杂菌的进入而受到污染。为了防止染菌，种子保存管的棉花塞应有一定的紧密度，且有一定的长度，保存温度尽量保持相对稳定，不宜有太大的变化。

④ 对每一级种子的培养物均应进行严格的无菌检查，确保任何一级种子均未受杂菌污染后才能使用；对菌种培养基或器具进行严格的灭菌处理，保证在利用灭菌锅进行灭菌前，先完全排除锅内的空气，以免造成假压，使灭菌的温度达不到预定值，造成灭菌不彻底而使种子带菌。

6.3.2 空气带菌及其防治

空气带菌是发酵染菌的主要原因之一，对发酵的危害也相当严重，在抗生素发酵过程中占到染菌比例的20%以上，要杜绝空气带菌，就必须从空气的净化工艺和设备的设计、过滤介质的选用和装填、过滤介质的灭菌和管理等方面完善空气净化系统。生产上经常采取以下的一些措施。

① 加强生产环境的卫生管理，减少生产环境中空气的含菌量，正确选择采气口，如提高采气口的位置或前置粗过滤器，加强空气压缩前的预处理，如提高空压机进口空气的洁净度。

② 设计合理的空气预处理工艺，尽可能减少生产环境中空气带油量和带水量，提高进入过滤器的空气温度，降低空气的相对湿度，保持过滤介质的干燥状态，防止空气冷却器漏水，防止冷却水进入空气系统等。

③ 设计和安装合理的空气过滤器，防止过滤器失效。选用除菌效率高的过滤介质，在过滤器灭菌时要防止过滤介质被冲翻而造成短路，避免过滤介质烤焦或着火，防止过滤介质的装填不均而使空气走短路，保证一定的介质充填密度。当突然停止进空气时，要防止发酵液倒流入空气过滤器，在操作中要防止空气压力的剧变和流速的剧增。

6.3.3 灭菌操作失误导致染菌及其防治

在培养基灭菌升温时，要打开排气阀门，使蒸汽能通过并驱除罐内冷空气，一般可避免假压造成染菌；要严防泡沫升顶，尽可能添加消泡剂防止泡沫的大量产生；避免蒸汽压力的波动过大，应严格控制灭菌温度，过程最好采用自动控温。对于淀粉质培养基的灭菌采用实罐灭菌较好，一般在升温前先通过搅拌混合均匀，并加入一定量的淀粉酶进行液化；有大颗粒存在时应先过筛除去，再行灭菌；对于麸皮、黄豆饼一类的固形物含量较多的培养基，采用罐外预先配料，再转至发酵罐内进行实罐灭菌较为有效。灭菌时还会因设备安装或污垢堆积造成一些"死角"，这些死角蒸汽不能有效达到，在灭菌操作时，将旁路阀门打开，使蒸汽自由通过。接种、取样和加油等管路要配置单独的灭菌系统，能实现在发酵罐灭菌后或在发酵过程中单独对接种、取样和加油等管路进行灭菌。

6.3.4 设备渗漏或"死角"造成的染菌及其防治

1. 设备渗漏及其防治

设备渗漏主要是指发酵罐、补糖罐、冷却盘管、管道阀门等由于化学腐蚀（发酵代谢所产生的有机酸等发生的腐蚀作用）、电化学腐蚀、加工制作不良等原因形成微小漏孔后发生渗漏染菌。这些漏孔很小，有时肉眼不能觉察，需要通过一定的试漏方法才能发现。

1）冷却盘管渗漏的防治

试漏方法如下。

① 气压试验：先在发酵罐内放满清水，把压缩空气通入冷却盘管，观察水面有无气泡产生以确定管子是否渗漏及渗漏的部位。

② 水压试验：用手动泵或试压齿轮泵将水逐渐压入冷却盘管，到一定压力时，观察冷却盘管是否有渗漏现象。

通过以上方法发现渗漏部位及时进行修补。

2）罐体渗漏的防治

浸没在液体中的罐体部分都有可能发生腐蚀穿孔，特别是罐底，由于管口向下的空气管喷出的压缩空气的冲击力以及发酵液中的固体物料在被搅动时对罐底发生摩擦，罐底极易磨损引起渗漏，这种磨损使钢板产生麻点般的斑痕，称为麻蚀。每年大修时需要检查钢板减薄的程度。有夹套的发酵罐可在夹套内用水压或气压的方法检查罐壁有无渗漏。有保温层的发酵罐，如果水经常渗入保温层并积聚在里面，罐外壁就产生不均匀的腐蚀，所以当保温层有裂缝和损坏时，应及时修补。

3）管件和阀门渗漏的防治

与发酵罐相连接的管路很多，有空气、蒸汽、水、物料、排气、排污等管路，管路多，相应的管件和阀门也多。管道的连接方式、安装方法以及选用的阀门形式与染菌有很大的关系。所以，与发酵有关的管路不能与一般化工厂的化工管路完全相同，而有其特殊的要求。采用加工精度高、材料好的管件和阀门可减少此类染菌的发生。

2. 设备形成的死角及其防治

死角是指由于操作、设备结构、安装及人为原因造成的屏障，灭菌时蒸汽不能有效到达的局部地区，从而不能实现彻底灭菌的目的。发酵罐及其管路如有死角存在，则死角内潜伏的杂菌不易杀死，会造成连续染菌，影响生产的正常进行。经常出现死角的场合及形成死角的原因如下。

在整个环式空气分布器中空气的速度并不一致，靠近空气进口处流速最大，远离进口处的流速减小，当发酵液进入环管内，菌体和固形物就会逐渐堆积在远离进口处的部分形成死角，严重时甚至会堵塞喷孔。发酵罐中除了上述容易造成死角区域外，其他还有一些容易造成死角的区域，如挡板（或冷却列管）与罐身固定的支撑板周围，温度计接头等，对于这些区域每次放罐后的清洗工作应注意要经常检查，铲除污垢，才能避免因死角而产生的污染事故。设备安装要注意不能造成死角，对于某些蒸汽可能达不到的死角要装设与大气相通的旁路。

任务 6.4 发酵染菌的处理

6.4.1 种子培养期染菌的处理

一旦发现种子受到杂菌污染，该种子不能再接入发酵罐中进行发酵，应经灭菌后弃之，并对种子罐、管道等进行仔细检查和彻底灭菌。同时采用备用种子，选择生长正常无染菌的种子接入发酵罐，继续进行发酵生产。如无备用种子，则可选择一个适当菌龄的发酵罐内的发酵液作为种子，进行"倒种"处理，接入新鲜的培养基中进行发酵，从而保证发酵生产的正常进行。

6.4.2 发酵前期染菌的处理

当发酵前期发生染菌后，如培养基中的碳源、氮源含量还比较高时，终止发酵，将培养基加热至规定温度，重新进行灭菌处理后，再接入种子进行发酵；如果此时染菌已造成较大的危害，培养基中的碳源、氮源的消耗量已比较多，则可放掉部分料液，补充新鲜的培养基，重新进行灭菌处理后，再接种进行发酵。也可采取降温培养、调节 pH、调整补料量、补加培养基等措施进行处理。

6.4.3 发酵中期、后期染菌处理

发酵中期、后期染菌或发酵前期轻微染菌而发现较晚时，可以加入适当的杀菌剂或抗生素以及正常的发酵液，以抑制杂菌的生长速度，也可采取降低培养温度、降低通风量、停止搅拌、少量补糖等其他措施进行处理。如果发酵过程的产物代谢已达到一定水平，此时产品的含量若达一定值，只要明确是染菌也可放罐。对于没有提取价值的发酵液，废弃前应加热至 120 ℃以上保持 30 min 后才能排放。

6.4.4 染菌后对设备的处理

染菌后的发酵罐在重新使用前，必须在放罐后进行彻底清洗，空罐加热灭菌至 121 ℃以上保持 30 min 后才能使用。也可用甲醛熏蒸或甲醛溶液浸泡 12 h 以上等方法进行处理。

综上所述，引起发酵染菌的原因和相应的处理措施见表 6.3、表 6.4 和表 6.5。

表 6.3 不同发酵时期染菌分析及处理措施

染菌的时期	污染的原因分析	处理措施
发酵早期染菌（接种后 12～24 h）	1. 种子带菌 2. 培养基或设备灭菌不彻底	1. 染菌的种子灭菌后弃之 2. 加强灭菌，加强设备的检修 3. 加大接种量，重者补料后灭菌，再重新接种
发酵后期染菌	1. 操作过程中，特别是中间补料时带入 2. 设备渗漏或空气过滤系统污染	1. 轻者照常发酵 2. 重者提前放罐

表 6.4 不同发酵染菌类型分析及处理措施

染菌的类型	污染的原因分析	处理措施
芽孢杆菌、霉菌	1. 培养基灭菌不彻底 2. 管道设备灭菌不彻底	1. 加强培养基的灭菌及管道死角的灭菌工作 2. 加强设备检修 3. 轻者加大接种量，重者补料后灭菌，再重新接种
不耐热的细菌	1. 种子带菌 2. 设备渗漏	
一些革格氏阳性菌（在葡萄糖酚红培养基中菌落呈绿色）	由水带入，一般由设备渗漏或冷却器穿孔引起	

表 6.5 不同发酵染菌规模分析及挽救措施

染菌的规模	污染的原因分析	挽救措施
大批发酵罐染同一种菌	空气过滤器除菌不干净	1. 保持过滤介质干燥 2. 介质铺放均匀
部分发酵罐染菌	菌种带菌、补料时染菌或其他操作不当带入杂菌	严格执行无菌操作
个别发酵罐染菌	一般是设备损坏，如阀门的渗漏、罐体的破损等	加强设备的检查和维修

　　根据对多个厂家的综合分析，造成杂菌污染的原因以设备问题为主，如设备的渗漏、管道不严密、设备中存在死角、空气过滤系统失效等；另外是种子（主要是二级种子）染菌，而培养基灭菌不彻底造成的染菌极少发生。

任务 6.5　噬菌体的污染及防治

　　噬菌体是一种病毒，直径约 0.1μm，可通过环境污染、设备的渗漏或死角、空气净化系统、培养基灭菌不彻底、补料过程及操作失误、菌种带进或本身是病源性菌株等途径而染菌。许多利用细菌或放线菌进行的发酵容易感染噬菌体，如氨基酸发酵和抗生素发酵中常常遇到噬菌体污染，引起溶菌，并随之出现发酵迟缓或停止发酵等异常现象。

6.5.1　噬菌体污染的特征和影响

1. 噬菌体污染的特征
发酵液光密度上升缓慢，甚至下降，肉眼可见发酵液逐渐变清；耗糖速度缓慢或停止，产物生成量少或不增加，发酵液中残糖高；溶氧量回升；产生大量泡沫，发酵液呈黏稠状；菌体不规则，甚至出现畸形，革兰氏染色后呈现红色碎片，严重时，可出现拉丝、网状或鱼刺状，几乎看不到完整菌体。

2. 噬菌体污染的影响

通常在发酵工厂投产初期不受噬菌体的危害，经过 1～2 年后，由于生产和实验过程中不加注意地把许多活菌体排放到环境中去，自然界中的噬菌体就在活菌体中大量生长，造成了自然界中噬菌体增殖。这些噬菌体随着风沙尘土和空气流动传播，同时人们的走动、车辆的往来也携带噬菌体传播，使噬菌体有可能潜入生产的各个环节，尤其是通过空气系统进入种子室、种子罐、发酵罐。发酵过程中如果受噬菌体的污染，一般发生溶菌，随之出现发酵迟缓或停止，而且受噬菌体感染后，往往会反复连续感染，使生产无法进行，甚至使种子全部丧失。

6.5.2 噬菌体的检查方法

1. 双层琼脂平板法

先用 7～8 mL 2%的琼脂培养基作为底层，凝固后，加入 3～4 mL 冷至 45 ℃的 1%琼脂上层培养基（其中含 0.2 mL 发酵菌种悬液和 0.1 mL 待检发酵液），让其平整凝固；在发酵菌的适宜温度下培养，若是细菌，一般培养 16～20 h，检查有无透明的噬菌斑。

2. 液体培养检查法

将培养基、发酵菌种及待检发酵液三者混合，培养后观察培养液是否变清。

3. 斑点实验法

先制备好涂布有发酵菌种的平板，再用接种环或无菌吸管取少许发酵液在平板上点种，培养后，观察是否有噬菌斑。

4. 玻片快速法

将发酵菌种、发酵液和少量琼脂培养基（含 0.5%～0.8%的琼脂）混匀后涂布于无菌载玻片上，经短期培养后，在低倍镜下观察是否有噬菌斑。

6.5.3 噬菌体的防治

① 必须建立工厂环境清洁卫生制度，定期检查、定期清扫，车间四周有严重污染噬菌体的地方应及时撒石灰或漂白粉，车间地面和通往车间的道路尽量采取水泥地面。

② 种子扩培和发酵工段的操作人员要严格执行无菌操作规程，认真地进行种子保管，不使用本身带有噬菌体的菌种。感染噬菌体的培养物不得带入菌种室、摇瓶间。在接种后，必须对残余种子液、接种瓶、种子罐及其连接管道附件等用蒸汽或药物消毒，没经过灭活处理的种子液不得排入污水池。

③ 认真进行发酵罐、补料系统的灭菌。严格控制发酵罐逃液，取样分析和洗罐所废弃的菌体。取样、洗罐或倒罐的带菌液体要处理后才能排入下水道。

④ 选育抗噬菌体的菌种，或轮换使用菌种。因为一个菌种用的时间一长，就有可能出现该菌种的噬菌体。

⑤ 发现噬菌体要停止搅拌和通风，将发酵液加热到 70～80 ℃保持 10 min 杀死噬菌体，

才可排放。发酵罐周围的管道也必须彻底灭菌。

⑥ 注意通气质量，取风口离地面每提高 10 m，空气中的含菌量可减少一个数量级，取风口应设在 30～40 m 的高空，空气过滤器要保证质量。

⑦ 加强对蛇管的检查力度，特别是弯头和焊接部分，极易受到料液的腐蚀而穿孔。蛇管中循环水的压力一般大于罐内压力，不管穿孔多少，水中的噬菌体会源源不断地进入发酵罐中。

6.5.4 发酵液污染噬菌体后的处理措施

1. 发酵前期污染噬菌体

① 补加抗性种子，并根据发酵液中的营养多少，适当补加营养物质。

② 补加约 50%的已培养至对数期的正常的发酵液，再进行发酵。

③ 若噬菌体轻度污染，菌体仍能较正常地生长，并积累代谢产物，则可照常进行发酵，若污染严重，则用加热法（70～80 ℃）灭活噬菌体，放罐后重新消毒。

2. 发酵中后期污染噬菌体

如果发酵中后期噬菌体污染比较严重，则应提前放罐，尽快提取产物。发酵罐、管道、洗涤水及用具均应彻底灭菌，防止噬菌体扩散而造成新的污染，并及时改用抗该噬菌体的生产菌种。

3. 药物防治

选择能特异性地抑制噬菌体而对生产菌种及其发酵产物的积累和提取均无影响，又符合卫生要求、对人无毒的药物。尽可能选活性高（用药量少）、价格低的药物。

例如，在谷氨酸发酵中常选用的药物如下。

① 螯合剂，如植酸盐（0.05%～1%），柠檬酸盐（0.2%～0.5%），草酸盐（0.2%～0.5%），三聚磷酸盐（0.5%～1%）等可抑制噬菌体的吸附或阻止 DNA 的注入。

② 表面活性剂，如 0.01%～0.2%的聚乙二醇单酯、聚氧乙烯烷基醚、土温 20、土温 60 等主要作用于寄主细胞表面，抑制噬菌体在细菌上的吸附。

③ 抗菌素，如 1 μg/mL 的金霉素、四环素、氯霉素等抑制噬菌体蛋白质的合成。

④ N-脂酰氨基酸是一类具有 16～18 个碳原子的衍生物，如 20 μg/mL 的 N-棕榈酰-L-谷氨酸，其作用机制是抑制噬菌体核酸的复制或子代噬菌体的成熟。

噬菌体检查及效价测定

1. 实验目的

① 了解噬菌体效价的含义及测定原理。

② 学会噬菌体的不同检查方法。

③ 掌握用双层琼脂平板法测定噬菌体效价的操作技能。

2. 实验原理

噬菌体是一类专性寄生于细菌或放线菌等微生物的病毒，其个体形态极其微小，用常规微生物计数法无法测得其数量。当烈性噬菌体侵染细菌后会迅速引起敏感细菌裂解，释放出大量子代噬菌体，然后它们再扩散和侵染周围细胞，最终使含有敏感菌的悬液由混浊逐渐变清，或在含有敏感细菌的平板上出现肉眼可见的空斑——噬菌斑。了解噬菌体的特性，快速检查、分离并进行效价测定，对在生产和科研工作中防止噬菌体的污染具有重要作用。

检样可以是发酵液、空气、污水、土壤等（至于无法采样而需检查的对象，可以用无菌水浸湿的棉花涂拭表面作为检查样品）。为了易于分离可先增殖培养，使样品中的噬菌体数量增加。

采用生物测定法进行噬菌体检查，约需 12 h，因而不能及时判断是否有噬菌体污染。通过快速检查可大致确定是否有噬菌体污染，以便采取必要的防范措施。根据正常发酵（培养）液离心后菌体沉淀，上清液蛋白含量很少，加热后仍然清亮；而侵染有噬菌体的发酵（培养）液经离心后其上清液中因含有自裂解菌中逸出的活性蛋白，加热后发生蛋白质变性，因而在光线照射下出现丁达尔效应而不清亮。此法简单、快速，对发酵液污染噬菌体的判断亦较准确。但不适于溶源性细菌及温和噬菌体的诊断，对侵染噬菌体较少的一级种子培养液也不适用。

噬菌体的效价即 1 mL 样品中所含侵染性噬菌体的粒子数。效价的测定一般采用双层琼脂平板法。由于在含有特异宿主细菌的琼脂平板上，一般一个噬菌体产生一个噬菌斑，故可根据一定体积的噬菌体培养液所出现的噬菌斑数，计算出噬菌体的效价。此法所形成的噬菌斑的形态、大小较一致，且清晰度高，故计数比较准确，因而被广泛应用。

3. 实验材料

（1）菌种

敏感指示菌（大肠杆菌）、大肠杆菌噬菌体（从阴沟或粪池污水中分离）。

（2）培养基

二倍肉汤蛋白胨培养液，上层肉汤蛋白胨半固体琼脂培养基（含琼脂 0.7%，试管分装，每管 5 mL），下层肉汤蛋白胨固体琼脂培养基（含琼脂 2%），1% 蛋白胨水培养基（pH 为 7.0）。

肉汤蛋白胨培养液：牛肉膏 0.3%，蛋白胨 1%，氯化钠 0.5%，pH 为 7.2，121 ℃ 高压灭菌 15 min。

（3）仪器

无菌的试管、培养皿、三角瓶、移液管（1 mL、5 mL）、恒温水浴锅、离心机、721 分光光度计等。

4. 实验步骤

（1）噬菌体的检查

① 样品采集。将 2.5 g 土样或 5 mL 水样放入灭菌三角瓶中，加入对数生长期的敏感指示菌（大肠杆菌）菌液 5 mL，再加 20 mL 二倍肉汤蛋白胨培养液。

② 增殖培养。30 ℃ 摇床振荡培养 12～18 h，使噬菌体增殖。

③ 离心分离。将上述培养液以 3 000 r/min 离心 15～20 min，取上清液，用 1% 蛋白胨稀释至 10^{-3}～10^{-2}，用于噬菌体检查及效价测定。

④ 双层琼脂平板法。

a）倒下层琼脂：融化下层培养基，倒平板（约 10 mL/皿）待用。

b）倒上层琼脂：融化上层培养基，待融化的上层培养基冷却至 50 ℃ 左右时，每管中加入敏感指示菌（大肠杆菌）菌液 0.2 mL，待检样品液或上述噬菌体增殖液 0.3 mL，混合后立

即倒入上层平板铺平。

c）恒温培养：30 ℃恒温培养 6～12 h。

d）观察结果：如有噬菌体，则在双层培养基的上层出现透亮无菌圆形空斑，即噬菌斑。

⑤ 单层琼脂平板法。省略下层培养基，将上层培养基的琼脂量增加至 2%，融化后冷却至 45 ℃左右，如同上法加入指示菌和检样，混合后迅速倒平板，30 ℃恒温培养 6～16 h 后观察结果。

⑥ 离心分离加热法（快速检查）。取大肠杆菌正常培养液和侵染有噬菌体的异常大肠杆菌培养液，4 000 r/min 离心 20 min，分别取 A_1 mL 上述培养液的上清液，一部分用 721 分光光度计上测定 OD_{650} 光密度值，另一部分各取 5 mL 于试管中，置水浴中煮沸 2 min 后取 A_2 mL，用 721 分光光度计测定 OD_{650} 光密度值，记录结果。

（2）噬菌体效价的测定

① 倒平板。将融化后冷却到 45 ℃左右的下层肉膏蛋白胨固体培养基倾倒于 11 个无菌培养皿中，每皿约倾注 10 mL 培养基，平放，待冷凝后在培养皿底部注明噬菌体稀释度。

② 稀释噬菌体。按 10 倍稀释法，吸取 0.5 mL 大肠杆菌噬菌体菌液，注入一支装有 4.5 mL 1%蛋白胨水的试管中，即稀释到 10^{-1}，依次稀释到 10^{-6} 稀释度。

③ 噬菌体与菌液混合。将 11 支灭菌空试管分别标记 10^{-4}，10^{-5}，10^{-6} 和对照。分别从 10^{-4}，10^{-5} 和 10^{-6} 噬菌体稀释液中吸取 0.1 mL 移入上述编号的无菌试管中，每个稀释度平行做 3 个管，在另外 2 个对照管中加 0.1 mL 无菌水，并分别于各管中加入 0.2 mL 大肠杆菌菌悬液，振荡试管使菌液与噬菌体菌液混合均匀，置 37 ℃水浴中保温 5 min，让噬菌体粒子充分吸附并侵入菌体。

④ 接种上层平板。将 11 支融化并保温于 45 ℃的上层肉膏蛋白胨半固体琼脂培养基 5 mL 分别加入到含有噬菌体和敏感菌的混合管中，迅速摇匀，立即倒入相应编号的底层培养基平板表面，边倒入边摇动平板使其迅速地铺展表面。水平放置，凝固后置 37 ℃培养。

⑤ 观察并计数。观察平板中的噬菌斑，并将结果记录于实验报告表格内，选取每皿有 30～300 个噬菌斑的平板计算噬菌体效价。计算公式：

$$N = Y/(V \cdot X)$$

式中：N 为效价值；Y 为平均噬菌斑数/皿；V 为取样量；X 为稀释度。

例如，当稀释度为 10^{-6} 时，取样量为 0.1 mL/皿，同一稀释度中 3 个平板上的噬菌斑的平均值为 186 个，则该样品的效价为：$N = 186/(0.1 \times 10^{-6}) = 1.86 \times 10^7$。

5. 实验结果记录与分析

（1）离心分离加热法检测噬菌体（OD_{650}）

将结果记录在表 6.6 中。

表 6.6　实验数据记录表（一）

处理方法	正常发酵液（对照）	异常发酵液（实验）
A_1 mL 离心上清液		
A_2 mL 加热煮沸后的离心上清液		
A_2/A_1		

（2）绘出平板上的噬菌斑检测结果，指出噬菌斑和宿主细菌。

（3）噬菌体效价测定

将结果记录在表 6.7 中。

表 6.7　实验数据记录表（二）

噬菌体稀释度	10^{-4}	10^{-5}	10^{-6}	对照
取样量（mL/皿）				
平均每皿噬菌斑数目				

6. 思考题

1. 有哪些方法可检查发酵液中是否有噬菌体存在？比较其优缺点。

2. 测定噬菌体效价的原理是什么？要提高测定的准确性应注意哪些操作？

3. 噬菌体与菌液混合保温时间越长其吸附率越高的说法对吗？

技能训练二

实验室机械搅拌通风发酵罐无菌空气的检验

1. 实验目的

（1）学习小型实验室机械搅拌通风发酵罐无菌空气的净化方法。

（2）掌握无菌空气的检验方法。

（3）学习空气染菌的判断。

2. 实验原理

在试管中配制葡萄糖酚红肉汤培养基，经灭菌后，置 37 ℃培养 24 h，若培养液未变浑浊，表明培养液是无菌的，就可用于空气过滤系统的杂菌检查。把过滤后的空气通入配制好的肉汤培养基中，经培养后，若培养液变浑浊，表明过滤后的空气中仍有杂菌，说明过滤系统有问题，若培养液未变浑浊，说明空气无菌。

3. 实验材料

（1）器材

试管、三角瓶、烧杯、量筒、玻璃棒、天平、pH 试纸、棉花、记号笔、线绳、试管架、高压蒸汽灭菌器、超净工作台、恒温培养箱、空气压缩机、空气过滤器。

（2）试剂

牛肉膏、蛋白胨、葡萄糖、NaCl、1%酚红溶液。

4. 实验步骤

（1）配制葡萄糖酚红肉汤培养基：牛肉膏 0.3%，蛋白胨 1%，葡萄糖 0.5%，氯化钠 0.5%，1%酚红溶液 0.4%，pH＝7.2，分装于试管中，同时将空气过滤器用报纸包好，于 121 ℃灭菌 20 min，冷却待用。

（2）在超净台内将过滤器和空气压缩机连接，打开空气压缩机，将过滤的空气通入灭菌

的试管培养基中 5 秒左右，同时用不同空气的试管培养基和未过滤的空气通入灭菌的试管培养基中作为对照。于 37 ℃培养 24 h，观察结果。

5. 实验结果记录与分析

将实验结果记录在表 6.8 中。

表 6.8 实验结果记录表

实验项目	不通空气		通过滤空气			通未过滤空气		
试管序号	1	2	3	4	5	6	7	8
结果观察								

 项目小结

1. 染菌对发酵的影响包括染菌对不同发酵过程的影响，不同种类的染菌对发酵的影响，染菌发生的不同时间对发酵的影响，染菌对产物提取和产品质量的影响等。

2. 生产中主要通过显微镜检查法、肉汤培养法、平板划线培养法来判断染菌，有时也根据发酵过程出现如溶氧、pH、排出气体的 CO_2 含量以及微生物菌体酶活力等的异常变化的分析来辅助判断发酵是否染菌。

3. 发酵过程的染菌原因主要通过发酵染菌的规模、染菌的类型、染菌的不同时间、不同设备途径来分析，尽快找出染菌原因，从种子带菌、空气带菌、灭菌操作失误、设备渗漏或设备"死角"等方面进行防治。

4. 噬菌体污染会导致发酵迟缓或停止，生产中一般通过双层琼脂平板法、液体培养检查法、斑点实验法、玻片快速法进行检测，噬菌体的防治主要是通过选育抗噬菌体的菌种、严格控制环境卫生、严格执行无菌操作规程等来实现。

复习思考题

1. 简述染菌对发酵的影响。
2. 分析引起发酵染菌的原因及其处理措施。
3. 简述发酵染菌的判断方法。
4. 简述不同时期染菌的危害及处理措施。

发酵产物的提取与精制技术

项目描述

本项目主要介绍了发酵液的预处理、细胞破碎技术、固液分离技术、沉淀分离技术、膜分离技术、萃取技术、色谱分离技术和结晶与干燥技术等。

学习目标

➤ 了解发酵液的特性和改变发酵液过滤特性的方法。
➤ 掌握萃取分离、色谱分离、膜分离、沉淀分离等的基本原理及其特点。
➤ 掌握几种分离技术的工艺过程。
➤ 能在生物产品产业化过程中合理应用相应分离技术。
➤ 能根据实际生产情况，设计合理的发酵产物的提取技术。

任务 7.1 发酵液的预处理

各种发酵产品，由于菌种和发酵液的特性不同，其预处理的方法也有所不同。微生物发酵和细胞培养的发酵产物大多数存在于发酵液中，少数存在于菌体中，或发酵液和菌体中都含有。这些发酵产物主要有细胞产物、胞内产物和胞外产物三类物质，各种发酵产物无论在发酵液还是在菌体内，浓度往往较低，并与多种溶剂和悬浮杂质混在一起，要分离提纯发酵产物，首先要针对发酵醪的特性进行预处理。图 7.1 为发酵液分离纯化的一般步骤，其中，虚线以上为预处理过程。

7.1.1 发酵液特性及改善

1. 发酵液的一般特性

微生物发酵液的成分极为复杂，其中除了所培养的微生物菌体及残存的固体培养基外，还有未被微生物完全利用的糖类、无机盐、蛋白质，以及微生物的各种代谢产物，对提取和精制均有一定的影响，要分离提纯发酵产物，首先要了解发酵液的一般特性。微生物发酵液的特性可归纳为以下 5 点。

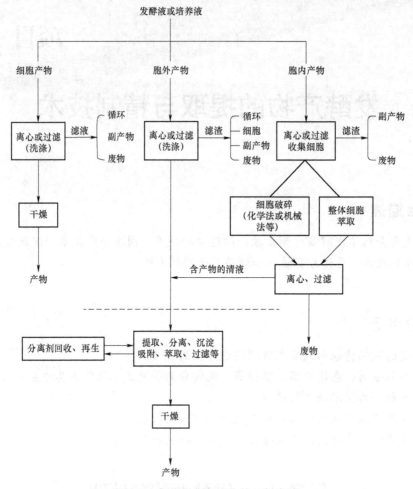

图 7.1　发酵液分离纯化的一般步骤

1）含水率高

发酵液大部分是水，一般含水率达 90%～99%。

2）发酵产物浓度较低

除酒精、柠檬酸、葡萄糖酸等发酵产物浓度在 10% 以上外，其余的都在 10% 以下，而抗生素的浓度更低，一般在 1% 以下。

3）悬浮固形物呈胶状

发酵液中的悬浮固形物主要是菌体和蛋白质的胶状物，不仅使发酵液黏度增加，不利于过滤，同时增加提取和精制后工序的操作困难，在浓缩过程中变得更黏稠，同时容易产生泡沫，培养基残留成分中还含非蛋白质大分子杂质。

4）少量代谢产品使分离操作困难

发酵液中除了发酵产物外常有其他少量的代谢副产物，有的其结构特性与发酵产物极为近似，这就会给分离提纯操作带来困难。

5）有机杂质导致分离困难

发酵液中还含有色素、热原质（热原是磷脂类物质和蛋白质或多糖类物质结合的一种大分子复合体,可用二乙胺基乙基葡聚糖凝胶除去)、毒性物质等有机杂质。尽管它们的确切组成还不十分明确,但它们对分离提纯影响相当大,为了保证发酵产品的质量和卫生标准,应通过预处理将其除去。

2. 发酵液过滤特性的改善

通过对发酵液进行适当的预处理,既可改善其流体性能,降低滤饼比阻,还能提高过滤与分离的速率。改善发酵液过滤特性的物理化学方法有以下几种:降低发酵液的黏度、调节 pH、凝聚和絮凝、添加助滤剂及反应剂等。

1)降低发酵液的黏度

降低液体黏度可以有效地提高过滤速率,常用的方法有加热法和加水稀释法两种。

① 加热法升高发酵液的温度可以有效地降低液体黏度,提高过滤速率。在一定温度下受热一段时间后,蛋白质会凝聚,形成大颗粒的凝聚物,发酵液的过滤特性得到进一步的改善。但是,一般生物产品对热敏感。因此,加热时必须严格控制温度和加热时间。另外,温度过高或时间过长,会引起细胞溶解,胞内物质外溢,使得后续分离更困难。

② 加水稀释也能降低发酵液的黏度。但是,稀释后悬浮液的体积增大,加大了后续过程的处理任务。针对过滤操作而言,稀释后过滤速率提高的百分比必须大于加水比,才能认为有效,即若加水一倍,稀释后液体黏度应下降一半以上,过滤速率才能得到有效提高。

2)调节 pH

调节 pH 是发酵液预处理的常用方法之一,因为 pH 直接影响发酵液中某些物质的电离度和电荷性质,通过调节 pH 可以改善其过滤特性。对于氨基酸和蛋白质等两性物质,将 pH 调至等电点,降低其溶解度,便于沉淀除去。例如,在味精生产中,利用等电点(pH=3.22)沉淀法提取谷氨酸。在合适的 pH 下,细胞和细胞碎片及某些胶体物质会趋于絮凝状态,形成较大的颗粒,有利于过滤操作的进行;在膜过滤过程中,发酵液中的大分子物质易与膜发生吸附,通过调整 pH 改变易吸附分子的电荷性质,即可减少堵塞和污染。

3)凝聚和絮凝

凝聚和絮凝都是发酵液预处理的重要方法,其处理过程就是将化学药剂预先加入到发酵液中,改变细胞、细胞碎片、菌体和蛋白质等胶体粒子的分散状态,破坏其稳定性,使其凝结成较大的颗粒,便于提高过滤速率。凝聚和絮凝是目前工业上最常用的预处理方法之一。

(1)凝聚是指向胶体悬浮液中加入某种电解质,在电解质异电离子作用下,胶体粒子的双电层电位降低,从而使胶体失去稳定性并使粒子相互凝聚成 1 mm 左右的块状凝聚体的过程。

(2)絮凝是指使用絮凝剂将胶体粒子交联成网,形成 10 mm 左右的絮凝团的过程。其中絮凝剂主要起架桥作用。由于絮凝方法可形成粗大的絮凝体,使发酵液更容易分离。

4)添加助滤剂及反应剂

助滤剂是一种不可压缩的多孔微粒,它能使滤饼疏松,滤速增大。这是因为使用助滤剂后,悬浮液中大量的细微粒子被吸附到助滤剂的表面上,从而使滤饼的可压缩性下降,过滤

阻力降低。一般情况下，若助滤剂用量与悬浮物中固形物的含量相等，过滤速率最快。常用的助滤剂有硅藻土、纤维素、石棉粉、珍珠岩、白土、炭粒和淀粉等。其中最常用的是硅藻土，它具有极大的吸附和渗透能力，能滤除 $0.1 \sim 1.0\ \mu m$ 的粒子，而且化学性能稳定，既是优良的过滤介质，同时也是优良的助滤剂。

添加某些不影响目的产物的反应剂，也可消除发酵液中某些杂质对过滤的影响，从而提高过滤速率。这些反应剂能相互作用，或和发酵液中的杂质（如某些可溶性盐类）反应，生成如 $CaSO_4$、$AlPO_4$ 等不溶解的沉淀，从而提高过滤速率。

7.1.2　高价无机离子和可溶性杂蛋白的去除

发酵液中杂质很多，目的产品与许多溶解的和悬浮的杂质夹杂在一起。其中有些杂质不仅影响产品质量和收得率，同时对后继提取和精制有很大影响。在这些杂质中对提取影响最大的是高价无机离子和可溶性杂蛋白。因此，在粗分离阶段，必须采用适当的方法使这些杂质沉淀，以利于通过后期固液分离去除这些杂质。

1. 无机离子的去除

发酵液中主要的无机离子有 Ca^{2+}、Mg^{2+} 和 Fe^{2+} 等，影响后续的离子交换过程。

Ca^{2+} 的去除，通常使用草酸。由于草酸是弱酸，对发酵产物的破坏较小。同时草酸可酸化发酵液，使发酵液的胶体状态改变，并且有助于产物转入液相。由于草酸的溶解度较小，Ca^{2+} 浓度较高时，可使用草酸钠等可溶性盐。反应生成的草酸钙还能促使蛋白质凝固，提高滤液质量，此外，在沉淀 Ca^{2+} 的同时，还会沉淀 Mg^{2+}。也可以加入三聚磷酸钠，它和镁离子形成可溶性络合物后，即可消除对离子交换的影响，此法可用于环丝氨酸的提取。对于发酵液中铁离子，可加入黄血盐，使其形成普鲁士蓝沉淀而除去。

2. 可溶性杂蛋白质的去除

1）盐析法

水溶液中的蛋白质，其溶解度一般在生理离子强度范围内（$0.15 \sim 0.2\ mol/kg$）最大，低于或高于此范围时均降低。蛋白质的盐析随着其相对分子质量和立体结构的不同而异，结构不对称的蛋白质所需的盐浓度较低。对于特定的蛋白质，影响其盐析的主要因素有无机盐的种类、浓度、温度和 pH。

2）沉淀法

蛋白质沉淀的方法包括有机溶剂法、等电点法、重金属法等。有机溶剂法常用的有机溶剂是酒精和丙酮等。蛋白质在酸性溶液中，能与一些阴离子形成沉淀；在碱性溶液中，能与一些阳离子如 Ag^+、Cu^{2+}、Fe^{3+} 和 Pb^{2+} 等形成沉淀。

3）变性法

蛋白质变性的方法有很多，通常有加热和调节 pH 两种方法。但变性法存在一定的局限性，如加热法只适合于对热较稳定的目的产物；而极端 pH 会导致某些目的产物的失活，并且要消耗大量酸碱。

4）吸附法

某些吸附剂或沉淀剂加到发酵液中可以吸附杂蛋白质，而使其除去。

任务 7.2　细胞破碎技术和固液分离技术

7.2.1　细胞破碎技术

细胞破碎的主要目的是将目标产物释放到发酵液中。如果细胞完全破碎，所有胞内的蛋白质会全部释放出来，给后面分离纯化带来困难。因此在细胞破碎时，不一定完全破碎细胞，只要目标产物释放出来即可，而其他杂质蛋白应该越少越好，因此，细胞破碎是提取细胞内产物的关键步骤。

细胞破碎的方法有很多，包括化学方法、物理方法及生物方法。这些方法的运用，既要能破坏细胞壁，又要能保证胞内蛋白产物不发生变性，按其是否使用外加作用力可分为机械法和非机械法两大类，具体情况如图 7.2 所示。

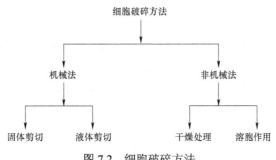

图 7.2　细胞破碎方法

机械法主要有珠磨法、高压匀浆法、超声波破碎法等，其优点是破碎速度较快，时间短，破碎处理量大，效率较高，是工业规模细胞破碎的重要手段；非机械法主要有酶溶法、化学试剂法、物理破碎法等。以下简单介绍生物工业上常用的细胞破碎方法。

1. 珠磨法

珠磨法是一种常用的机械破碎方法，所采用的设备是珠磨机，珠磨机的破碎室内填充玻璃微球（粒径为 0.1～1.0 mm）。在搅拌桨的高速搅拌下微球高速运动，微球和微球之间以及微球和细胞之间发生冲击和研磨，使悬浮液中的细胞受到研磨剪切和撞击而破碎。该方法适用于绝大多数微生物细胞破碎，特别是对于有大量菌丝体的微生物和一些有亚细胞器（质地坚硬）的微生物细胞。其特点是操作简便稳定，破碎率可控制，易放大。

2. 高压匀浆法

高压匀浆法是大规模破碎细胞的常用方法，所用的设备是高压匀浆器。细胞在高压匀浆器经历了高速造成的剪切、碰撞和由高压到常压的突变，从而造成细胞壁的破坏，细胞膜随之破裂，胞内产物得到释放。影响高压匀浆破碎的因素主要有压力、温度和通过匀浆器阀的次数。从提高破碎效率的角度应选择尽可能高的压力；而从降低能耗及延长设备寿命的角度应避免很高的压力，在工业生产中，通常采用的压力为 55～70 MPa。

与珠磨法相比较，高压匀浆法操作参数少，在实验室和工业生产中都已得到应用，适用于酵母和大多数细胞的破碎。但对于易造成堵塞的团状或丝状真菌以及一些易损伤匀浆阀，质地坚硬的亚细胞器一般不适用高压匀浆法。

3. 超声波破碎法

超声波破碎是一种很强烈的破碎方法，也是应用较多的一种破碎法，通常采用高于15～20 kHz的超声波。超声波破碎的频率与细胞种类、浓度、处理时间、菌种类型以及超声波的声频等因素有关。一般杆菌比球菌较易破碎，革兰氏阴性细菌细胞比革兰氏阳性细菌细胞较易破碎，对酵母菌的效果较差。

超声波破碎法的优点是液体损伤量少，破碎率高，少量样品时操作方便。缺点是本方法的有效能量利用率极低，操作过程中产生大量的热，故操作时需在冰水中进行或通入冷却剂，它适用于大多数微生物的破碎，但不适合大规模操作，主要用于实验室规模的细胞破碎。

4. 酶溶法

酶溶法是研究较多的一种方法，是利用酶分解破坏细胞壁上特殊的化学键而达到破壁的目的，即利用溶解细胞壁的酶处理菌体细胞，使细胞壁受到部分或完全破坏后，再破坏细胞膜，以提高胞内产物和通透性。酶溶法是一种非常有用的方法，它可分为外加酶法和自溶法两种。

① 在外加酶法中，常用的酶有溶菌酶、β-1，3-葡萄糖酶、蛋白酶等。溶菌酶主要对细菌类有作用，而其他酶对酵母作用显著。目前，溶菌酶是商业上唯一大规模应用的细菌溶酶，它主要攻击肽聚糖多肽链上的 β-1,4-糖苷键，革兰氏阳性菌对这种作用非常敏感，革兰氏阴性菌则需要先脱掉外膜或使其外膜不稳定暴露肽聚糖后受攻击，这可以通过除掉二价阳离子（它可维持外膜稳定）的作用来实现。

② 自溶法是一种特殊的酶溶方式，它所需要的酶是由微生物本身产生的。通过调节温度、pH 或添加有机溶剂等激活剂，诱导细胞产生溶解自身的酶，如酵母细胞在 45～50 ℃下保持 12～24 h 即可发生自溶，通过渗透失衡或限制某些微生物的营养也能使细胞发生自溶。目前，由于自溶解酶的成本高和适用的有限性，工业上比较少用。

5. 物理破碎法

物理破碎法主要有渗透压冲击法和反复冻融法。渗透压冲击法是各种细胞破碎方法中最为温和的一种，它适用于不具有细胞壁或细胞壁强度较弱细胞的破碎。反复冻融法是通过水结晶的形成和随后的融化而进行细胞破碎，此法适用于比较脆弱的菌体。

6. 化学试剂法

常用的化学试剂有表面活性剂（如十二烷基硫酸钠，Triton X 100 等）、螯合剂（如乙二胺四乙酸，简称 EDTA）、盐（改变离子强度）和有机溶剂（苯、甲苯等），这些化学试剂处理细胞，可增大细胞壁通透性。

7.2.2 固液分离技术

固液分离操作是生物产品分离纯化过程中重要的单元。在生产过程中，发酵液、培养基和一些中间产品或半成品都需要进行固液分离。但发酵液的成分复杂种类繁多、黏度较大，属于非牛顿型流体，所以发酵液的固液分离最为烦琐。发酵液的固液分离方法主要有离心和过滤两种。

1. 离心

依靠惯性离心力的作用而实现沉降的过程称为离心，而离心机是利用高速转动所产生的离心力来实现使悬浮液、乳浊液分离或浓缩的分离机械。对于两相密度差较小，颗粒粒度较细的非均相体系，在重力场中的沉降效率很低，甚至不能完全分离，若改用离心的方法可以大大提高沉降速度，缩小设备尺寸。所以离心分离方法可分离悬浮液中极小的固体颗粒和大分子物质。

2. 过滤

过滤是利用多孔性介质（如滤布）截留固液悬浮物中的固体颗粒，从而实现使固态颗粒与溶液分离的方法。

根据过滤原理的不同，过滤操作可分为澄清过滤、滤饼过滤和错流过滤。

1）澄清过滤

当悬浮液通过过滤层时，固体颗粒被阻拦或吸附在滤层的颗粒上，使滤液得以澄清，这种方法叫澄清过滤。该法适合于固体含量少于 0.1 g/100 mL、颗粒直径为 5～100 μm 的悬浮液的过滤，如麦芽汁、酒类、河水和饮料等。

2）滤饼过滤

在滤饼过滤中，过滤介质为滤布，当悬浮液通过滤布时，固体颗粒被滤布阻拦而逐渐形成滤饼（或称滤渣）。当滤饼达到一定厚度时即起过滤作用，此时即可获得澄清的滤液，故这种方法叫作滤饼过滤。该法适合于固体含量大于 0.1 g/100 mL 的悬浮液的分离。

滤饼过滤按推动力的不同可分为四种，即常压过滤、加压过滤、离心过滤和真空过滤。常压过滤效率低，所以只适合于过滤易分离的物料，而加压过滤和真空过滤在生物和化工工业中的应用比较广泛。

3）错流过滤

错流过滤又称切向流过滤或十字流过滤，是一种维持恒压下高速过滤的技术。其基本原理是通过循环泵将要过滤的物质在不同孔径的滤膜孔道中做高速循环运动，在压力的作用下，滤液以切线通过的方式滤出；未滤液由于高速运动而形成湍流，不断冲洗膜棒的内表面，将少量附着在膜上的固形物带走，从而防止了滤膜的阻塞，保持过滤的正常进行。未滤液不断循环，固形物浓度愈来愈大，当浓度到达一定程度后自动排出，最终达到固液分离的目的。

任务 7.3　发酵产物的提取精制技术

发酵产物的提取和精制是指从发酵液中分离、纯化目的产物的过程，是利用产物和杂质物理化学性质的不同提取产物（或从系统中除去杂质）的操作，因而对产物和杂质的性质必须尽可能地了解。

7.3.1　沉淀分离技术

沉淀法是发酵工业中最常用、最简单的提取方法之一，是利用加入试剂或改变条件使发酵产物沉降析出。该方法目前广泛应用于氨基酸、酶制剂及抗生素的提取。沉淀分离技术主

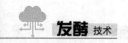

要包括等电点法、盐析法、有机溶剂沉淀法等。

1. 等电点法

等电点法主要用于一些两性电解质的产物提取，如抗生素、氨基酸以及水化程度不大或亲水性的蛋白质等。这些两性电解质的净电荷为零（即所带的正电荷和负电荷相等）时的溶液 pH 称为它们的等电点（pI）。溶液 pH 等于等电点时，它们的溶解度最小，容易沉淀析出。等电点沉淀操作需要在低离子强度下调节溶液 pH 至等电点，或在等电点的 pH 下利用透析等方法降低离子强度，使蛋白质沉淀。

等电点沉淀法一般适用于疏水性较大的蛋白质，而对于亲水性很强的蛋白质，由于溶解度较大，不易产生沉淀。

2. 盐析法

盐析法又称中性盐沉淀法，此法最早应用在蛋白质和酶类的分离工作中，但是在粗提纯阶段，盐析法至今仍普遍得到应用。

影响盐析的主要因素有盐析剂的种类和数量、盐析的温度和 pH 等。

① 盐析剂的种类和数量。在相同离子强度下，盐的种类对蛋白质溶解度的影响有一定差异，一般的规律为：磷酸钾＞硫酸钠＞硫酸铵＞柠檬酸钠＞硫酸镁，半径小的高价离子的盐析作用较强，半径大的低价离子作用较弱。在蛋白质的盐析中，以硫酸铵、硫酸钠应用最广。

② 盐析的温度。一般在高盐浓度下，温度升高，其溶解度反而下降；对于蛋白质来说，盐析对温度的要求不是很严格，但是对于酶类，盐析时应在较低温度下操作，以最大限度地保持酶的活性。

③ pH。溶液 pH 等于等电点时，两性分子溶解度最小；偏离等电点的两性分子，溶解度较大。因此在盐析时，一般选择 pH 等于两性分子的等电点，以获得最佳的盐析效果。一般情况下，pH 对盐析影响不大。

3. 有机溶剂沉淀法

向溶质水溶液中加入一定量的有机溶剂，降低溶质的溶解度，使其沉淀析出的分离纯化方法，称有机溶剂沉淀法。有机溶剂分子与大量的水分子结合，夺取蛋白质、多糖等物质表面的水分子，使它们表面的水化层被破坏，从而分子之间更容易聚集在一起而产生沉淀。此方法的优点是有机溶剂密度较低，与沉淀物密度差大，便于沉淀或离心分离；溶剂沸点低，容易蒸发除去。缺点是回收率低，容易引起蛋白质变性，必须在低温下进行，溶剂消耗量大，且有机溶剂易燃易爆，安全要求较高。

常用到的有机溶剂沉淀剂有丙酮、乙醇、甲醇等。利用有机溶剂沉淀蛋白质时，影响沉淀的因素包括温度、pH、离子强度、样品浓度、金属离子助沉作用等。

7.3.2 膜分离技术

膜分离技术是以选择性透膜为分离介质，通过在膜两边施加一个推动力（如浓度差、压力差或电位差等），使原料组分选择性地透过膜，以达到分离提纯的目的的一种方法。膜分离过程的实质是物质透过或被截留于膜的过程。由于膜分离技术在分离物质过程中不涉及相变，无二次污染，同时它操作方便，易于自动化，因而它是现代分离技术中一种效率较高的分离手段。

1. 膜的分类

由于膜的种类和功能繁多，膜分离方法也有多种。根据物理结构和化学性质不同，可将膜分为以下几种。

1）对称膜

对称膜是结构与方向无关的膜，根据制造方法不同，这些膜或者具有不规则的孔结构，或者所有的孔具有确定的直径。

2）非对称膜

非对称膜有一个很薄的，但比较致密的分离层和多孔支撑层。分离层为活性膜，孔径的大小和表皮的性质决定了分离特性，而厚度主要决定传递速率，该层必须朝向待浓缩的原溶液。多孔的支持层只起支撑作用，使膜具有必要的机械强度，而且常常通过附加纤维网使强度得到进一步改善。

3）复合膜

这种膜的选择性膜层（活性膜层）沉积于具有微孔的底膜（支撑层）表面上，就像非对称性膜的连续性表皮，只是表层与底层是不同的材料，而非对称膜是同一种材料。复合膜的性能不仅取决于有选择性的表面薄层，而且受微孔支撑结构、孔径和孔分布的影响。

4）荷电膜

荷电膜即离子交换膜，是一种对称膜，带有正电荷的膜称为阴离子交换膜（从周围流体中吸引阴离子），带有负电荷的膜称为阳离子交换膜，可从周围流体中吸引阳离子。

5）液膜

液膜是由一层很薄的液体组成，该液体可以是有机溶液也可以是水溶液。隔开两个水溶液的液膜是有机溶液，常用 W/O/W 即"水相/有机相/水相"来表示；隔开两个有机溶液的液膜是水溶液，用 O/W/O 即"有机相/水相/有机相"来表示。

6）微孔膜

微孔膜的孔径为 $0.05 \sim 20 \ \mu m$ 的膜。

2. 膜分离技术

膜分离技术主要包括微滤、超滤、纳滤、反渗透、透析、电渗析，表 7.1 为重要的膜分离过程。生产上应用最广泛的是超滤和反渗透，而液膜在生物分离或生物医学等方面也得到越来越广泛的应用。

表 7.1　重要的膜分离过程

过程	推动力	透过物质	截留分子尺寸	截留相对分子质量	截留物质	应用
微滤	压力差	溶剂、溶解物质	$>0.1 \ \mu m$	300 000～500 000	细小悬浮固体颗粒、细菌等	物料的澄清、除菌等
超滤	压力差	溶剂、离子、抗生素	10～100 nm	500～500 000	破碎细胞、蛋白质、色素、多糖等	大分子物质的浓缩或去除等
纳滤	压力差	溶剂、可溶性无机盐	0.1～1 nm	150～1 000	单糖、氨基酸、抗生素、低聚糖等	小分子物质的浓缩、分离等
反渗透	压力差	溶剂		<300	单糖、无机盐等	超纯水制备

续表

过程	推动力	透过物质	截留分子尺寸	截留相对分子质量	截留物质	应用
透析	浓度差	盐类、低分子物质等			大分子物质	医疗透析
电渗析	电位差	无机、有机离子等			非离子化合物、大分子等	纯水制备

膜分离技术的优点：① 可在室温或低温下操作，适宜于热敏感物质分离浓缩；② 是物理过程，不需要加入化学试剂；③ 不发生相变化，能耗较低；④ 化学与机械作用强度最小，减少发酵产物失活；⑤ 有相当好的选择性，可在分离、浓缩的同时达到部分纯化的目的。

7.3.3 萃取技术

将选定的某种溶剂，加入到液体混合物中，根据混合物中不同组分在同种溶剂中的溶解度不同，将所需要的组分分离出来的操作过程称为萃取。近年来，溶剂萃取法和其他新型分离技术相结合，产生了一系列新型分离技术，如超临界流体萃取、反胶团萃取、双水相萃取技术等，这些新型分离技术可用于许多高品质的天然物质和胞内物质的分离提取。

1. 溶媒萃取法

溶媒萃取法通常用于去除杂质及分离混合物，是利用欲萃取的成分在两种互不相溶的溶剂中溶解度不同，使其从一种溶剂转入另一种溶剂而实现分离。影响溶媒萃取的主要因素有乳化与去乳化、pH、温度和盐析等。

萃取操作流程可分为单级萃取和多级萃取。

① 单级萃取。只用一个混合器和一个分离器的萃取称为单级萃取，如图 7.3 所示。料液 F 与萃取剂 S 一起加入萃取器内搅拌，使两种液体混合均匀。在混合器内产物由一相转入另一相，流入分离器分离得到萃取相和萃余相，在回收器中把萃取相的溶剂与产物分离。

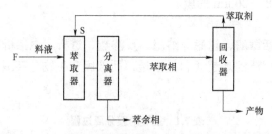

图 7.3　单级萃取流程示意图

② 多级萃取。多级萃取是由几个萃取器串联组成的，料液经第一级萃取后分离成两个相；萃余相依次流入下一个萃取器中，再加入新鲜萃取剂继续萃取；萃取相则分别由各级排出，将它们混合在一起，再进入回收器中回收溶剂。

2. 双水相萃取法

双水相萃取法是指向水相中加入溶于水的某些高分子化合物（如葡聚糖、聚乙二醇等）后，形成密度不同的两相，轻相中富含某种高分子化合物，重相中富含盐类或另一种高分子化合物，从而通过溶质在两相的溶解竞争而实现提取、分离及纯化产物的方法。此方法主要用于酶和蛋白质的萃取。

可形成双水相体系的聚合物有很多,典型的聚合物双水相体系有聚乙二醇/葡聚糖、聚丙二醇/聚乙二醇和甲基纤维素/葡聚糖等。常见双水相系统见表 7.2。

表 7.2　常见双水相系统

聚合物 1	聚合物 2 或盐	聚合物 1	聚合物 2 或盐
聚丙二醇	甲基聚丙二醇 聚乙二醇 聚乙烯醇 聚乙烯吡咯烷酮 羟丙基葡聚糖 葡聚糖	乙基羟乙基纤维素	葡聚糖
		甲基纤维素	羟丙基葡聚糖 葡聚糖
		聚蔗糖	葡聚糖
聚乙二醇	聚乙烯醇 聚乙烯吡咯烷酮 葡聚糖 聚蔗糖	聚丙二醇 甲氧基聚乙二醇 聚乙二醇 聚乙烯吡咯烷酮	磷酸钾

双水相萃取技术适合于分离提取有生物活性的大分子或直接从含菌体的发酵液和培养液中提取目标产品,使活性物质不失活,操作简单、无毒、分离规模大,但理论和实用方面有待进一步研究。图 7.4 为连续双水相萃取工艺流程。

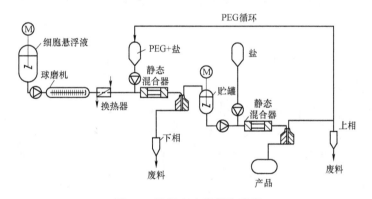

图 7.4　连续双水相萃取流程

3. 超临界流体萃取法

1)超临界流体萃取法的原理

在较低温度下,不断增加气体压力时,气体会转化成液体,当温度增高时,液体的体积增大。对于某一特定的物质而言,总存在一个临界温度(T_c)和临界压力(P_c),高于临界温度和临界压力后,物质不会成为液体或气体,这一点就是临界点。在临界点以上的范围内,物质状态处于气体和液体之间,该范围内的流体为超临界流体(SF)。超临界流体具有类似气体较强的穿透能力,具有类似液体较大的密度和溶解度,具有良好的溶剂特性,可作为溶剂进行萃取。超临界流体对许多物质有很强的溶解能力,利用它们对物质进行溶解和分离的过程称为超临界流体萃取（SFE）。

主要的超临界流体萃取剂有二氧化碳、乙烷、乙烯、丙烷、丙烯、苯、氨等。其中选用较多的为二氧化碳，其临界温度接近室温，无色、无毒、无味、不易燃烧、化学性质稳定、价格低廉、易制成高纯度气体。

2）超临界流体萃取法的过程及特点

超临界流体萃取法对工艺的要求是操作温度与超临界流体的临界温度相近，超临界流体的化学性质与被萃取物质的化学性质相近。超临界流体萃取法分离过程是以高压下的高密度超临界流体为溶剂，萃取所需成分，然后采用升温、降压或吸附等手段将溶剂与所萃取的组分分离。超临界流体萃取法过程示意图如图 7.5 所示。

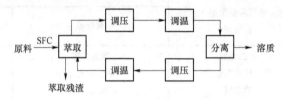

图 7.5　超临界流体萃取法过程示意图

超临界流体萃取法工艺主要由超临界流体萃取溶质以及被萃取的溶质与超临界流体分离两部分组成。根据分离槽中萃取剂与溶质分离方式的不同，超临界流体萃取法可分为三种加工方式：等压升温法、等温减压法、恒温恒压法。图 7.6 为超临界流体萃取法的三种典型流程。前两种流程萃取相中溶质为所需精制产品，后一种流程萃余物为所需提纯组分。

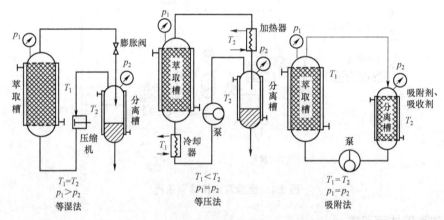

图 7.6　超临界流体萃取法的三种典型流程

超临界流体萃取法的特点包括：① 萃取效率高；② 压力和温度比较容易控制；③ 环境无污染；④ 适用于热敏性、易氧化物质的分离和提取；⑤ 超临界流体的极性可以改变，能分离一些用常规方法难以分离的物质。

7.3.4　色谱分离技术

色谱分离技术又称层析分离技术或色层分离技术，是一种物理分离方法，当多组分混合物在由固定相和流动相构成的体系中随流动相流动时，由于各组分物理性质和化学性质（如吸附力、分子极性、分子形状和大小、分子亲和力等）的差别，而以不同的速率移动，使之分开。与其他分离方法相比，色谱分离技术具有效率高、应用范围广、选择性强、高度灵敏在线检测、分离速度快以及操作过程自动化等特点。

1. 色谱的分类

随着科技的发展，色谱分离技术的应用范围也越来越广，各种新的分离技术不断出现，表 7.3 分别从分离原理、移动相、固定相以及操作压力四个方面对色谱进行分类，并简单地介绍了不同色谱的特点。

表 7.3 色谱的分类

分类依据	色谱名称	特点
分离原理	吸附色谱	物理吸附无选择性、速度快、过程可逆；化学吸附有一定选择性、速度慢，不易解吸
	分配色谱	流动相和固定相都是液体，根据分配系数不同而分离
	离子交换色谱	分辨率高、容量大、容易操作兼有分子筛的功能
	凝胶色谱	操作方便、凝胶不用再生、可反复使用，分离速度较慢
	亲和色谱	专用于纯化生物大分子，高选择性、操作条件温和，活性样品回收率高
移动相	气相色谱	分离效率高、分析速度快、样品用量少；灵敏度高、分离和测定一次完成、自动化程度高；不适用于高沸点、有生物活性的物质的分离测定
	液相色谱	选择性好，适用于多种多元组分复杂混合物的分离；应用范围广
	超临界色谱	流动相为超临界流体、价格低
固定相	柱色谱	进样量大，回收容易，分辨率不高
	纸上色谱	以滤纸为载体，设备简单、操作方便、分离效率高、所需样品少
	薄层色谱	操作简便、分离效率高、速度快，适用于不同分离机理的色谱分离
操作压力	低压色谱	装置简单，操作费用低，分离效率低
	中压色谱	介于低压色谱和高压色谱之间
	高压色谱	分离时间短，分辨率高，设备昂贵

2. 常用色谱分离方法

1）凝胶色谱法

凝胶色谱法又称为凝胶层析法或分子筛过滤法，原则上它属于一种分子筛过滤。不同相对分子质量的物质通过凝胶床（柱）时，相对分子质量低的物质由于可以在凝胶内扩散，因此移动速率较慢，而相对分子质量高的物质则容易通过，介质主要是以葡聚糖、琼脂糖、聚丙烯酰胺等为原料，通过特殊工艺加工成色谱介质。

凝胶色谱法的分离过程如图 7.7 所示。

凝胶色谱法的分离过程包括凝胶柱的制备、样品的加入和洗脱等。影响凝胶色谱法的因素主要有凝胶的选择、凝胶粒度、洗脱液流速、离子强度和 pH、样品液体积以及凝胶柱的长度、直径等。

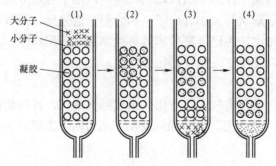

图 7.7　凝胶色谱法的分离过程

2）离子交换色谱法

离子交换色谱是利用离子交换树脂作为吸附剂，将溶液中的待分离组分，依据其电荷差异，依靠库仑力吸附在离子交换树脂上，然后利用合适的洗脱剂将吸附质从树脂上洗脱下来，达到分离的目的。

（1）离子交换剂的类型与结构

离子交换树脂主要有阳离子交换树脂和阴离子交换树脂。阳离子交换树脂又包括强酸性阳离子交换树脂和弱酸性阳离子交换树脂，其中强酸性阳离子交换树脂的活性基团有—SO_3H（磺酸基）和—CH_2SO_3H（次甲基磺酸基），弱酸性阳离子交换树脂的活性基团有—COOH、—OCH_2COOH、C_6H_5OH 等弱酸性基团。阴离子交换树脂包括强碱性阴离子交换树脂和弱碱性阴离子交换树脂，强碱性阴离子交换树脂的活性基团为季铵基团，如三甲胺基或二甲基–ß–羟基乙基胺基，弱碱性阴离子交换树脂的活性基团为伯胺或仲胺，碱性较弱。

（2）离子交换色谱法的基本操作

① 离子交换树脂的选择。一般根据被分离物质所带的电荷来决定选用哪种树脂。被分离物质带正电荷，则采用阳离子交换树脂；被分离物质带负电荷，则采用阴离子交换树脂。

② 对离子交换树脂强弱的选择。目标产物是强碱性或强酸性物质，宜选用弱酸或弱碱性的树脂，以提高选择性，并便于洗脱。目标产物是弱酸性或弱碱性物质时，宜选用强碱性或强酸性树脂，保证有足够的结合力。

③ 对离子交换树脂离子型的选择。根据分离目的选择离子交换树脂的离子型，如将肝素钠转换成肝素钙时，选择转换成钙离子型的阳离子交换树脂，然后与肝素钠进行交换；制备无离子水时，选择 H 型的阳离子交换树脂和 OH 型的阴离子交换树脂。

④ 操作条件的选择。交换时选择合适的 pH 环境，低价离子通过增加浓度有利于和树脂上的基因交换，高价离子在稀释时容易被吸附。洗脱条件应尽量使溶液中被洗脱离子的浓度降低。

⑤ 离子交换树脂的预处理、转型、再生与保存。预处理主要是清洗；转型是预处理后，用酸或碱处理使离子交换树脂变为氢型或钠型的操作；再生是用大量水冲洗使用后的离子交换树脂，除去离子交换树脂表面和空隙内部吸附的各种杂质，然后用转型的方法处理；保存是离子交换树脂暂不使用时，以钠型、氯型或游离胺型保存。

⑥ 洗脱离子。交换完成后将树脂所吸附的物质释放出来重新转入溶液的过程称为洗脱。

洗脱包括静态洗脱和动态洗脱。

（3）离子交换色谱的应用

可溶性的有机离子化合物或无机离子化合物均可进行离子交换色谱操作。化合价越高，被结合的生物物质越强，相同化合价条件下，结合的亲和力随原子数的增加而增加。

3）亲和色谱法

亲和色谱法是利用亲和作用分离纯化生物物质的液相色谱法，它主要应用生物高分子与配基可逆结合的原理，将配基通过共价键牢固结合于载体上而制得的层析系统。这种可逆结合的作用主要是靠生物高分子对它的配基的空间结构的识别。

（1）亲和色谱的介质

亲和色谱的介质主要有亲和配基、载体和活化剂等。亲和配基按照配基的特性分为有机小分子、生物大分子和染料化合物三类。按照配基的选择性，亲和色谱的配基又可分为专一性配基和基团特异性配基两类。常用的亲和配基主要有抗体与抗原配基、凝集素（伴刀豆球蛋白 A）、蛋白质 A 和蛋白质 G（它们与抗体的结构非常相似，可作为各种抗体的亲和配基）、酶抑制剂、辅酶和磷酸腺苷（主要的辅酶有 NAD、NADP、ATP）、过渡金属离子（铜、镍、锌等）、色素配基（三嗪类色素）以及其他配基（肝素和多聚腺苷酸）等。载体应具备的条件是不溶于水，但具有高度亲水性；具有多孔网状结构，有利于溶液的流动和渗透；必须具有足够的可同配基结合的化学基团；具有良好的化学和物理稳定性；均匀性好等。常用的载体有琼脂糖凝胶、交联琼脂糖、葡聚糖凝胶、纤维素、聚丙烯酰胺凝胶等。能使载体发生产生自由基与配基结合的化学物质称为活化剂。

（2）亲和色谱法的操作过程

亲和色谱法的操作过程包括配基固相化、亲和吸附、洗脱和色谱柱再生。配基固定化的过程包括样品制备、装柱与平衡，其固定化是将与纯化对象有专一结合作用的物质，连接在水不溶性载体上，制成亲和吸附剂后装柱（称亲和柱）。亲和吸附是被分离的目标产物与亲和吸附介质紧密结合的过程。清洗过程是洗去色谱柱中未被吸附的杂质，尽可能留下专一性吸附的结合物。洗脱分为特异性洗脱和非特异性洗脱。特异性洗脱通常在低浓度、中性条件下，这样有利于保持目标产物的活性。非特异性洗脱是指改变洗脱液的 pH、离子强度、离子种类或温度等物化性质，降低目标产物与配基之间亲和作用的洗脱方法。洗脱方式分为一步洗脱、分步洗脱和梯度洗脱三种方法。色谱柱再生是去除未被洗脱的仍然结合在亲和介质上的物质，以使亲和柱能反复使用。亲和色谱介质一般保存于溶胀状态，温度为 4～8 ℃，可加入乙醇或叠氮钠。

7.3.5 结晶与干燥技术

结晶是一个重要的化工单元操作，在生物工业中也是一个应用十分广泛的产品分离技术。除了常见的食盐、蔗糖、食品添加剂等产品外，在氨基酸工业、有机酸工业、抗生素工业中，许多产品最终往往是以结晶形式出现的。

而在工业发酵的产品中，凡是固体，例如味精、酶制剂、柠檬酸和酵母等，都需要干燥过程，干燥通常是完成产品的工业过程中的最后工序，因此往往与最终产品的质量有密切的关系。

1. 结晶

结晶是指物质从液态（溶液或熔融体）或气态形成晶体的过程，是获得纯净固态物质的重要方法之一。生物工业的最终产品形态有许多是以固体形态出现的。固体产品又可分为结晶型和无定型两种形态。蔗糖、食盐、氨基酸、柠檬酸等都是结晶型物质，而淀粉、酶制剂、蛋白质和某些喷雾干燥获得的产品是无定型物质。它们的区别是结晶型物质构成单位的排列方式是规则的，而无定型物质构成单位的排列是不规则的。

1）结晶形成的过程

为了进行结晶，必须先使溶液达到过饱和，过量的溶质才会以固态的形式结晶出来。晶体的产生最初是形成极细小的晶核，然后这些晶核再成长为一定大小形状的晶体。溶质达到饱和浓度时，溶质的溶解速度与结晶速度相等，尚不能使晶体析出。当浓度超过饱和浓度，达到一定的过饱和程度时，才可能析出晶体。过饱和溶液的浓度与饱和溶液浓度之比称为过饱和率。因此，结晶的全过程包括形成过饱和溶液、晶核形成和晶体生长三个阶段。溶液达到过饱和是结晶的前提，过饱和率是结晶的推动力。

2）结晶与温度、浓度的关系

物质在结晶时放出热量，称为结晶热。结晶是一个同时有质量和热量传递的过程。溶解度与温度的关系可以用饱和曲线来表示，如图 7.8 所示。图 7.8 中实线表示饱和曲线，虚线表示开始有晶核形成的过饱和浓度与温度的关系，由此把温度–浓度图分成三个区域：① 稳定（不饱和）区不会发生结晶；② 不稳定（过饱和）区结晶能自发形成；③ 介稳区结晶不能自动进行，但如在介稳溶液中加入晶体，能诱导结晶产生，晶体能生长，这种加入的晶体称为晶种。

假设某溶液处于图中点 A 处，当由 A 点冷却至 C 点时（溶媒量不变，线段 AC），结晶才能自动进行。另外，如将溶液在等温下蒸发（线段 AE），达到 E 点时，结晶才能自动进行。在实际操作中，有时将冷却和蒸发合并使用。

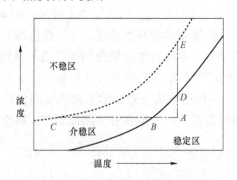

图 7.8 饱和曲线和过饱和曲线

3）晶核的形成

过饱和溶液中新生成的微小晶体粒子，是晶体生长过程的核心。成核是一个相变过程，即在母液相中形成固相小晶芽。晶核的大小为数十纳米至几微米。晶核形成时需要消耗一定的能量才能形成固–液界面。在过饱和溶液中，能量在某一瞬间、某一区域大于某一能阈值时，才有利于晶核的形成。

4）晶体的生长及影响因素

一旦晶核形成后，就形成了晶–液界面，在界面上就要进行生长，即组成晶体的原子、离子要按照晶体结构的排列方式堆积起来形成晶体。

影响晶体生长的因素主要有过饱和率、黏度、温度、pH、循环流速，以及共存杂质。一般黏度大，溶质分子扩散速度慢，妨碍溶质在晶体表面上的定向排列。升高温度可使成核速度和晶体生长速度增快。晶浆浓度越高，单位体积结晶器中结晶表面积越大，即固液接触比表面积越大，结晶生长速率就越快，越有利于提高结晶生产速率，即容时定量。

5）结晶的方法

① 冷却结晶。将接有晶种的过饱和溶液缓慢冷却，控制温度，以使系统始终处于介稳区，系统因未能达到不稳定区，不会自动生成晶核。此法适用于溶解度随温度降低而显著减少的发酵产品的结晶，如谷氨酸和柠檬酸。

② 浓缩结晶。适用于溶解度随温度变化不显著的发酵产品的结晶。

③ 添加有机溶剂结晶。此法是调节溶液的 pH 或添加有机溶剂使之生成新物质，其浓度超过它的溶解度。

④ 盐析结晶。此法是添加一种物质于溶液中，以使溶质的溶解度降低，形成过饱和溶液而结晶的方法，通常称为盐析法。添加的这种物质可以是有机溶剂或能溶于溶液中的物质，加入的有机溶剂必须和原溶剂能互溶。

⑤ 等电点结晶。调节溶液的 pH 接近等电点，使溶质结晶析出。

2. 干燥

干燥是发酵产品提取过程中最后一个环节，目的是除去发酵产品的水分，使发酵产品能够长期保存而不变质，同时减少体积和重量，方便包装和运输。对于具有生理活性的、药用的和食用的产品，如酶制剂、维生素和抗生素，在干燥过程中必须注意保存其活性、营养价值及药效。

按照热能供给湿物料的方式不同，干燥可分为以下几类。

① 对流干燥法。

此法又称空气加热干燥法，即空气通过加热器后变为热空气，将热量带给干燥器并传给物料。该法是利用对流传热方式向湿物料供热，使物料中的水分气化，形成的水蒸气同时被空气带走，故空气是载热体又是载湿体。这种方法在发酵工业中获得广泛使用。常用的有气流干燥、沸腾干燥、喷雾干燥等。

② 接触加热干燥法。此法又称为加热面传热干燥法，即以某种加热方式直接与物料接触，将热量传给物料，使其中水分气化。在发酵工业中也较普遍使用，如箱式干燥和真空干燥等。

③ 辐射干燥法。热能以电磁波的形式由辐射器发射至湿物料表面后，被物料所吸收转化为热能，而将水分加热气化，达到干燥的目的。

④ 冷冻升华干燥法。此法是先将物料冷冻至冰点以下，使水分结冰，然后在较高的真空条件下（保持压力为 26.66～266.6 Pa），使水直接升华为水蒸气而除去，整个过程分为三个阶段：一是发酵产品温度降低，水分结晶及部分冻结阶段；二是升华阶段；三是剩余水分的蒸发阶段。此法适宜于具有生理活性的生物大分子如酶制剂、抗生素等发酵产品的干燥。

 项目小结

1. 发酵液具有含水量高、发酵产物浓度较低、悬浮固形物呈胶状、少量代谢产品使分离操作困难、有机杂质导致分离困难等特性，发酵液的预处理包括改善发酵液过滤特性和发酵液的粗分离方法。

2. 细胞破碎技术包括机械法和非机械法。机械法主要有珠磨法、高压匀浆法、超声破碎法等，其优点是破碎速率较快，破碎处理量大，效率较高，是工业规模细胞破碎的重要手段；非机械法主要有酶溶法、化学试剂法、物理试剂法等。

3. 发酵产品的提取精制技术包括固液分离技术、细胞破碎技术、沉淀分离技术、膜分离技术、萃取技术、色谱分离技术和结晶干燥技术七个部分。

4. 沉淀分离技术主要包括等电点法、盐析法、有机溶剂法；膜分离技术主要包括微滤、超滤、纳滤、反渗透、透析、电渗析；萃取技术主要包括溶媒萃取法、双水相萃取法、超临界流体萃取法；色谱分离技术又称层析分离技术或色层分离技术，主要包括凝胶色谱法、离子交换色谱法、亲和色谱法。

复习思考题

1. 改变发酵液过滤特性的主要方法有哪些？
2. 杂蛋白质的去除方法有哪些？
3. 细胞破碎可分为几种方法？每种方法的特点是什么？
4. 简述有机溶剂沉淀法与盐析法的特点和应用。
5. 超滤、反渗透主要应用在哪些方面？
6. 简述离子交换树脂的结构、组成；按活性基团不同可分为哪几类？
7. 什么是亲和色谱法？它的基本原理是什么？
8. 结晶的过程可分为几步？
9. 影响晶体大小、形状和纯度的因素有哪些？

项目 **8**

厌氧发酵产品的生产

项目描述

　　厌氧发酵在酒类生产、乳酸菌类制品生产等工艺中有广泛的应用。这些产品的生产离不开发酵，离不开微生物的作用。在漫长的历史中，每一种发酵制品的生产都逐渐形成了它独特的发酵工艺，例如，中国的白酒"固态发酵、固态蒸馏"在全世界独树一帜，并孕育了极富中国特色的白酒文化。通过本项目的学习，熟悉乳酸菌发酵制品如酸奶、乳酸菌饮料，以及各种酒类制品的生产过程，掌握白酒、啤酒、葡萄酒的酿造工艺，并能够进行相关生产操作。

学习目标

➤ 熟悉酸乳发酵剂的种类和选择。

➤ 掌握酸乳生产工艺。

➤ 掌握乳酸菌饮料加工工艺。

➤ 掌握白酒酿造工艺。

➤ 掌握葡萄酒酿造工艺。

➤ 掌握啤酒酿造工艺。

➤ 掌握凝固型酸奶、搅拌型酸奶的加工技术与质量控制。

➤ 能够按照啤酒酿造工艺要求进行麦芽汁制备、酵母扩培、发酵工艺等生产操作。

➤ 能够完成白酒、葡萄酒相关发酵生产环节操作。

任务 8.1　厌氧发酵产品的概述

　　厌氧发酵是指在厌氧条件下，乳酸菌、酵母菌将原料中大量的糖转化为乳酸或者酒精等产物，人们熟悉的酸乳、乳酸菌饮料、白酒、啤酒、葡萄酒等均是厌氧发酵产品。我国是最早酿酒的国家，早在 2 000 年前就发明了酿酒技术，并不断改进和完善，现在已发展到能生产各种浓度、各种香型的饮料。酒可分为发酵酒、蒸馏酒、配制酒三类。发酵酒是指以水果、谷物等为原料，经发酵后过滤或压榨而得的酒，一般都在 20 度（"度"表示 20 ℃时乙醇的体积百分比）以下，刺激性较弱，世界三大发酵酒是黄酒、葡萄酒和啤酒；蒸馏酒是发酵酒液经过蒸馏而得到的成品，大多是度数较高的烈性酒，中国特有的白酒是世界八大蒸馏酒（白兰地、威士忌、伏特加、金酒、朗姆、龙舌兰、清酒、白酒）之一；配制酒是以酿造酒、蒸馏酒或食用酒精为酒基，加入各种天然或人造的原料，经特定的工艺处理后形成的具有特殊色、香、味、型的调配酒，如竹叶青、鹿茸酒、人参酒等。

任务 8.2　啤酒的生产工艺

8.2.1　概述

啤酒是以大麦芽和酿造水为主要原料，以大米、玉米等谷物为辅料，以极少量啤酒花为香料，经过啤酒酵母糖化发酵酿制而成的一种含有丰富的二氧化碳而起泡沫的低酒精度的饮料酒。啤酒因酒度低、价格低廉、有酒花香和爽口苦味而深受消费者欢迎，是世界上产量最大的酒种。啤酒中富含 17 种氨基酸（包括 8 种人体必需氨基酸）、维生素（尤以 B 族维生素含量较多）、糖类物质、无机盐及各类微量元素，有"液体面包"之称。

啤酒的酒精含量是按质量计的，通常不超过 2%～5%。国外为 3～5 g 酒精/100 g 啤酒，一般不超过 8 g 酒精/100 g 啤酒，在我国一般为 3.4～4 g 酒精/100 g 啤酒。啤酒度不是指酒精含量，而是指酒液原汁中麦芽汁浓度的质量百分比。这种标度方法仅见于中国啤酒，在外国啤酒中还没有。我国的啤酒生产原麦汁浓度通常为 10～12°Bx。

啤酒的分类方法很多，按照啤酒酵母的种类分为上面发酵啤酒和下面发酵啤酒；按照色泽分为淡色啤酒、浓色啤酒、黑色啤酒；按照杀菌工艺分为鲜啤酒、熟啤酒和纯生啤酒；按照原麦芽汁浓度分为低浓度啤酒、中浓度啤酒和高浓度啤酒。

啤酒是历史最悠久的谷类酿造酒。啤酒起源于 9 000 年前的中东和古埃及地区，后传入欧洲，19 世纪末传入亚洲。1900 年俄国人在哈尔滨建立了我国啤酒厂——乌卢布列希夫斯基啤酒厂。1949 年后，我国啤酒工业发展较快，并逐步摆脱了原料依赖进口的落后状态，于 1954 年开始进入国际市场。我国啤酒品牌虽然多达 1 500 多个，但除了青岛啤酒、燕京啤酒、珠江啤酒、哈尔滨啤酒、雪花啤酒等品牌在全国具有较高的知名度外，其他的区域性品牌只在本地区市场具有较高的知名度，在全国范围内的知名度还较低。由于严重的供过于求矛盾的长期存在，目前我国的啤酒行业是国内饮料市场竞争最激烈的行业之一。

8.2.2　啤酒酿造原料

1. 大麦

适于啤酒酿造用的大麦为二棱大麦或六棱大麦。二棱大麦的浸出率高，溶解度较好，六棱大麦的农业单产较高，活力强，但浸出率较低，麦芽溶解度不太稳定。啤酒用大麦的品质要求为：壳皮成分少，淀粉含量高，蛋白质含量适中（9%～12%），淡黄色，有光泽，水分含率低于 13%，发芽率在 95% 以上。大麦中淀粉含量越高，浸出物就越多，麦汁收得率也越高。

2. 辅助原料

在啤酒酿造过程中，除了使用大麦麦芽作为主要原料外，还可添加部分辅助原料。正确使用辅助原料可以降低原料成本，调整麦芽汁组成，提高啤酒发酵度，增强啤酒某些特性，改善啤酒泡沫性质。我国盛产大米，所以大米一直是我国啤酒酿造广泛采用的一种辅助原料，其最大特点是淀粉含量高，可达 75%～82%，无水浸出率高达 90%～93%。以大米为辅助原料酿造的啤酒色泽浅，口味清爽。

3. 酒花

酒花《本草纲目》上称蛇麻花，又称忽布、啤酒花，它是雌雄异株，用于啤酒发酵的是成热的雌花。酒花的一般化学成分包括 10%的水分、15%的总树脂（包括 α-酸，β-酸及其氧化产物和聚合产物）、0.5%的酒花油、4%的多酚物质、3%的糖类、2%的果胶、0.1%的氨基酸等。其中，α-酸和 β-酸是啤酒中苦味的主要来源，酒花油赋予啤酒特有的酒花香味。多酚物质对啤酒酿造具有双重作用：一方面，在麦汁煮沸以及随后的冷却过程中都能与蛋白质结合，产生凝固物沉淀，因而有利于啤酒稳定性；另一方面，正是由于多酚物质与蛋白质结合产生沉淀，所以啤酒中多酚物质的残留是造成啤酒混浊的主要因素之一。

酒花可以提高啤酒泡沫的持久力和稳定性，使蛋白质沉淀，有利于啤酒澄清，并有抑菌作用，能增强麦芽汁和啤酒的防腐能力。

我国在新疆、甘肃、内蒙古、黑龙江、辽宁等地都建立了较大的酒花原料基地。成熟的新鲜酒花经干燥压榨成片状酒花进行密封低温贮藏，或粉碎压制颗粒后密封包装，也可制成酒花浸膏，然后在低温仓库中保存。

4. 水

啤酒酿造水除必须符合饮用水的标准外，还要满足啤酒生产的特殊要求。其质量要求包括硬度、溶解盐的种类和含量，水的生物学纯净度及气味等。酿造用水可采用石灰水改良、加酸改良、离子交换、反渗透法等方法处理。

8.2.3 麦芽制造

麦芽制造主要有四大步骤：浸麦、发芽、干燥、除根。

1. 浸麦

使大麦吸收发芽所需要的一定量水分的过程，称为大麦的浸渍，简称浸麦。经浸渍后的大麦称为浸渍大麦。

浸麦是为了供给大麦发芽时所需的水分，给以充足的氧气，使之开始发芽。与此同时还可洗涤麦粒，除去浮麦，除去麦皮中对啤酒有害的物质。

浸麦水最好使用中等硬度的饮用水，不得存在有害健康的有机物，应无漂浮物。水中亚硝酸盐含量达到一定量时，对发芽有抑制作用。水中含铁、锰过多时，会使麦芽表面呈灰白色。碱性的水，会提高皮壳的半渗透性，增加水中铁的含量，限制沉降作用，甚至影响色泽。

大麦经浸渍后的含水百分率，称为浸麦度。它既是浸麦效果的最终表现形式之一，又是大麦发芽的要素之一，成为浸麦工艺关键的一个工艺控制点。通常浸麦度为 42%～48%。

2. 发芽

浸渍大麦在理想控制的条件下发芽，生成适合啤酒酿造所需要的新鲜麦芽的过程，称为

发芽。发芽适宜温度为 13～18 ℃，发芽周期为 4～6 d，根芽的伸长为粒长的 1～1.5 倍。

大麦发芽的目的是激活原有的酶并生成新的酶，促使大麦中物质的转变。

发芽方式分地板式发芽和通风式发芽两大类，通风式发芽又有多种设备形式，如箱式发芽系统、圆形制麦系统等。

传统的发芽方式是地板式发芽，即将浸渍后的大麦平摊在水泥地板上，人工翻麦，这种方式由于占地面积大、劳动强度大、不能机械化操作、工艺条件很难人工控制、受外界气候影响等，已不再采用。

通风式发芽料层厚，单位面积产量高，设备能力大，占地面积小，工艺条件能够人工控制，容易实现机械化操作，所以在国内已经完全取代了地板式发芽。

3. 干燥

未干燥的麦芽称为绿麦芽，绿麦芽含水分高，不能贮存，也不能进入糖化工序，必须经过干燥。通过干燥，可以使麦芽水分下降至 5% 以下，利于贮存；可以终止化学及生物学变化，固定物质组成；可以去除绿麦芽的生青味，产生麦芽特有的色、香、味；易于除去麦根。

4. 除根

根芽对啤酒酿造没有意义，并影响啤酒质量。根芽吸湿性强，能够很快吸收环境的水分，使干燥麦芽含水量重新提高；根芽含有不良的苦味，影响啤酒的口味；根芽能使啤酒的色度增加。综上原因，麦芽干燥后应将根芽除掉。

8.2.4 啤酒酵母概述

啤酒酵母是啤酒生产的主要原料之一，啤酒酵母不仅在发酵时通过形成的代谢产物直接影响啤酒的风味、饮用性，而且还会通过啤酒酵母的性能影响发酵过程、啤酒过滤过程、成品啤酒的质量、生产成本等，因此啤酒酵母在啤酒生产中起着核心作用。

1. 啤酒酵母的分类

根据酵母在啤酒发酵液中的性状，可将啤酒酵母分为下面啤酒酵母和上面啤酒酵母两种，两者之间的区别见表 8.1。

表 8.1　下面啤酒酵母和上面啤酒酵母的区别

	上面啤酒酵母	下面啤酒酵母
细胞形态	多呈圆形，多数细胞凝结在一起	多呈卵圆形，细胞较分散
发酵时生理现象	发酵终了，大量细胞形成泡沫盖在表层	终了时，细胞凝聚并沉积在罐底
发酵温度	15～25 ℃	5～12 ℃
对棉籽糖发酵	能将棉子糖分解成蜜二糖和果糖，只能发酵 1/3 果糖部分	能发酵全部棉籽糖

两种啤酒酵母形成两种不同发酵方式，即上面发酵和下面发酵，同时酿制出两种不同的啤酒，即上面发酵啤酒和下面发酵啤酒。目前我国生产的多为下面发酵啤酒，如青岛啤酒等。

2. 优良啤酒酵母特性

1）形态

细胞呈卵圆形或短椭圆形，大小一致，细胞膜平滑而薄，细胞质透明均一。

2）凝聚特性

凝聚性强，菌体沉降缓慢而彻底。

3）发酵度

一般啤酒酵母的真正发酵度为 50%～68%。

$$外观发酵度（F）=\frac{（麦芽汁浸出物含量-发酵后浸出物含量）（质量分数）}{麦芽汁浸出物含量（质量分数）}\times100\%$$

真正发酵度：将发酵后的样品蒸馏后，再补加相同蒸发量的水，测定除去酒精后残留浸出物浓度，以此来计算得到的发酵度和外观发酵度相差的酒精含量。两者关系为：真正发酵度≈外观发酵度×81.9%。

4）热死温度

一般啤酒酵母热死温度为 52～53 ℃，若热死温度提高，说明啤酒酵母变异或被野生酵母污染。

5）发酵性能

进行小型啤酒发酵实验，从发酵速度、双乙酰峰值及还原速度、高级醇的产生量、啤酒风味情况来判断发酵性能。

3. 啤酒酵母的扩大培养

生产用啤酒酵母需要通过选育，然后经过扩大培养获得足够数量的优良、强壮的酵母菌种。通常工业中常用的啤酒酵母扩大培养流程如下。

1）实验室扩大培养阶段

斜面原种（25 ℃，3～4 d）→斜面活化（25 ℃，24～36 d）→10 mL麦汁试管（25 ℃，24 h）→100 mL培养瓶（20 ℃，24～36 h）→

1 L培养瓶（16～18 ℃，24～36 h）→5 L培养瓶（14～16 ℃，36～48 h）→25 L卡氏罐

2）生产现场扩大培养阶段

25 L卡氏罐→250 L汉生罐（12～14 ℃，3 d）→1 500 L培养罐（10～12 ℃，3 d）→10 m³培养罐（9～11 ℃，3 d）→

20 m³繁殖罐（8～9 ℃，7～8 d）→零代酵母

3）扩大过程中的注意事项

① 最适繁殖温度为 25 ℃，每扩大一次，温度均相应降低。

② 最好在酵母对数生长期进行移植。

③ 下面发酵需间歇通风。

④ 扩培倍数应前高后低，实验室为 1:10～1:20，现场为 1:5。

8.2.5 啤酒发酵工艺

1. 麦芽汁制备

麦芽汁的制备包括糖化、过滤、煮沸添加酒花等环节，制成各种成分含量适宜的麦芽汁，

才能经发酵酿成啤酒。

1）麦芽与谷物辅料粉碎

麦芽与谷物辅料粉碎是为了获得较大的比表面积，加速酶促反应及物料的溶解。麦芽谷皮在麦汁过滤时形成自然过滤层，所以粉碎要求谷皮破而不碎。

麦芽粉碎主要有干法粉碎、湿法粉碎、增湿粉碎。干法粉碎是传统的并沿用至今的粉碎方法，而湿法粉碎和增湿粉碎现在被越来越多的厂家采用，设备多采用湿式粉碎机和辊式设备。

未发芽谷物辅料粉碎和麦芽粉碎相似，只是谷物辅料未发芽，胚乳坚硬，耗能大，只要求有较大粉碎度，因此多采用辊式二级粉碎机。

2）糖化

糖化是麦芽内含物在酶的作用下继续溶解和分解的过程。麦芽及谷物辅料粉碎物加水混合后，在不同的温度段保持一定的时间，使麦芽中的酶在最适的条件下充分作用相应的底物，使之分解并溶于水。原料及谷物辅料粉碎物与水混合后的混合液称为醪液，糖化后的醪液称为糖化醪，溶解于水的各种干物质（溶质）称为浸出物。浸出物由可发酵性物质和不可发酵性物质组成（如图 8-1 所示），糖化过程应尽可能多地将麦芽干物质浸出来，并在酶的作用下进行适度的分解。

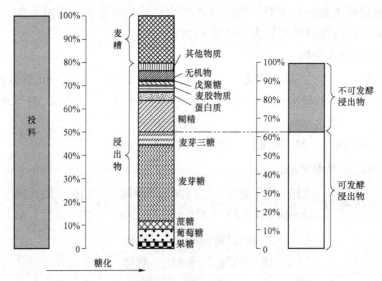

图 8.1　浸出物组成

啤酒是以原麦芽汁含浸出物的质量百分含量表示，即°P（原麦芽汁的外观糖度），如浸出物含量 12°P 含麦芽糖 8%～10%。

（1）糖化工艺条件的控制

① 原辅料比。辅料添加量的多少，要考虑麦芽酶活性的高低和麦汁中可溶性氮含量的多少，随着辅料添加量的提高，麦汁中氨基酸的含量下降。我国采用大米作为辅料，添加量一般为 25% 左右。

② 糖化用水和洗糟用水。在配料时加入的水为糖化用水，根据头号麦汁浓度和麦芽浸出

率确定；用于洗出残留在麦糟中的麦汁的水称为洗糟用水，洗糟用水与糖化醪浓度、洗糟的强烈程度有关。

③ 投料温度。它与麦芽溶解状况和糖化方法有很大关系。

④ 各糖化阶段休止温度和休止时间：在某种酶的最适作用温度下维持一定的时间，使相应底物尽可能多地分解，这段时间称为休止时间，温度称为休止温度。糖化阶段的休止温度要尽量适应不同酶的最适作用温度，发挥各种酶的最大潜力。

⑤ 糖化醪 pH：各种酶都有各自的最适作用 pH 范围，要使糖化醪 pH 适合或接近主要酶类的最适 pH，如 α-淀粉酶、β-淀粉酶、蔗糖酶、R-酶、内肽酶、羧肽酶等，最适作用 pH 都为 5.2～5.6。

⑥ 碘液反应：在麦汁制备过程中，淀粉必须分解至不与碘液起呈色反应为止，此时麦汁中淀粉已完全分解为糊精和可发酵性糖。

（2）糖化方法

糖化方法有很多，主要分为三大类，即煮出糖化法、浸出糖化法和双醪（复式）糖化法，具体如下：

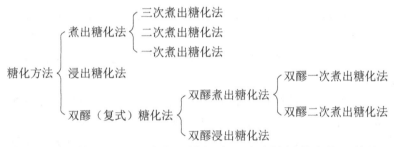

目前，国内广泛采用的是双醪二次煮出糖化法，此法辅料的糊化、糖化和麦芽的糖化分别在糊化锅和糖化锅中进行，制备的麦芽汁色泽浅，发酵度高，其工艺流程如图 8.2 所示。

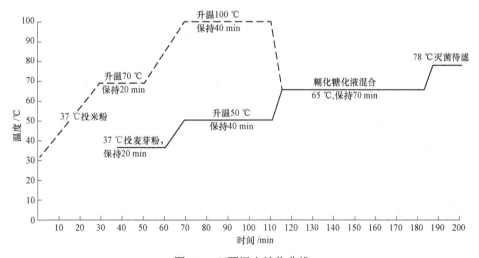

图 8.2　双醪浸出糖化曲线

3）麦芽醪过滤

糖化结束后，必须将糖化醪尽快地进行固液分离，即过滤，从而得到清亮的麦汁。固体部分称为"麦糟"，这是啤酒厂的主要副产物之一；液体部分为麦汁，是啤酒酵母发酵的基质。糖化醪过滤是以大麦皮壳为自然滤层，采用重力过滤器或加压过滤器将麦汁分离。分离麦汁的过程分两步：第一步是将糖化醪中的麦汁分离，这部分麦汁称为"头号麦汁"或"第一麦汁"，这个过程称为"头号麦汁过滤"；第二步是将残留在麦糟中的麦汁用热水洗出，洗出的麦汁称为"洗糟麦汁"或"第二麦汁"，这个过程称为"洗糟"。

（1）顶热水

糖化终了前，首先检查过滤槽的筛板是否清洗干净，铺好，压紧，关闭过滤槽风门（保温和隔氧），并检查耕刀是否在正常位置，各进出阀门是否在正常关闭状态。然后由槽底通入76～78 ℃的水（糖化用水），以刚没过筛板为度。其目的是排除过滤槽底与筛板之间以及麦汁管道的空气；同时对过滤槽预热，以免醪液冷却。

（2）进醪

将糖化锅的糖化醪（76～78 ℃）充分搅拌，尽快泵入过滤槽，以免醪液温度下降。为了避免过滤层不均匀，醪液从底部泵入，此时应使耕糟机缓慢转动，以使麦糟分布均匀。

（3）静置

通过静置，使麦糟层自然沉降，形成 30～40 cm 的（湿法 60～70 cm）过滤层。

（4）预过滤（预喷）及回流

预过滤的目的是去掉静置后筛板与槽底间的沉积物（开始时回流的混浊麦汁是由水、麦汁和筛底团块组成）。通过麦汁阀或泵的开关来完成，这样在麦汁区形成一个涡流，一起把槽底间的沉积物带出来。在预过滤（预喷）过程中，阀门的开启不得过大，以免产生过大的吸力，使糟层吸紧。

（5）洗糟

当第一麦汁流出至露出麦糟时，从顶部喷入 78 ℃左右热水洗糟，喷洒热水可根据洗涤效果，分 2～4 次进行，最后控制麦汁残糖浓度为 0.8%～1.5%。

过滤槽是应用最普遍的一种麦汁过滤设备。它是一圆柱形容器，槽底装有开孔的筛板，过滤筛板即可支撑麦糟，又可构成过滤介质（麦芽谷皮形成自然过滤层），醪液的液柱高度1.5～2.0 m，以此作为静压力实现过滤。

4）麦汁煮沸和酒花添加

（1）麦汁煮沸

麦汁煮沸可以达到以下目的：浓缩麦汁，钝化酶及杀菌，蛋白质变性沉淀，酒花有效成分的浸出，挥发掉酒花油中的异味物质，增加啤酒稳定性。

麦汁煮沸采用煮沸锅，常用的煮沸锅为圆筒球底，配以球形或锥形盖。

（2）酒花添加

酒花可以赋予啤酒爽口的苦味和特有的香味，促进蛋白质凝固，提高啤酒的非生物稳定性，此外能使啤酒泡沫丰富和起到抑菌作用。

① 酒花添加量：酒花添加量有两种计算方法，第一种是按每百升麦汁或啤酒添加酒花的质量计，第二种是按每百升麦汁添加酒花中 α-酸的质量计。

② 添加酒花时考虑的因素：防止麦汁初沸时泡沫溢出；α－酸有充分的异构化时间；多酚物质与蛋白质要有足够的接触时间；尽可能多地保留酒花香味物质。

③ 酒花添加时间：一般分三次添加，以煮沸时间 90 min 为例，第一次在煮沸开始时添加，添加量为酒花总量的 19%左右；第二次在煮沸后 45 min 时添加，添加量为酒花总量的 43%左右；第三次在煮沸结束前 10 min 添加，添加量为酒花总量的 38%左右。

④ 酒花添加方式：直接从人孔加入；密闭煮沸时先将酒花加入酒花添加罐中，然后再利用煮沸锅中的麦汁将其冲入煮沸锅中。

5）麦汁的处理

热麦汁发酵前还需要进行一系列处理，包括热凝固物分离，麦汁冷却，冷凝固物分离，麦汁充氧等，才能制成发酵麦汁。

（1）热凝固物分离

热凝固物又称煮沸凝固物，是在煮沸过程中，由麦汁中的蛋白质变性和多酚物质不断氧化聚合而成，在发酵前应尽量分离。工厂多采用回旋沉淀槽法，此法是将热麦汁经泵，由槽切方向进槽，麦汁在槽内回旋产生离心力，由于在槽内转动，离心反作用力把热凝固物推向槽底部中央。

（2）麦汁冷却

麦汁冷却主要是使麦汁达到主发酵最适宜的温度（6～7 ℃），同时使大量的冷凝固物析出。冷却设备通常采用薄板冷却器。

（3）冷凝固物分离

冷凝固物是麦汁冷却至 50 ℃以下时析出的浑浊物质，与热凝固物不同的是，当把麦汁重新加热到 60 ℃以上时，麦汁中的冷凝固物又重新溶解。冷凝固物分离方法一般可在酵母繁殖槽或锥形发酵罐中沉降除去，也可采用硅藻土过滤机或麦汁离心机除去。

（4）麦汁充氧

酵母是兼性微生物，在有氧条件下生长繁殖，在无氧条件下进行酒精发酵。酵母进入发酵阶段之前，需要繁殖到一定的数量，这阶段是需氧的。因此，要将麦汁通风，使麦汁达到一定的溶解氧含量（7～10 mg/L）。由于啤酒发酵是纯种培养，所以通入的空气应该先进行无菌处理，即空气过滤。

空气在麦汁中的溶解速度与其分散度有关，通常采用文丘里管充气。文丘里管是两端截面大，中间有缩节的管子。麦汁流过文丘里管时，由于截面减小而流速增大、压力降低，在缩节处流速最大、压力最小。在缩节处通入无菌空气时，就会被吸入麦汁中，并以微小气泡形式均匀散布于高速流动的麦汁中。

2. 啤酒发酵

啤酒发酵需要经过主发酵、后发酵（双乙酰还原期）、降温、贮酒后才能成为成熟啤酒。现代啤酒发酵多采用一罐法发酵：四个阶段在一个圆筒锥底罐中进行。

1）酵母添加

选择已培养好的零代酵母作为种子，接种量为 0.6%～0.8%，接种后酵母浓度约为 1.5×10^7 个/mL。酵母采用直接进罐法，即冷却通风后的麦汁用酵母计量泵定量添加酵母，直接泵入罐中。

2）满罐时间

正常情况下，要求满罐时间不超过 24 h，满罐后每隔一天排放一次冷凝固物，共排 3 次。

3）主发酵

主发酵温度为 9 ℃左右，其中，普通酒（10±0.5）℃，优质酒（9±0.5）℃，旺季可升高 0.5 ℃。当外观糖度降至 3.8%～4.2%时可封罐升压。

4）后发酵

双乙酰是啤酒发酵过程中的必然产物，对啤酒风味影响大，故双乙酰含量是衡量啤酒成熟的重要指标。一般可采用增加酵母接种量、提高发酵温度等措施来降低双乙酰的含量。主发酵结束后，关闭冷却装置，升温至 12 ℃进行双乙酰还原，双乙酰含量降至 0.1 mg·L^{-1} 以下时，开始降温。

5）降温

24 h 内使温度由 12 ℃降至 5 ℃，保持 24 h 后，回收酵母。亦可在 12 ℃发酵过程中回收酵母，以保证获得更多的高活性酵母。

6）贮酒

回收酵母后，锥形罐继续降温，直至 –1～0 ℃，并在此温度下贮酒。贮酒时间为淡季 7 d 以上，旺季 3 d 以上。

3. 成品生产

啤酒经发酵，口味已经成熟，酒液也逐渐澄清，经过过滤去除悬浮微粒，酒液达到澄清透明，即可进行包装。

1）啤酒的过滤和分离

啤酒过滤可采用硅藻土过滤机、板式过滤机、膜过滤机、离心机来分离悬浮物，以达到澄清的目的。

2）啤酒的包装与杀菌

包装是生产啤酒的最后一道工序，对保证成品啤酒的质量和外观十分重要，过滤完的啤酒，包装前先存放于低温清酒罐中，通常同一批酒应在 24 h 内包装完毕。啤酒包装以瓶装和听（罐）装为主。

作为熟啤酒，必须在装桶前或装瓶后，经过巴氏灭菌杀菌（60 ℃，20 min 处理），杀死活酵母和其他微生物，保存期 60～180 d 不等。

任务 8.3　白酒的生产工艺

8.3.1　概述

白酒是用淀粉或糖质原料，经糖化发酵、蒸馏、陈酿和勾兑制成的酒精度大于 20%的一种蒸馏酒。酒质无色（或微黄）透明，气味芳香纯正，入口绵甜爽净，酒精含量较高，经贮存老熟后，具有以酯类为主体的复合香味。白酒为中国特有的一种蒸馏酒，是世界六大蒸馏酒（白兰地、威士忌、伏特加、金酒、朗姆酒、中国白酒）之一。

144

我国的白酒品种繁多，分类方法也有多种。如按糖化发酵剂不同可分为大曲酒、小曲酒和麸曲酒；按酒度可分为高度酒（酒度 51°以上）、降度酒（酒度 40°～50°）和低度酒（酒度 40°以下）。按照香型的不同，中国食品工业协会、中国质量检验协会、中国质量管理协会、中国食协白酒专业协会在 1994 年 12 月 28 日联合发布的通告中，将中国的白酒分为以下 7 种香型。

① 酱香型（茅香型）：以酱香柔润为特点，以贵州省仁怀市的茅台酒、望驿台酒、郎酒、怀庄酒、扬帆茅酱酒、泥土埋藏酒为典型代表。这种香型的白酒，以高粱为原料，以小麦高温制成的高温大曲或纵曲和产酯酵母为糖化发酵制，采用高温堆积，一年一周期，二次投料，八次发酵，以酒养糟，七次高温烤酒，多次取酒，长期陈贮的酿造工艺酿制而成。其主要香味成分是高沸点羰基化合物和酚类化合物，有机酸类、醇类、醛类为助香成分。酒质特点为无色或者微黄色、透明晶亮、酱香突出、优雅细腻、空杯留香、经久不散、口味醇厚、丰满。

② 浓香型（泸香型）：以浓香甘爽为特点，以泸州老窖酒、五粮液酒、洋河大曲酒、古井贡酒等为代表。这种香型的白酒是以高粱、大米等谷物为原料，以大麦和豌豆或小麦制成的中温、高温大曲为糖化发酵剂，采用混蒸续渣、酒糟配料、老窖发酵、缓火蒸馏、贮存、勾兑等酿造工艺酿造而成的。其主要香味成分是乙酸乙酯和适量的丁酸乙酯及其他酯类，有机酸类、高级醇类为助香成分。酒质的特点为无色或微黄色、清亮透明、窖香浓郁、甜绵爽净、纯正协调。

③ 清香型（汾香型）：以清香纯正为特点，以山西省汾阳市杏花村的汾酒为典型代表。这种香型的白酒以高粱等谷物为原料，以大麦和豌豆制成的中温大曲为糖化发酵剂（有的用麸曲和酵母为糖化发酵剂），采用清蒸清糟酿造工艺、固态地缸发酵、清蒸流酒，强调"清蒸排杂、清洁卫生"。其主要香味成分是乙酸乙酯和乳酸乙酯，还有少量己酸乙酯，高级醇、乙酸为助香成分。酒质特点无色清亮、清香柔和、甘润绵软、自然协调、余味爽净。

④ 米香型（蜜香型）：以米香纯正为特点，以桂林三花酒为代表。这种香型的白酒以大米为主要原料，以大米制成的小曲为糖化发酵剂，不加辅料，采用微生物发酵、液态蒸馏，经超滤膜技术处理酿制而成。其主要香味成分是乳酸乙酯、β-苯乙醇和乙酸乙酯，其他微量成分为助香成分。酒质特点琥珀色、蜜香清雅、入口绵甜、落口爽净、具有令人愉快的药香。

⑤ 凤香型：以陕西省宝鸡市凤翔县的西凤酒为典型代表。这种香型的白酒，以高粱为原料，以大麦和豌豆制成的中温大曲或麸曲和酵母为糖化发酵剂，采用续渣配料，土窖发酵（窖龄不超过一年）等酿造工艺酿制而成。其主体香味成分以乙酸乙酯、己酸乙酯和异戊醇为主，酒质特点为无色透明、醇香秀雅、诸味谐调、清而不淡，融清香、浓香优点于一体。

⑥ 兼香型：以安徽淮北市的口子窖为典型代表。兼香型白酒又称复香型、混合型，是指具有两种以上主体香的白酒，具有一酒多香的风格，一般均有自己独特的生产工艺。

⑦ 其他香型：除了以上 6 种主要香型的白酒外，采用独特工艺酿制而成的独特香味白酒，均称为其他香型。贵州遵义董酒的董香型，广东佛山豉味玉冰烧的豉香型，山东省安丘市景芝镇一品景芝的芝麻香型，江西省樟树镇四特酒的四特香型，河北省衡水的老白干香型等都属于其他香型。

8.3.2 白酒生产原料

1. 酿酒原料

酿酒的原料有谷类、以甘薯干为主的薯类、代用原料，生产中主要是用前两类原料，代用原料较少。由于白酒的品种不同，使用的原料也各异。酿酒原料的不同和原料的质量优劣，与产出的酒的质量和风格有极密切的关系，因此，在生产中要严格选料。

1) 原料的感官理化要求

粮谷原料的感官要求：颗粒均匀饱满、新鲜、无虫蛀、无霉变、干燥适宜、无泥沙、无异杂味、无其他杂物。

以薯干为主的薯类原料的感官要求：新鲜、干燥、无虫蛀、无霉变、无异杂物、无异味、无泥沙、无病薯干。

2) 原料种类与特点

① 高粱：高粱又名红粮，依穗的颜色可分为黄、红、白、褐四种高粱；依籽粒含的淀粉性质来分有粳高粱和糯高粱。粳高粱含直链淀粉较多，结构紧密，较难溶于水，蛋白质含量高于糯高粱。糯高粱几乎完全是直链淀粉，具有吸水性强，容易糊化的特点，是历史悠久的酿酒原料，淀粉含量虽低于粳高粱但出酒率却比粳高粱高。高粱是酿酒的主要原料，在固态发酵中，经蒸煮后，疏松适度，熟而不黏，利于发酵。

② 大米：大米淀粉含量 70%以上，质地纯正，结构疏松，利于糊化，蛋白质、脂肪及纤维等含量较少。在混蒸式的蒸馏中，可将饭味带入酒中，酿出的酒具有爽净的特点，故有"大米酿酒净"之说。

③ 糯米：糯米是酿酒的优质原料，淀粉含量比大米高，几乎百分之百为支链淀粉，经蒸煮后，质软性黏可糊烂，单独使用容易导致发酵不正常，必须与其他原料配合使用。糯米酿出的酒甜。

④ 小麦：小麦不但是制曲的主要原料，而且还是酿酒的原料之一。小麦中含有丰富的碳水化合物，主要是淀粉及其他成分，钾、铁、磷、硫、镁等含量也适当。小麦的附着力强，营养丰富，在发酵中产热量较大，所以生产中单独使用应慎重。

⑤ 玉米：玉米品种很多，淀粉主要集中在胚乳内，颗粒结构紧密，质地坚硬，蒸煮时间宜很长才能使淀粉充分糊化，玉米胚芽中含有占原料重量 5%左右的脂肪，容易在发酵过程中氧化而产异味带入酒中，所以玉米做原料酿酒不如高粱酿出的酒纯净。生产中选用玉米做原料，可将玉米胚芽除去。

⑥ 甘薯：鲜甘薯切碎经日晒或风干后而成的干片，含淀粉 65%~68%，含果胶质比其他原料都高。薯干的原料疏松，吸水能力强，糊化温度为 53~64 ℃，比其他原料容易糊化，出酒率普遍高于其他原料，但成品酒中带有不愉快的薯干味，采用固态法酿制的白酒比液态法酿制的白酒薯干气味更重。甘薯中含有 3.6%的果胶质，影响蒸煮的黏度。蒸煮过程中，果胶质受热分解成果胶酸，进一步分解生成甲醇，所以使用薯干作酿酒原料时，应注意排除杂质，尽量降低白酒中的甲醇含量。

2. 辅助原料

白酒中使用的辅料，主要用于调整酒醅的淀粉浓度、酸度、水分、发酵温度，使用酒醅疏松不腻，有一定的含氧量，保证正常的发酵和提供蒸馏效率。

1）辅料的感官指标

感官要求：酿酒的辅料，应具有良好的吸水性和骨力，适当的自然颗粒度；不含异杂物，新鲜、干燥、不霉变，不含或少含营养物质及果胶质、多缩戊糖等成分。

2）辅料种类与特点

（1）稻壳

稻壳具有质地疏松，吸水性强，用量少而使发酵界面增大的特点。稻壳中含有多缩戊糖和果胶质，在酿酒过程中生成糠醛和甲醇等物质。使用前必须清蒸 20～30 min，以除去异杂味和减少在酿酒中可能产生的有害物质。稻壳是酿制大曲酒的主要辅料，也是麸曲酒的上等辅料，是一种优良的填充剂，生产中用量的多少和质量的优劣，对产品的产量、质量影响很大。一般要求 2～4 瓣的粗壳，不用细壳。

（2）谷糠

谷糠是指小米或黍米的外壳，酿酒中用的是粗谷糠。粗谷糠的疏松度和吸水性均较好，作为酿酒生产的辅料比其他辅料用量少，疏松酒醅的性能好，发酵界面大；在小米产区酿制的优质白酒多选用谷糠为辅料。用清蒸的谷糠酿酒，能赋予白酒特有的醇香和糟香。普通麸曲酒用谷糠作辅料，产出的酒较纯净。细谷糠中含有小米的皮较多，脂肪成分高，不适于酿制优质白酒。

（3）高粱壳

高粱壳质地疏松，仅次于稻壳，吸水性差，入窖水分不宜过大。高粱壳中的单宁含量较高，会给酒带来涩味。

3. 白酒用水

白酒酿造生产用水，包括制曲、制酒母用水，生产发酵、勾兑、包装用水等。古代对酿酒用水就有严格的要求，有"水甜而酒洌"，水是"酿酒的血液"等说法。生产用水质量的优劣，直接关系到糖化发酵是否能顺利进行和成品酒质。

1）水源的选择和水质的要求

水源的选择应符合工业用水的一般条件，即水量充沛稳定，水质优良、清洁、水温较低。酿酒生产用水应符合生活用水标准与要求。

① 外观：无色透明，无悬浮物，无沉淀，凡是呈现微黄、浑浊或有悬浮小颗粒的水，必须经过处理才能使用。

② 口味：将水加热至 20～30 ℃，口尝时味净微甘，为水质良好，凡是有异杂味的水必须经过处理才能使用。

③ 硬度：水的硬度是指水中存在钙、镁等金属盐的总量。我国用"°dH"表示水的硬度，0～4° dH 为最软水，4～8.0° dH 为软水，8～12° dH 为普通硬水，12～18° dH 为中硬水，18～30° dH 为硬水，30° dH 以上为最硬水。质量较好的泉水硬度在 8° dH 以下，白酒酿造水一般硬度在 30° dH 以下均可使用。但勾兑用水硬度在 8° dH 以下。

④ 碱度：水中碱性物质总量，主要包括钙、镁、铁、锰、锌等碱土金属离子，白酒生产用水以 pH 为 6～8 为好。

2）水质的处理

水的硬度过高会对白酒生产产生影响，一般生产中采用离子交换法、硅藻土过滤机等进行处理。

8.3.3 大曲酒的生产工艺

我国白酒采用固态发酵和固态蒸馏的传统操作，主要特点如下。

第一，双边发酵。白酒发酵过程中糖化和发酵同时进行。酿酒生产中采用"低温入窖、缓慢发酵"的操作工艺。

第二，续糟发酵。采用续糟发酵可以调整入窖淀粉和酸度，利于发酵；酒糟经过长期反复发酵，积累了大量可供微生物营养和产生香味物质的前体物质，利于白酒品质的改善；反复发酵过程中淀粉被充分利用，有利于提高出酒率。

第三，甑桶蒸馏。固态发酵的蒸馏是将发酵后的酒糟装入传统的甑桶中，蒸出的白酒品质较好，这种蒸馏方式，不仅是浓缩分离酒精的过程，而且是香味的提取和重新组合的过程。

第四，多菌种发酵。固态发酵白酒的生产，在整个生产过程中都是开放式操作，除原料蒸煮过程中起到灭菌作用外，空气、水、窖池和场地等各种渠道多能把大量的、多种多样的微生物带入到料醅中，与曲中的有益微生物协同作用，产生出丰富的香味物质。因此，固态发酵是多菌种混合发酵。

第五，界面复杂。白酒发酵时，窖内的气相、液相、固相三种状态同时存在（气相比例极少），界面关系复杂且不稳定，这个条件有利于支配微生物的繁殖与新陈代谢，形成白酒特有的芳香。

大曲酒常见的生产方法有续渣法和清渣法。

1. 续渣法

续渣法是将粉碎后的生原料（称为渣子）与酒醅（也称母糟，指已经过发酵的固态原料）混合后在甑桶内同时进行蒸酒和蒸料（称为混烧），冷却后加入大曲继续发酵，如此反复进行。适用于浓香型和酱香型白酒生产，浓香型白酒生产工艺流程如图8.3所示。

续渣法是大曲白酒生产上应用最广泛的方法，具有以下优点。

① 原料多次发酵，淀粉利用率高，有利于积累香味成分。

② 新料和酒醅一起蒸馏，原料更易糊化，能耗小。

③ 酒醅中加入新料后再蒸馏，可减少填充料的用量。

续渣法主要工艺流程如下。

① 原料及其处理：所用主要原料为优质糯性高粱，使用前进行粉碎。由于采用续渣法，母糟经多次发酵，因此不必粉碎过细。填充剂用新鲜稻壳，要求将稻壳清蒸20 min，大曲使用前磨成细粉。

② 配料拌和：一般每甑加高粱粉120 kg，粮醅比约为1:4，稻壳用量为粮粉量的17%～22%，将各种原辅料混合均匀。

③ 装甑：拌料后经1 h的润湿作用，再边进气边装甑。装甑时要求周边高中间低，一般装甑时间为40～50 min。

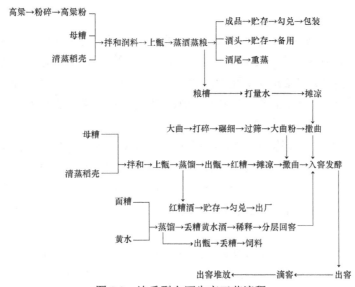

图 8.3　浓香型白酒生产工艺流程

④ 蒸馏蒸粮：采用甑桶蒸馏，蒸馏时要掌握好蒸汽压力、流酒速度和温度。流酒温度一般控制在 25 ℃左右，流酒时间为 15～20 min。开始流酒时，应截取酒头 0.5 kg，酒尾用专用容器盛装（一般每个容器盛装 40～50 kg）。断尾（蒸馏结束）后应加大火力蒸粮，促进粮食淀粉糊化和降低酸度。

⑤ 打量水：粮糟出甑后，堆在甑边，立即泼加 85 ℃以上的热水，称为"打量水"，以增加粮醅水分含量，并促进淀粉糊化，所以水温越高越好。打量水的用量一般每 100 kg 粮粉加水 85 kg，可达到入窖水分 53%的要求。

⑥ 摊凉、下曲：将出甑的粮糟摊凉，迅速冷却到入窖温度后，加入大曲粉，每 100 kg 粮糟下曲 18～22 kg，随气温冷热有所增减。

⑦ 入窖发酵：泥窖是续渣法大曲白酒生产的主要设备。当粮糟达到入窖温度后，先在窖底部均匀撒曲粉 1.5 kg，然后倒入粮糟，每装两甑应扒平踩紧，装完粮糟后再扒平踩紧。要求粮糟平地面，在粮糟面上放一层稻壳，最后装面糟，封窖。

2. 清渣法

清渣法是将原料单独清蒸后不加酒醅进行清渣发酵，成熟的酒醅单独蒸酒。清香型白酒的生产主要采用此工艺。清香型白酒生产工艺流程如图 8.4 所示。

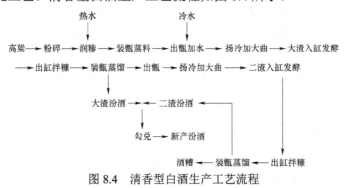

图 8.4　清香型白酒生产工艺流程

清渣法主要工艺流程如下。

① 原料及其处理。原料主要包括高粱、大曲、水。高粱使用前应粉碎成 4～8 瓣/粒，能通过 1.2 mm 筛孔的细粉不超过 20%。大曲也应粉碎，第一次发酵用曲要求粉碎成大的如豌豆，小的如绿豆，能通过 1.2 mm 筛孔的细粉不超过 55%；第二次发酵用曲要求大的如绿豆，小的如小米，能通过 1.2 mm 筛孔的细粉为 70%～75%。粉碎度和天气有关，夏季可粗一些，防止发酵时升温过快；冬季可细些。

② 润糁。粉碎后的高粱称为红糁，蒸料前要用热水润糁，称为高温润糁。润糁的目的是使高粱吸收一定量的水，以利于糊化。用水量为原料重量的 55%～62%，热水温度夏季 75～80 ℃，冬季 80～90 ℃。拌匀后，堆放 18～20 h，料堆上加覆盖物，中间翻动 2 次～3 次，如糁皮干燥应补水 2%～3%。润糁后的要求为润透、不淋浆、无干糁、无异味、无疙瘩，以及手搓成面。

③ 蒸料。蒸料的目的是使淀粉糊化，同时灭菌，挥发原料的杂味。蒸料时使用甑桶，先将底锅水煮沸，然后将润料后的红糁均匀撒入，待蒸汽上匀后，再用 60 ℃的热水泼与表面，加水量为原料重量的 26%～30%。蒸料时间控制为 80 min。红糁蒸后要求熟而不黏，内无生心，有高粱糁香味，无异味。

④ 加水。蒸好的红糁趁热取出，随即泼入原料重量 28%～30%的冷水，温度 18～20 ℃，并立即翻拌，使高粱充分吸水，然后通风晾渣。冬季要求降温至 20～30 ℃，夏季降温至室温。

⑤ 加大曲。红糁降温后加 9%～10%大曲粉，拌匀后下缸发酵。

⑥ 大渣入缸。采用陶瓷缸发酵，埋入地下，口与地平，缸距为 10～24 cm。大渣入缸温度 10～16 ℃，入缸水分 52%左右，入缸后封口保温。

⑦ 发酵管理。发酵分三个阶段，也是常说的"前缓、中挺、后缓落"。前期为 6～7 d，品温缓慢上升至 20～30 ℃，此期淀粉含量急剧下降，还原糖含量迅速增加，酒精开始形成；中期为 10 d 左右，此期发酵旺盛，还原糖迅速下降，酒精显著增加，80%的酒精在此阶段形成，最高酒度可达 12°；后期为 11～12 d，此期糖化作用微弱，酒精发酵基本终止，温度不再上升，但酸度增加快，是形成酒的香味物质的过程。

⑧ 出缸蒸馏。把发酵好的成熟酒醅从缸中取出，加入原料重量 20%的填充剂（稻壳与小米的比例为 3:1），翻拌均匀后装甑蒸馏。蒸馏时，前期蒸汽宜小，后期宜大，最后大气追尾。控制流酒速度为 3～4 kg/min，流酒温度为 25～30 ℃。流酒后每甑截酒头 1 kg，酒度在 75°以上，可回缸发酵；随酒头后流出的是大渣酒，其酒度随蒸馏的进行而降低；当流酒的酒度降低到 30°以下后，流出的是酒尾，应于下次蒸馏时回锅重新蒸馏。

⑨ 入缸再发酵。为了提高淀粉利用率，蒸完后的大渣酒醅再进行一次发酵，称为二渣发酵。其操作大体上与大渣发酵相同。

⑩ 贮存、勾兑。大渣酒与二渣酒应进行品尝分级，并分别存放，一般要求贮存 3 年再勾兑出厂。

8.3.4　液态法白酒生产工艺

传统的白酒生产采用固态法工艺，虽然成品酒具有独特的风味，但生产过程繁杂，劳动强度大，技术要求高，难以掌握，使生产受到一定的限制。为了改变现状，在国内采用了先用液态法生产半成品（酒基），再对半成品进行勾兑，使之符合产品质量需求。

液态法生产酒基类似酒精发酵生产，生产出来的半成品风味和香味较差，如何使风味和香味与酒基协调就依靠勾兑技术。

白酒的勾兑即酒的掺兑、调配，包括基础酒的组合和调味，是平衡酒体使之形成（保持）一定风格的专门技术。它是曲酒生产工艺中的一个重要的环节，对于稳定和提高曲酒质量以及提高名优酒率均有明显的作用。现代化的勾兑是先进行酒体设计，按统一标准和质量要求进行检验，最后按设计要求和质量标准对微量香味成分进行综合平衡的一种特殊工艺。

任务 8.4　葡萄酒的生产工艺

8.4.1　概述

葡萄酒是以鲜葡萄或葡萄汁为原料，经全部或部分发酵酿制而成的，酒精度不低于 7.0% 的酒精饮品。

以颜色来说，可分为红葡萄酒、白葡萄酒及粉红葡萄酒三类。而红葡萄酒又可细分为干红葡萄酒、半干红葡萄酒、半甜红葡萄酒和甜红葡萄酒。白葡萄酒则细分为干白葡萄酒、半干白葡萄酒、半甜白葡萄酒和甜白葡萄酒。

葡萄酒的好坏，原料葡萄的品质起到 90% 的作用，可见酿造葡萄酒最主要的就是葡萄的选择。目前，全世界现有葡萄的品种约有 5 000 多种，我国现有栽培品种约 1 000 种。每一品种葡萄的内在特性，对于葡萄酒的质量具有某种决定性的影响。适于酿制红葡萄酒的优良葡萄品种有赤霞珠（又名解百纳）、佳丽酿（又名法国红）、法国蓝（又名玛瑙红）等；适于酿制白葡萄酒的优良葡萄品种有龙眼（又名秋紫、紫葡萄等）、雷司令、白羽（又名而卡齐捷利、白翼）等。

在汉朝时期，张骞出使西域就带回了葡萄和酿制葡萄酒的工匠，那时，中国就开始了葡萄栽培和葡萄酒的酿造。但是，在近两千年的时间里，中国的葡萄栽培与葡萄酒酿造历史几乎是空白的，直到 1892 年，爱国华侨张弼士在烟台创办了张裕葡萄酒。然而，由于战乱，中国的葡萄酒行业依然没有得到发展。直到新中国成立以后，中国才开始有了比较好的发展葡萄栽培和葡萄酒酿造的环境，中国的葡萄酒行业也才开始了真正意义上的发展。

8.4.2　葡萄酒生产工艺

红葡萄酒可带皮进行前发酵或纯汁发酵，后者产品口味较前者轻些。整个发酵期分为前发酵和后发酵两个阶段，发酵期分别为 5～7 d 和 30 d。

1. 葡萄汁的预处理

葡萄汁预处理的方法是在 30 ℃ 左右的葡萄醪汁中加入果胶酶，缓慢搅拌，保温 1～2 h，然后冷却至室温，静置 12 h 左右，取其上层清液来酿造。

由于气候条件、栽培管理等因素，使压榨出的葡萄汁成分不一。如果遇到这种类似的情况，就需要对葡萄汁进行相应的调整，然后再进行发酵。葡萄汁改良的目的是使酿造出来的

 发酵 技术

各种葡萄酒成分比较接近，便于管理，防止在发酵过程中出现差错，确保酿造出来的葡萄酒的质量。

2. 前发酵

前发酵的主要目的是进行酒精发酵、浸提色素物质和芳香物质。前发酵进行的好坏是决定葡萄酒最终质量的关键。若葡萄浆的原始糖度低于成品酒的酒度所要求的度数，应一次加入需要加入的糖量，或在前发酵旺盛时分两次添加，充分保证含糖量达到需求。

1）前发酵的管理

① 温度管理。红葡萄酒发酵的最适温度范围为 26～30 ℃。如果温度低于此范围，红葡萄皮中的单宁、色素则不能充分溶解到酒里，影响成品酒的颜色和口味。发酵温度过高，葡萄的果香就会受到损失，影响成品酒的香气。入池后每天早晚各测量一次品温，记录并画出温度的变化曲线。通过观察品温变化情况，可判断发酵过程是否正常。

② 成分管理。每天测定糖分下降状况，记录于表中并画出糖度变化曲线。通过观察糖度变化情况，可以判断发酵是否正常。

③ 观察发酵面状貌。通常在入池后 8 h 左右，液面即有发酵气泡。倘若入池 24 h 后仍无发酵迹象，应查找并分析原因，及时采取相应措施。如果因为发酵温度过低而不能起发，则应设法提高品温；因葡萄生青粒较多，含糖量太低使发酵缓慢，则应及早补加糖，使酵母在生长阶段有充足养分；因二氧化硫添加过多而抑制酵母发酵，则可循环倒汁、接触空气而提高酵母活力，或加入发酵旺盛的酒液，以促进发酵。

2）发酵期的确定

一般当在酒液残糖量降至 0.5%左右，发酵液面只有少量二氧化碳气泡，液面较平静，发酵温度接近室温，并且有明显的酒香，此时表明前发酵已经结束。一般前发酵时间为 4～6 d。发酵后的酒液要求呈深红色或淡红色，混浊而含悬浮酵母，有酒精和酵母的味道，但不得含有霉、臭、酸等味道；酒精含量在 9%～11%（V/V），残糖在 0.5%以下，而挥发酸在 0.04%以下。

3）前发酵过程中的物理变化和化学变化

葡萄浆中绝大部分糖在酵母作用下分解，会生产酒精、二氧化碳以及其他副产物。在发酵开始时，会有"吱吱"声，响声由小变大。发酵旺盛时，会产生大量的二氧化碳，使酒液出现"沸腾"现象。旺盛期过后，"吱吱"的响声会逐渐变小。整个主发酵期间泡沫的多少与发酵的激烈程度是相对应的。发酵过程中，二氧化碳将葡萄皮和其他较轻的固体状物质带至液体表面，形成一层厚厚的醪盖。前发酵结束时，醪盖会沉到液面下层，此时应该及时将其分离，否则将导致酵母自溶。

3. 后发酵

1）后发酵的目的

① 继续发酵，使残糖降至 0.2 g/L 以下。

② 起到澄清作用，在低温缓慢的后发酵中，前发酵原酒中残留的部分酵母及其他果肉纤维等悬浮物逐渐沉降，形成酒泥，使酒液逐步澄清。

③ 具有排放溶解的二氧化碳的作用。

④ 氧化还原及酯化作用。

⑤ 苹果酸、乳酸发酵的降酸作用。

2）后发酵的管理

① 尽可能在 24 h 之内下酒完毕。

② 酒液品温控制为 18～20 ℃。每天测量品温和酒度 2～3 次，并做好记录。

③ 定时检查水封状况，观察液面。注意气味是否正常，有无霉、酸、臭等异味。

以下是后发酵过程中出现的异常情况其处理方法：若后发酵开始时逸出二氧化碳较多，或有"嘶嘶"声，则表明前发酵未完成、残糖过高，应泵回前发酵罐在相应的温度下进行前发酵，待糖分降至规定含量后，再转入后发酵罐；若酒液一开始呈臭鸡蛋气味，可能是二氧化硫用量过多而产生硫化氢所致，应进行倒罐，使酒液接触空气后，再进行后发酵；若品温过低而无轻微发酵迹象，应将品温提高至 18～20 ℃。

白葡萄酒是用白葡萄或者红皮白肉葡萄发酵而成的，与红葡萄酒发酵在工艺上有一定的区别，主要表现在：① 不需要进行葡萄浆的热浸或带皮发酵，白葡萄酒的酵母用量比带皮发酵的红葡萄浆稍多；② 白葡萄汁的净化处理要求较高，需加硅藻土或果胶酶处理；③ 白葡萄酒或新酒二氧化硫含量高；④ 白葡萄酒的发酵温度（18～20 ℃）略低于红葡萄酒。

任务 8.5　发酵乳制品的生产工艺

8.5.1　概述

1. 酸乳的定义及分类

联合国粮食与农业组织（FAO）、世界卫生组织（WHO）与国际乳品联合会（IDF）于 1977 年对酸乳做出如下定义：酸乳即在添加（或不添加）乳粉（或脱脂乳粉）的乳中（杀菌乳或浓缩乳），由于保加利亚乳杆菌和嗜热链球菌的作用进行乳酸发酵制成的凝乳状产品，成品中必须含有大量的、相应的活性微生物。

按照不同的分类标准，酸乳的分类有如下几种：按生产方法可分为凝固型酸乳和搅拌型酸乳；按脂肪含量高低可分为高脂酸乳、全脂酸乳、低脂酸乳、脱脂酸乳；按口味分为纯酸乳和风味酸乳。

2. 酸乳的营养价值

（1）酸乳制品营养丰富，除具有原料乳所提供的所有营养物质以外，将牛乳中的蛋白质和乳糖分解，易于人体消化吸收。

（2）调节人体肠道中的微生物菌群平衡，抑制肠道有害菌生长，减弱腐败菌在肠道内产生的毒素。

（3）大量进食酸乳可以降低人体胆固醇水平，特别适宜高血脂人群饮用。

（4）合成某些抗菌素，提高人体抗病能力。

（5）缓解"乳糖不耐受症"。

（6）常饮酸乳还有美容、润肤、明目、固齿等作用。

8.5.2 发酵剂的选择与制备

发酵剂是制造酸乳、干酪、奶油及其他发酵乳制品所用的特定的微生物培养物,此培养物一般为液状或固形粉末。用于直接制造产品的发酵剂称为生产发酵剂(也称为工作发酵剂),为了制备生产用发酵剂预先制备的发酵剂称为母发酵剂或种子发酵剂。

1. 发酵剂的分类

1)按照发酵阶段分类

(1)乳酸菌纯培养物

乳酸菌纯培养物,即一级菌种,一般多接种在脱脂乳、乳清、肉汁等培养基中,或者用升华法制成冻干粉状菌苗(能较长时间保存并维持活力)。当生产单位取到菌种后,即可将其移植于灭菌脱脂乳中,恢复活力以供生产需要。实际上一级菌种的培养就是纯乳酸菌种转种培养、恢复活力的一种手段。

(2)母发酵剂

母发酵剂,即一级菌种的扩大再培养,是生产发酵剂的基础。母发酵剂的质量优劣直接关系到生产发酵剂的质量。

(3)生产发酵剂

母发酵剂扩大再培养后就成为生产发酵剂,是直接用于实际生产的发酵剂。

2)按菌种分类

(1)混合发酵剂

混合发酵剂保加利亚乳杆菌和嗜热链球菌按 1∶1 或 1∶2 的比例混合的酸乳发酵剂,且两种菌比例的改变越小越好。

(2)单一发酵剂

单一发酵剂是指将每一种菌株单独活化,生产时再将各菌株混合在一起。

(3)补充发酵剂

为了增加酸乳的黏稠度、风味或增强产品的保健目的,可以选择产黏发酵剂、产香发酵剂及干酪乳杆菌等补充发酵剂,一般可单独培养或混合培养后加入乳中。

2. 发酵剂的选择

选择质量优良的发酵剂应从以下几方面考虑。

1)产酸能力

不同的发酵剂产酸能力会有很大的不同。判断发酵剂产酸能力的方法有两种,即测定酸度和产酸曲线。产酸能力强的发酵剂在发酵过程中容易导致产酸过度和后酸化过强,所以生产中一般选择产酸能力中等或弱的发酵剂。

2)后酸化

后酸化是指酸乳生产中终止发酵后,发酵剂菌种在冷却和冷藏阶段仍能继续缓慢产酸,它包括三个阶段:从发酵终点(42 ℃)冷却到 19 ℃或 20 ℃时酸度的增加,从 19 ℃或 20 ℃冷却到 10 ℃或 12 ℃时酸度的增加,在冷库中冷藏阶段酸度的增加。酸乳生产中应选择后酸化尽可能弱的发酵剂,以便控制产品质量。

3）产香性

一般酸乳发酵剂产生的芳香物质为乙醛、丁二酮、丙酮和挥发性酸。评价方法如下。

① 感官评价。进行感官评价时应考虑样品的温度、酸度和存放时间对评价的影响。品尝时样品温度应为常温，因为低温对味觉有阻碍作用；酸度不能过高，酸度过高会将香味完全掩盖；样品要新鲜，用生产 24～48 h 内的酸乳进行品评为佳，因为这段时间内是滋味、气味和芳香味的形成阶段。

② 挥发性酸的量。通过测定挥性酸的量来判断芳香物质的产生量。挥发性酸含量越高就意味着产生的芳香物质含量越高。

③ 乙醛生成能力。乙醛是形成酸乳的典型风味，不同的菌株产生乙醛能力不同，因此乙醛生成能力是选择优良菌株的重要指标之一。

4）黏性物质的产生

发酵剂在发酵过程中产黏有助于改善酸乳的组织状态和黏稠度，特别是酸乳干物质含量不太高时显得尤为重要。但一般情况下，产黏发酵剂往往对酸乳的发酵风味会有不良影响，因此选择这类菌株时最好和其他菌株混合使用。

5）蛋白质的水解性

乳酸菌的蛋白水解活性一般较弱，如嗜热链球菌在乳中只表现很弱的蛋白水解活性，保加利亚乳杆菌则可表现较高的蛋白水解活性，能将蛋白质水解，产生大量的游离氨基酸和肽类。影响蛋白质水解活性的因素如下。

① 温度。低温（如 3 ℃冷藏）蛋白质水解活性低，常温下增强。

② pH。不同的蛋白水解酶具有不同的最适 pH。pH 过高易积累蛋白质水解的中间产物，给产品带来苦味。

③ 菌种与菌株。嗜热链球菌和保加利亚乳杆菌的比例和数量会影响蛋白质的水解程度。不同菌株其蛋白质水解活性也有很大的不同。

④ 贮藏时间。贮存时间长短对蛋白质水解作用也有一定的影响。

3. 发酵剂的制备

制备发酵剂最常用的培养基是脱脂乳，但也可用特级脱脂乳粉按 9%～12% 的干物质制成的再制脱脂乳替代。中间发酵剂和生产发酵剂的制备工艺与母发酵剂的制备工艺基本相同。它包括以下步骤。

1）培养基的热处理

即把培养基加热到 90～95 ℃，并在此温度下保持 30～45 min。热处理能改善培养基的一些特性：破坏噬菌体，消除抑菌物质，蛋白质发生一些分解，排除溶解氧，杀死原有的微生物。

2）冷却至接种温度

加热后，培养基冷却至接种温度。接种温度根据使用的发酵剂类型而定。常见的接种温度范围：嗜温型发酵剂为 20～30 ℃；嗜热型发酵剂为 42～45 ℃。

3）加入发酵剂

要求接种时确保发酵剂的质量稳定，接种量、培养温度和培养时间在所有阶段都必须保持不变。

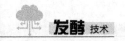

4）培养

培养时间一般为 3～20 h。最重要的一点是温度必须严格控制，不允许污染源与发酵剂接触。在酸乳生产中，以 2.5%～3% 的接种量和培养 2～3 h，要达到球菌和杆菌 1:1 的比率，最适接种和培养温度为 43 ℃。在培养期间，制备发酵剂的人员要定时检查酸度发展情况，并随程序要求检查以获得最佳效果。

5）冷却

当发酵达到预定的酸度时开始冷却，以阻止细菌的生长，保证发酵剂具有较高活力。当发酵剂要在 6 h 之内使用时，经常把它冷却至 10～20 ℃ 即可。如果贮存时间超过 6 h，建议把它冷却至 5 ℃ 左右。

6）贮存

贮存发酵剂的最好办法是冷冻，温度越低，保存时间越长。用液氮冷冻到 −160 ℃ 来保存发酵剂，效果很好。目前的发酵剂包括浓缩发酵剂、深冻发酵剂、冷冻干燥发酵剂，在推荐的冷冻条件下能保存相当长的时间。

8.5.3 凝固型酸乳的生产工艺

乳酸菌在乳中生长繁殖，分解乳糖形成乳酸，乳中的 pH 随之下降，使乳中的酪蛋白在其等电点附近形成沉淀凝集物，成为胶凝状态的酸奶，这种酸奶就叫作凝固型酸乳。凝固型酸乳具有浓郁的天然发酵香气，细腻滑爽，质地稠厚、酸甜适宜、回味无穷，可有效缓解乳糖不耐症。凝固型酸乳是钙的良好天然来源，每 100 g 凝固型酸乳含钙 120 mg 左右；同时含有丰富的 B 族维生素、胆碱等，因此具有较强的竞争优势。

主要工艺过程如下。

① 原料乳。选用符合质量要求的新鲜乳、脱脂乳或再制乳为原料。干物质含量不得少于 11.5%，无脂乳固形物（SNF）不得少于 8.5%，否则将影响发酵时蛋白的凝胶作用。抗菌物质检查应为阴性，因为乳酸菌对抗生素极为敏感，乳中微量的抗生素都会使乳酸菌不能生长繁殖。

② 配料。为提高干物质含量，可添加脱脂乳粉。某些国家允许添加少量的食品稳定剂，其加入量为 0.1%～0.3%。根据国家标准，酸乳中全乳固体含量应为 11.5% 左右；蔗糖加入量为 5%，浓度过量，不仅控制了乳酸菌产酸，而且提高了生产成本。

③ 均质。均质前预热至 55 ℃ 左右可提高均质效果。均质处理可使原料充分混匀，粒子变小，有利于提高酸乳的稳定性和稠度，并使酸乳质地细腻，口感良好。

④ 杀菌及冷却。均质后的物料加热至 90～95 ℃、保持 5 min，而后冷却。其目的是杀死病原菌及其他微生物，使乳中酶的活力钝化和抑菌物质失活，使乳清蛋白质热变性，改善牛乳作为乳酸菌生长培养基的性能和稠度。

⑤ 添加发酵剂。杀菌后的物料应迅速均匀冷却到 45 ℃ 左右，加入 3%～5% 搅拌均匀的生产发酵剂后充分搅拌均匀。制作酸乳常用的发酵剂为保加利亚乳杆菌和嗜热链菌的混合菌种。大多数酸奶中球菌和杆菌的比例为 1:1 或 2:1，杆菌永不允许占优势，否则酸度太强。影响球菌和杆菌比率的因素之一是培养温度，在 40 ℃ 时大约为 4:1，而 45 ℃ 时约为 1:2。在酸奶生产中，以 1%～5% 的接种量和 2～3 h 的培养时间，要达到球菌和杆菌 1:1 的比率。

影响发酵剂菌种比例的主要因素是接种量、培养温度和培养时间，这三个因素在所有阶段都必须保持一致。

⑥ 装瓶。在装瓶前需要对瓶进行蒸汽灭菌。

⑦ 发酵。发酵时间随菌种而异。使用保加利亚乳杆菌和嗜热链球菌的混合发酵剂时，温度保持在 41～44 ℃，培养时间 2.5～4.0 h（3%～5%的接种量），达到凝固状态即可终止发酵。一般发酵终点可依据如下条件来判断：滴定酸度达到 80°T（吉尔涅尔度）以上；pH 低于 4.6；表面有少量水痕。发酵应注意避免震动，否则会影响其组织状态；发酵温度应恒定，避免忽高忽低；掌握好发酵时间，防止酸度不够或过度以及乳清析出。

⑧ 冷却与后熟。发酵好的瓶装凝固酸乳，应立即放入 4～5 ℃的冷库中，迅速抑制乳酸菌的生长，以免继续发酵而造成酸度过高。在冷藏期间，酸度仍会有所上升，同时风味成分双乙酰含量会增加。试验表明冷却 24 h，双乙酰含量达到最高，超过又会减少。因此，发酵凝固后要在 4 ℃左右贮藏 24 h 再出售，通常把该贮藏过程称为后成熟，一般货架期为一周。

8.5.4 搅拌型酸乳的生产工艺

搅拌型酸乳是指将果酱等辅料与发酵结束后得到的酸奶凝胶体进行搅拌混合均匀，然后装入杯或其他容器内，再经冷却后熟而得到的酸乳制品。搅拌型酸乳与普通酸乳相比具有口味多样化、营养更为丰富的特点。

1. 工艺流程

鲜奶、脱脂乳粉（溶解静置）、甜味料、复合稳定剂（充分溶解）→混合→预热→均质→杀菌（125 ℃、5 s）→冷却→发酵→持续冷却并搅拌（果料、香精）→灌装→冷藏后熟→成品。

2. 主要工艺过程

① 原料。除了全乳鲜奶、蔗糖、奶粉、菌种外，在搅拌型酸乳生产中，往往要使用稳定剂。一般为果胶、琼脂、羧甲基纤维素钠（CMC）等，使用量为 0.1%～0.5%。

在一年的一定季节中，由于牛乳中阳离子的缺乏，牛乳的凝结能力下降，一般要加入"盐类稳定剂"，一般用 $CaCl_2$，其加入量为 0.02%～0.04%。

② 发酵。搅拌型酸乳的发酵是在发酵罐或缸中进行的。典型的搅拌型酸乳生产的发酵条件为 42～43 ℃，2.5～3 h。典型的酸乳菌种继代时间为 20～30 min，为了获得最佳产品，当 pH 值达到理想值时，必须终止细菌发酵，产品的温度应在 30 min 内从 42～43 ℃冷却至 15～22 ℃。用浓缩、冷冻和冻干菌种直接加入酸乳培养罐时，43 ℃下培养 4～6 h（考虑到其迟滞期较长）。

③ 凝块的冷却。在培养的最后阶段，已达到所需的酸度时（pH 为 4.2～4.5），酸奶必须迅速降温至 15～22 ℃，这样可以暂时阻止酸度的进一步增加。同时为确保成品具有理想的黏稠度，对凝块的机械处理必须柔和。冷却是在具有特殊板片的板式热交换器中进行的，这样可以保证产品不受强烈的机械搅动。为了确保产品质量均匀一致，泵和冷却器的容量应恰好能在 20～30 min 内排空发酵罐。如果发酵剂使用的是其他类型并对发酵时间有影响，那么冷却时间也应相应变化。

④ 搅拌。搅拌的目的是使果料等辅料与酸奶凝胶体混合均匀，属于物理处理过程，但也

发酵 技术

会引起一些化学变化。因为酸奶凝胶体属于假塑性凝胶体，剧烈的机械力或过长时间的搅拌会使酸奶硬度和黏度降低，乳清析出。若混入大量空气还会引起相分离现象。因此，对于搅拌型酸奶来说，完成搅拌的最佳机械处理是最重要的。搅拌开始时宜用较慢速度，然后用较快速度，整个过程不要超过 30 min。通过机械力破碎凝胶体，使凝胶体的粒子直径达到 0.01～0.4 mm，并使酸乳的硬度和黏度及组织状态发生变化。搅拌过程中应注意既不可速度过快，又不可时间过长。

⑤ 调味。冷却到 15～22 ℃以后，酸奶就准备包装。果料和香料可在酸奶从缓冲罐到包装机的输送过程中加入，通过一台可变速的计量泵连续地把这些成分打到酸奶中，经过混合装置混合，保证果料与酸奶彻底混合。果料计量泵与酸奶给料泵是同步运转的。

对带固体颗粒的果料或整个浆果进行充分的巴氏杀菌时，可以使用刮板式热交换器或带刮板装置的罐。杀菌温度应能钝化所有有活性的微生物，而不影响水果的味道。热处理后的果料在无菌条件下灌入灭菌的容器中是十分重要的，发酵乳制品经常由于果料没有足够的热处理引起再污染而导致产品腐败。

⑥ 包装。包装酸奶的包装机类型很多，包装材料也五花八门。市场上的产品包装体积也各不相同，生产要求包装能力与巴氏杀菌容量要匹配，以使整个车间获得最佳的生产条件。

8.5.5　乳酸菌饮料的生产工艺

根据我国《含乳饮料》（GB/T 21732—2008），乳酸菌饮料是指以乳或乳制品为原料，经乳酸菌发酵制得的乳液中加入水，以及白砂糖和（或）甜味剂、酸味剂、果汁、茶、咖啡、植物提取液等的一种或几种调制而成的饮料。

近年来，乳酸菌饮料以其营养保健功能和独特的风味大受消费者的青睐，销量不断上升。世界各国对乳酸菌饮料的研究也做了大量的工作，其研究的重点主要是饮料的稳定技术和新产品的制造。研究表明，添加稳定剂和乳化剂是提高乳酸菌饮料稳定性的一条有效途径。例如，日本采用蔗糖脂肪酸酯、海藻酸丙二醇酯和甲基化果胶等作为液态乳酸菌饮料的稳定剂，并采用果胶、角叉胶和碱性多聚磷酸盐作为生产粒状或粉状乳酸菌饮料时的稳定剂，以防止固体乳酸菌饮料稀释冲剂时的水分离和沉淀问题。美国采用 EDTA（二甲基四乙胺）、低甲基化果胶、高甲基化果胶、六偏磷酸、柠檬酸钠组成稳定剂生产乳酸菌饮料；德国采用不溶性的碳酸钙、碳酸镁和溶于水的磷酸氢钠、磷酸氢钾组成的离子液（类同于人体液的缓冲液），来解决液态果汁酸乳的稳定性问题。日本专利技术用预处理后的果汁、蔬菜汁加入酸乳中进行发酵，制造乳酸菌饮料，如胡萝卜汁、酵母浸出汁、中草药汁、红甜菜汁等。

1. 工艺流程

乳酸菌饮料的加工工艺流程如图 8.5 所示。

2. 质量控制

（1）混合调配。将经过巴氏杀菌冷却至 20 ℃左右的稳定剂、水、糖溶液加入发酵乳中混合并搅拌，然后再加入果汁、酸味剂与发酵乳混合并搅拌，最后加入香精等。一般糖的添加量为 11%左右，饮料的 pH 调为 3.9～4.2。

（2）均质。均质处理是防止乳酸菌饮料沉淀的一种有效的物理方法。通常用胶体磨或均质机进行均质，使其液滴微细化，提高料液黏度，抑制粒子的沉淀，并增强稳定剂的稳定效果。乳酸菌饮料较适宜的均质压力为 20～25 MPa，温度 53 ℃左右。

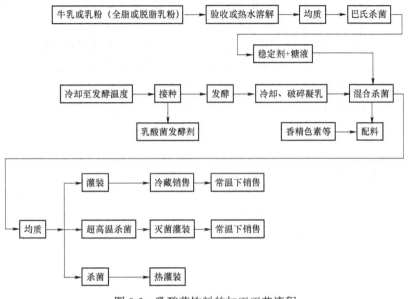

图 8.5　乳酸菌饮料的加工工艺流程

（3）后杀菌。发酵调配后的杀菌目的是延长饮料的保存期。经合理杀菌、无菌灌装后的饮料其保存期可达 3～6 个月。

（4）蔬菜预处理。在加工蔬菜乳酸菌饮料时，要首先对蔬菜进行加热处理，以起到钝化酶的作用。通常在沸水中放置 6～8 min。经灭酶后打浆或取汁，再与杀菌后的原料乳混合。

3. 活性乳酸菌饮料生产实例

1）生产工艺流程

活性乳酸菌饮料的生产工艺流程如图 8.6 所示。

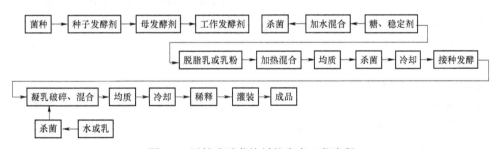

图 8.6　活性乳酸菌饮料的生产工艺流程

2）操作要点

① 原料的选用。原料主要采用浓缩脱脂乳或还原脱脂乳。因为发酵后要与糖浆、水、果汁等物料混合稀释，为了保证饮料中的含乳量，原料乳中无脂乳固形物要达到一定的量，一般为 10%～15%。根据需要还可以加入葡萄糖或乳酸菌生长促进因子。

② 均质。均质可以使混合料均匀地分散开，从而增加混合料的黏度和稳定性。均质的条

件为温度 50～60 ℃，压力 10～25 MPa。

③ 杀菌。杀菌条件为温度 90～95 ℃，时间 10～30 min。个别情况下，杀菌条件可以为温度 90～100 ℃、时间 30～60 min，这种高强度的热处理，除了可杀灭微生物外，还可满足某些产品所需的褐变要求，同时还有利于乳酸菌的生长。

④ 接种发酵。制作稀释型乳酸菌饮料常使用保加利亚乳杆菌或干酪乳杆菌，接种量在 3%～5%，然后在 30～40 ℃ 条件下培养 10 h 到数日。发酵时间的长短要由最终阶段的稀释倍数确定，原则是保证发酵终点的 pH，使乳蛋白质稀释后仍能保持稳定。由于还没有添加稳定剂，所以发酵时的 pH 管理对最终产品的质量，特别是对是否发生酸沉淀影响非常大。

⑤ 凝乳破碎和混合。发酵完成后，将凝乳冷却至 20 ℃，进行破碎。糖浆、果胶等稳定剂加水进行混合，然后在 95 ℃保持 10 min 进行杀菌，冷却至 30 ℃后与凝乳混合，再经均质后，使用片式换热器冷却到 10 ℃以下。

⑥ 稀释和灌装。稀释时，水质除符合饮料用水的要求外，还要进行杀菌和冷却。用 1.5～3 倍的杀菌冷却水稀释凝乳，然后进行灌装。由于该产品未经杀菌，属于活菌型产品，在 2～10 ℃冷藏条件下，可自生产日保存不少于 1 个月。

技能训练一

葡萄酒的实验室酿造

1. 实验目的

（1）理解葡萄酒酿造的基本原理。

（2）掌握红葡萄酒酿造的基本工艺。

2. 实验原理

葡萄汁经过发酵后形成葡萄酒。其原理是在葡萄酵母菌作用下将果汁中的葡萄糖发酵生成酒精并且产生二氧化碳，同时产生甘油、乙醛、醋酸、乳酸和高级醇等副产物，再经陈酿澄清过程中的酯化、氧化、沉淀等作用，赋予红葡萄酒特殊风味。

3. 实验材料

（1）菌种

葡萄酒酵母或活性干酵母菌。

（2）原料及试剂

新鲜红葡萄（采用蛇龙珠、赤霞珠等品种的红葡萄）、果胶酶、SO_2 或偏重亚硫酸钾、蔗糖、酒石酸、膨润土、明胶、碳酸钙。

（3）器材

250 mL 和 500 mL 三角瓶、糖度计、pH 计、温度计、密度计、破碎机、榨汁机、发酵罐（瓶）、贮酒瓶等。

4. 工艺流程

实验室红葡萄酒生产工艺流程：

扩培的酿酒酵母菌

↓

成熟的红葡萄→分选→去梗破碎→加二氧化硫→发酵→压榨→调整酒精含量→后发酵→换容器→贮存→换容器→贮藏和陈酿→下胶→过滤→红葡萄酒→成品酒调配→过滤→装瓶杀菌。

5. 实验步骤

（1）酵母菌的扩培

斜面试管菌种（活化）→10%豆芽汁斜面试管培养→液体试管培养→三角瓶培养→玻璃瓶→酒母罐培养→酒母。

① 斜面试管活化。将酵母菌接入豆芽汁斜面培养基（100 mL 10%豆芽汁煮沸过滤，加入 5 g 葡萄糖、2 g 琼脂）活化菌种用。

② 液体试管培养。灭过菌的新鲜澄清葡萄汁，分装入经干热灭菌的试管中，每管约 10 mL，121 ℃灭菌 20 min，冷却至室温，无菌条件下接入斜面试管已活化的酵母菌，每支斜面可接入 10 支液体试管，25 ℃培养 1～2 d，生长旺盛时接入三角瓶。

③ 三角瓶培养。向三角瓶中注入一半新鲜澄清的葡萄汁，121 ℃灭菌 20 min，冷却后接入两支液体培养管，25 ℃培养 24～30 h，生长旺盛时接入玻璃瓶。

④ 玻璃瓶培养。在洗净的瓶口中加入新鲜澄清的葡萄汁，常压蒸煮（100 ℃）1 h 以上，冷却后加入亚硫酸，使其二氧化硫含量达 80 mg/L，经 4～8 h 后把两个生长旺盛的三角瓶培养酵母菌接入，摇匀，塞上棉塞，于 20～25 ℃培养 2～3 d，期间需摇瓶数次，生长旺盛时接入酒母培养罐，备用。

（2）葡萄汁的制备

① 取成熟度良好的新鲜红葡萄，含糖量大于 170 g/L，并对葡萄进行彻底清洗。

② 用破碎机和榨汁机对葡萄进行破碎除梗榨汁，要求破碎勿压破种子和果梗。破碎时随时观察破碎程度，防止过度破碎。

③ 取已榨取的葡萄汁测定含糖量、含酸量、相对密度、温度。若需要加糖，最好在发酵开始前根据计算量按照工艺操作加入；若需要加酸，可采用将酒石酸用水配成 50%溶液后添加；若需要降酸，可采用化学降酸法，用碳酸钙中和过量的有机酸。发酵前葡萄汁要求 SO_2 含量达到 30～100 mg/L。操作时加入 10%偏重亚硫酸钾溶液，添加量为每升葡萄汁含有 0.10～0.15 g 偏重亚硫酸钾。

（3）发酵

将发酵罐等所需的设备用 SO_2 消毒，装入有效体积 80%～85%的已灭过菌的葡萄汁，加入已扩培好的酵母菌进行发酵，控制发酵温度 18～20 ℃，发酵时间 2～3 d。

红葡萄酒发酵分以下 3 个阶段：

① 发酵初期。主要为酵母繁殖阶段，初期果浆平静，随后在酵母的作用下，开始发酵，温度渐升，葡萄皮被产生的 CO_2 顶浮于液面，进入主发酵期。

② 主发酵期。每天需用干净的木棒搅拌 2～3 次，量大的也可用酒泵搅拌，将酒"帽"搅散压入汁中。

③ 发酵末期。当发酵液残糖约为 5 g/L 时，主发酵结束，应及时分离皮渣（分离温度控

制在 30 ℃以下），进行压榨。

（4）后发酵

酒渣分离后，将新酒装入后发酵罐中，装量为有效体积的 95%左右，补充添加 SO_2，添加量为 30～50 mg/L，进行后发酵，温度为 18～25 ℃，发酵时间为 5～10 d。

每天测定发酵醪密度和温度，并做好记录。相对密度下降为 0.993～0.998 时，发酵基本停止，可结束后发酵。

（5）贮藏和陈酿

测定红葡萄酒中糖、酒精、酸、总 SO_2、游离 SO_2 的含量，调整酒液的游离 SO_2 为 30～40 mg/L，满瓶贮藏，贮藏温度为 12～15 ℃。

当葡萄酒贮藏 6 个月左右时，下胶澄清、过滤，做稳定性实验。

已达到澄清稳定的葡萄酒，将酒温降至 5 ℃左右进行装瓶。同时加入 5 mg/L SO_2，加瓶塞，贮藏。

6. 思考题

为什么葡萄酒酿造过程中不同阶段需要采用不同的温度？

技能训练二

凝固型酸乳的加工制作

1. 实验目的

要充分掌握酸乳工艺的理论知识，还需要充分了解酸乳发酵过程以及各种酸乳产品品质的关联度。

2. 实验原理

凝固型酸乳是指乳酸发酵过程在上市零售的容器中进行的酸乳制品。乳酸菌在牛乳中生长繁殖，发酵分解乳糖产生乳酸等有机酸，导致牛乳的 pH 下降，使乳酪蛋白在其等电点附近发生凝集，它能够抑制肠道内的有害菌，解决乳糖不耐症，促进有益菌的活动，有抗癌作用。凝固型酸乳具有浓郁的天然发酵香气，细腻滑爽，质地稠厚、酸甜适宜、回味无穷，是一种深受广大群众喜爱的产品。

3. 实验材料

（1）原料

鲜牛奶、白砂糖、酸奶稳定剂、丹尼斯克菌种、牛奶香精。

（2）器材

均质机、胶体磨、搅拌机、高压灭菌锅、发酵箱。

4. 实验工艺流程

鲜牛奶→标准化→配料→均质→杀菌→冷却→接种→搅拌→灌装→发酵→冷藏→后发酵→成品。

5. 实验步骤

① 原料奶的选择。选择的鲜牛奶其色泽应洁白或白中微黄，不得呈深黄或其他颜色；奶

液均匀，不应在瓶底出现豆腐脑状沉淀物质；脂肪含量不低于 3%，蛋白质含量不低于 2.95%，抗生素含量不得超标，不得检出防腐剂、过氧化氢、NO_3^-、有害金属及掺杂物质。应具有天然的乳香味而不应有异常气味。

② 调配。按照配方要求（香精、菌种除外）将原料通过胶体磨，边倒入原料，边持续加入 50 ℃的热水，在混料缸中充分搅拌均匀。

③ 均质。将混合原料经 200 目筛网过滤后放入调配罐，边搅拌边将沸水加入调配罐定容。开启阀门，使浆料流入均质机均质 1 次。均质温度为 60 ℃左右，压力为 15～17 MPa。

④ 杀菌。采用 90 ℃杀菌 5 min 保证产品质量。

⑤ 接种灌装。将热处理后的物料温度瞬时降温到发酵剂菌种最适生长温度（42～45 ℃）。接种量要根据菌种活力、发酵方法、生产时间的安排和混合菌种配比的不同而定。一般生产发酵剂，其产酸活力为 0.7%～1.0%，此时接种量应为 2%～4%，本实验接种量为 3.2%。事先准备的发酵剂应在无菌操作条件下，用部分原料乳搅拌成均匀细腻的状态，不应有大凝块，以免影响成品质量。接种完毕要及时灌装，加盖后送至恒温温室培养发酵，分装后的容器空隙尽量要小，以免晃动太大，影响凝乳状态。

⑥ 发酵终点的确定。物料酸度为 85～90 ℃，pH 为 4.0～4.2 可以终止发酵。将发酵后的酸奶从发酵室中取出，迅速冷却到 10 ℃以下（使乳酸菌停止生产，防止酸度过高影响口感），冷却处理的酸奶，存放在 2～5 ℃的冷藏室中约 12 h。

6. 思考题

（1）凝固型酸乳加入发酵剂的条件是什么？

（2）如何判定酸乳的发酵终点？

 技能训练三

<h2 style="text-align:center">活性乳饮料的制作</h2>

1. 实验目的

① 掌握活性乳饮料的制作工艺流程。

② 掌握制作活性乳饮料的操作要点。

③ 掌握发酵剂的扩大培养。

④ 了解活性乳饮料的产品质量标准。

⑤ 能够解决生产中常见的质量问题。

2. 实验材料

（1）原料

砂糖，原料奶，净化水，柠檬酸，柠檬酸钠，生产菌种，稳定剂，香精等。

（2）器材

电炉 1 个，奶桶 2 个，1 000 mL 烧杯 2 个，150 mL 或 500 mL 烧杯 2 个，玻璃瓶若干，煮锅 2 口，架盘天平 1 台，高压锅 1 口，温度计 1 支，酸度计 1 支，杀菌设备 1 套，发酵罐 1 个，配料罐 1 个，离心泵 1 台，灌装机 1 台等。

3. 参考配方

牛奶 100 kg，柠檬酸 0.4 kg，白砂糖 20 kg，柠檬酸钠 0.25 kg，生产菌种 2～2.5 kg，香精适量，稳定剂 0.9 kg。

4. 操作要点

① 原料乳。不含异常乳的优质原料乳，原料乳的抗生素指标合格。

② 净化。通过过滤除去肉眼可见的杂质。

③ 标准化。对原料乳中的蛋白质、脂肪和乳糖等指标进行调整。

④ 超高温灭菌。标准化后的原料乳泵入超高温灭菌机，温度为 142 ℃，持续 2 s 进行高温灭菌。

⑤ 冷却。将灭菌后的牛奶泵入发酵罐中，迅速冷却到 45 ℃。

⑥ 接种。菌种为嗜热链球菌和保加利亚乳杆菌，首先将其调制成工作发酵剂，然后按配方比例加入到冷却后的牛奶中，并进行搅拌，使其混合均匀。

⑦ 发酵。发酵罐保持恒温 38～42 ℃，发酵 5～6 h，当牛奶呈均匀凝乳状后，测定其滴定酸度，滴定酸度达 100～110 ℃时，可停止发酵。发酵后的凝乳用冷水冷却，同时缓慢搅拌，破碎凝乳，使其成为均匀黏稠的液体，随后泵入配料罐中。

⑧ 混合调配并调酸。将白砂糖和稳定剂混合溶解后泵入配料罐中，同时补足水量，搅拌至与发酵乳混合均匀。将柠檬酸和柠檬酸钠配制成 10% 的溶液，经过滤后徐徐加入搅动着的料液中。

⑨ 均质。在 14～17 MPa 压力下进行均质，均质未达到指定的压力时流出的料液需返回重新进行均质。

⑩ 灌装。将料液泵入灌装机进行灌装，灌装好的成品在 0～4 ℃下冷藏。

5. 注意事项

菌种可向有关科研单位购买。试管种一般需传代数次，以提高活性和增量。粉状冻干菌种可直接投料，若想节约使用，也可通过传代进行增量。发酵过程中，不得进行搅拌，以免乳清析出。

6. 思考题

① 生产乳饮料时，对原料乳有哪些方面的指标的测定？

② 如何对乳饮料的酸度进行调节？

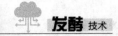 项目小结

1. 啤酒酒精含量低，营养丰富，是世界上产量最大的酒种。啤酒以大麦、酒花为基本原料，经过滤、糖化、煮沸等工序制备澄清的麦芽汁，接种啤酒酵母厌氧发酵为生啤，经过滤或杀菌等后处理工序成为熟啤酒或纯生啤酒。

2. 白酒香型复杂，以高粱、糯米等粮食为发酵原料，常以大曲发酵剂接种，采用续渣法或清渣法工艺酿造。

3. 葡萄酒是以鲜葡萄或葡萄汁为原料发酵而成的酿造酒，葡萄的品质直接决定了葡萄酒的质量，葡萄皮中红色素的浸出程度决定了酒体的颜色。葡萄汁经过热浸、杀菌后接种葡萄

酒发酵专用酵母，发酵后经固液分离及后发酵，成为成品葡萄酒。

4. 发酵剂是制作发酵乳制品的特定微生物的培养物，内含一种或多种活性微生物，具有进行乳酸发酵，分解乳糖产生乳酸；产生挥发性风味物质丁二酮、乙醛等，是产品具有典型的风味。

5. 目前酸乳主要有凝固型和搅拌型两种。凝固型酸乳是在接种生产发酵剂后，立即进行包装，并在包装容器内进行发酵、成熟。搅拌型酸乳是在发酵罐中接种和培养后，在无菌条件下进行分装、冷却。

复习思考题

1. 简述大曲白酒续渣工艺及特点。
2. 简述啤酒酿造过程中麦芽汁的制备流程。
3. 简述红葡萄酒与白葡萄酒在酿造工艺上的区别。
4. 简述生产酸乳使用的发酵剂如何制备。
5. 简述生产凝固型酸奶和搅拌型酸奶在工艺上有哪些异同点。

好氧发酵产品的生产

工业微生物发酵根据对氧气的需求分为好氧发酵和厌氧发酵，本项目主要包括谷氨酸、青霉素、淀粉酶、柠檬酸的发酵生产四个任务。每个任务从产品概述入手，介绍产品的性状、生产方法、功能应用等情况；接着从产品的生产菌种、原料、培养基制备、菌种扩培、发酵工艺控制、产品提取工艺等方面详细地描述了每种产品的发酵生产过程。技能训练部分主要设计了谷氨酸、青霉素、柠檬酸三种产品的实验室发酵工艺。

➤ 了解谷氨酸、青霉素、淀粉酶、柠檬酸的生产方法及功能应用。

➤ 了解谷氨酸、青霉素、淀粉酶、柠檬酸的发酵生产工艺和产品提取工艺。

➤ 掌握谷氨酸、青霉素、淀粉酶、柠檬酸等好氧发酵产品的菌种扩培方法、发酵工艺控制及提取工艺流程。

➤ 能应用所学的知识举一反三，进行其他好氧发酵产品的发酵生产。

任务 9.1 谷氨酸的发酵生产

味精是调味料的一种，主要成分为谷氨酸钠，谷氨酸钠由谷氨酸和钠离子合成，谷氨酸主要由棒状类细菌发酵而成。可以通过培养谷氨酸棒状杆菌，对发酵条件进行控制优化，提高谷氨酸产率。

9.1.1 谷氨酸概述

氨基酸是构成生物体的基本物质，是合成人体激素、酶及抗体的原料，参与人体新陈代谢和各种生理活动，在生命活动中具有特殊生理作用。谷氨酸是一种酸性氨基酸，分子内含两个羧基，化学名称为 α-氨基戊二酸；无色晶体，有鲜味，微溶于水，溶于盐酸溶液，等电点为 3.22；大量存在于谷类蛋白质中，动物脑中含量也较多；分子式为 $C_5H_9NO_4$，分子量为 147.13。

谷氨酸钠俗称味精，是重要的鲜味剂，对香味具有增强作用，广泛用于食品调味剂。谷氨酸为世界上产量最大的氨基酸品种，它的发酵是典型的代谢控制发酵。谷氨酸的大量积累不是生物合成途径的特异，而是菌体代谢调节控制和细胞膜通透性的特异调节以及发酵条件的适合。

氨基酸生产方法分为四种：蛋白质水解法、化学合成法、发酵法（分直接发酵法和前体添加发酵法）和酶法。

1. 蛋白质水解法

蛋白质水解法是最早应用的氨基酸生产方法。它是以豆粕为原料，采用酸水解大豆蛋白的方法来获取氨基酸，如早期的味精的生产方法。

2. 化学合成法

化学合成法与发酵法相比，最大的优点是氨基酸品种不受限制，除制备天然氨基酸外还可以用于制备各种特殊结构的非天然氨基酸。化学合成法可以采用多种原料和多种工艺路线，生产规模大，产品容易分离提纯，特别是可以使用多种廉价原料。但相对而言，化学合成法比发酵法工艺更复杂，今后的研究方向是简化工艺。

3. 发酵法

发酵法借助微生物具有合成自身所需各种氨基酸的能力，通过对菌株的诱变等处理，选育出各种营养缺陷型及抗性的变异株，以解除代谢调节中的反馈与阻遏作用，达到过量合成某种氨基酸的目的。1940 年开始发酵法被采用，主要是通过对自然界野生菌的诱导筛选出营养缺陷型和抗性变异株，1957 年日本用细菌发酵进行商业性生产氨基酸，现在 20 多种氨基酸大都能够用发酵法生产。产量最大的是谷氨酸，其次为赖氨酸。

4. 酶法

酶法是利用微生物细胞或微生物产生的酶来制造氨基酸的方法。

9.1.2　谷氨酸的发酵生产

1. 谷氨酸的生产原料及其处理

谷氨酸的生产原料有淀粉、糖蜜、醋酸、乙醇、正烷烃（液体石蜡）等。我国多数厂家以淀粉为原料生产谷氨酸，少数厂家以糖蜜为原料生产谷氨酸，这些原料在使用前一般都需要进行预处理。

1）糖蜜的预处理

谷氨酸发酵采用糖蜜作为原料时，需要进行预处理，目的是降低生物素的含量。糖蜜中过量的生物素会影响谷氨酸积累。降低生物素含量常用的方法有活性炭处理法、水解活性炭处理法、树脂处理法等。

2）淀粉的水解糖化

以淀粉为原料的谷氨酸生产工艺是最成熟、最典型的一种氨基酸生产工艺，但绝大多数的谷氨酸生产菌都不能直接利用淀粉，因此，以淀粉为原料进行谷氨酸生产时，必须将淀粉原料水解成葡萄糖后才能使用。可用来制备淀粉水解糖的原料很多，主要有甘薯、玉米、

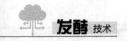

小麦、大米等，我国主要以甘薯或大米制备淀粉水解糖，常用的方法有酸解法、酶解法、酸酶（或酶酸）结合法。

2. 谷氨酸的生产菌种

用于谷氨酸发酵的主要菌种有谷氨酸棒状杆菌属，包括北京棒杆菌、钝齿棒杆菌；短杆菌属，包括黄色短杆菌、天津短杆菌。在已报道的谷氨酸生产菌种中，除芽孢杆菌外都有一些共同特点：革兰氏阳性，菌体为球形、短杆状、棒状，不形成芽孢，没有鞭毛，不能运动，需要生物素作为生长因子，在通气条件下才能产生谷氨酸。

3. 谷氨酸的发酵工艺

谷氨酸发酵工艺主要包括糖酵解途径（EMP）、磷酸己糖途径（HMP）、三羧酸循环（TCA）、乙醛酸循环等，谷氨酸产生菌糖代谢的一个重要特征是 α-酮戊二酸氧化能力微弱，尤其在生物素缺乏条件下，三羧酸循环到达 α-酮戊二酸时代谢即受阻，在铵根离子存在下，α-酮戊二酸由谷氨酸脱氢酶催化，经还原氨基化反应生成谷氨酸。

谷氨酸发酵工艺示意图如图 9.1 所示。

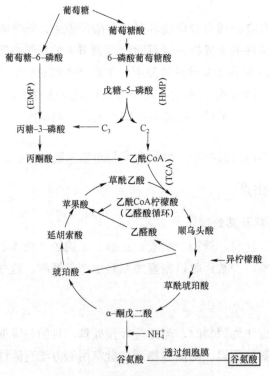

图 9.1　谷氨酸发酵工艺示意图

4. 谷氨酸的生产流程

谷氨酸的生产流程为：菌种的选育→培养基制备→斜面培养→一级种子培养→二级种子培养→发酵（发酵过程控制通风量、pH、温度、泡沫等）→发酵液→谷氨酸分离提取（如图 9.2 所示）。

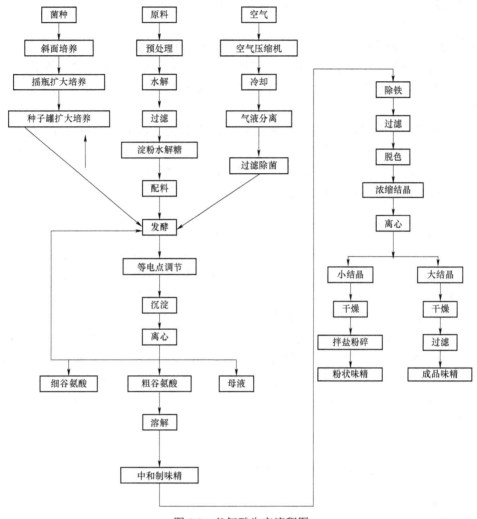

图 9.2 谷氨酸生产流程图

1）培养基制备

培养基的组成包括碳源、氮源、生物素等。

① 碳源。目前使用的谷氨酸生产菌种均不能利用淀粉，只能利用葡萄糖、果糖等，有些菌种还能利用醋酸、正烷烃等。在一定的范围内，谷氨酸产量随葡萄糖浓度的增加而增加，但若葡萄糖浓度过高，由于渗透压过大，则对菌体的生长很不利，谷氨酸对糖的转化率降低。国内谷氨酸发酵糖浓度为 125～150 g/L，但一般采用流加糖工艺。

② 氮源。常见无机氮源有尿素、液氨、碳酸氢铵，常见有机氮源有玉米浆、豆饼、糖蜜。当氮源的浓度过低时会使菌体细胞营养过度贫乏形成"生理饥饿"，影响菌体增殖和代谢，导致产酸率低。随着玉米浆的浓度增高，菌体大量增殖使谷氨酸非积累型细胞增多，同时又因生物素过量使代谢合成磷脂增多，导致细胞膜增厚不利于谷氨酸的分泌造成谷氨酸产量下降。碳氮比一般控制在 100:（15～30）。

③ 生物素。生物素的作用是影响谷氨酸生产菌种细胞膜的通透性，同时也影响菌体的代谢途径。生物素对发酵的影响是全面的，在发酵过程中要严格控制其浓度。

2）种子扩大培养

种子扩大培养的流程为：保藏菌种→斜面培养→摇瓶种子培养→种子罐→发酵罐。

① 谷氨酸生产菌种适用于糖质原料，需氧，以生物素为生长因子，32 ℃培养 18～24 h。

② 将斜面的菌种接入液体三角瓶培养基中，在摇瓶机上进行一级种子振荡培养，32 ℃培养 12 h。

③ 二级种子用种子罐培养，料液量为发酵罐投料体积的 1%，用水解糖代替葡萄糖于 32 ℃进行通气搅拌 7～10 h。二级种子培养过程中，pH 的变化有一定规律，从 pH 为 6.8 上升到 pH 为 8，然后逐步下降。二级种子培养结束时，无杂菌或噬菌体污染，菌体大小均一，呈单个或八字排列，活菌数为 10^8～10^9 cfu/mL，活力旺盛处于对数生长期。各条件均逐步接近发酵条件。

3）发酵

① 适应期。发酵初期，菌体生产缓慢，培养基中尿素被分解使 pH 上升，培养基中的糖没有被利用，适应期时间为 2～4 h。可以通过加大接种量和控制发酵条件来缩短适应期。

② 对数生长期。这个时期菌体快速合成，耗糖加快，尿素大量分解使 pH 上升，菌体形态为排列整齐的八字形，不产谷氨酸。采取流加尿素办法及时供给菌体生长必需的氮源，调节 pH 为 7.5～8.0，温度维持在 30～32 ℃。

③ 菌体生长停止期。菌体的数量达到平衡，培养基中糖和尿素分解产生 α-酮戊二酸和氨用于合成谷氨酸。发酵过程中要及时流加尿素以提供合成谷氨酸足够的氨，并使 pH 维持在 7.2～7.4，增大通气量，使发酵温度维持在 34～37 ℃。

④ 发酵后期。菌体衰老，营养物耗尽，酸浓度不再增加时，应及时放罐进行谷氨酸提取。

不同的谷氨酸生产菌其发酵时间有所差异。低糖（10%～12%）发酵时间为 36～38 h，中糖（14%）发酵时间为 45 h。

9.1.3 谷氨酸的提取和谷氨酸钠的制备

1. 谷氨酸的提取

谷氨酸提取的方法有等电点法、离子交换法、金属盐沉淀法、盐酸盐法和电渗析法以及将上述某些方法结合使用，目前较常用的是等电点法和离子交换法。

1）等电点法提取谷氨酸

谷氨酸在等电点时正负电荷相等，总静电荷等于零，形成偶极离子，此时，由于谷氨酸分子之间的相互碰撞，并通过静电引力的作用，会结合成较大的聚合体而沉淀析出。工业生产中等电点法提取谷氨酸就是根据这一特性，将发酵液 pH 调为 3～3.2，使谷氨酸处于过饱和状态而结晶析出，如图 9.3 所示。

2）离子交换法提取谷氨酸

当发酵液的 pH 低于 3.22 时，谷氨酸以阳离子状态存在，可用阳离子交换树脂（型号为 732）来提取吸附在树脂上的谷氨酸阳离子，并可用热碱液洗脱下来，收集谷氨酸洗脱组分，经冷却、加盐酸调 pH 为 3.0～3.2 进行结晶，之后再用离心机分离即可得谷氨酸结晶。此法操作过程简单、周期短、设备少、占地小，提取总收率可达 80%～90%，但酸碱用量大且废

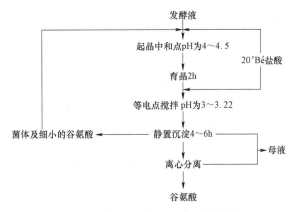

图 9.3 等电点法提取谷氨酸流程图

液污染环境,如图 9.4 所示。由于谷氨酸发酵液中含有一定数量的 NH_4^+、Na^+ 等,它们可优先与树脂进行交换反应,释放出 H^+,使溶液的 pH 降低,谷氨酸带正电荷成为阳离子而被吸附,因此,实际生产中发酵液的 pH 并不要求必须低于 3.22,而是 5.0~5.5 就可上柱,但需要控制溶液的 pH 不高于 6.0。

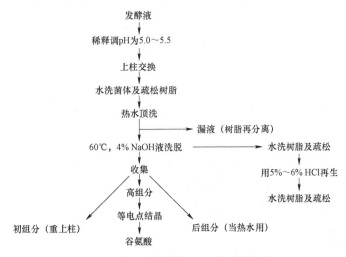

图 9.4 离子交换法提取谷氨酸流程图

2. 谷氨酸钠的制备

谷氨酸钠生产均采用先从发酵液分离谷氨酸半成品,用 NaOH 或 Na_2CO_3 进行中和转化为谷氨酸钠,经脱色、浓缩、精制而制成谷氨酸钠的基本工艺。制备而成的谷氨酸钠溶液进入活性炭脱色器脱色,再进入离子交换柱除去 Ca^{2+}、Fe^{2+}、Mg^{2+} 等金属离子。脱色液进入结晶罐进行浓缩结晶,当波美度达到 29.5 时加入晶种,蒸发结晶到 80% 时放入结晶槽。结晶槽内真空度为 0.075~0.085 MPa,温度为 70 ℃,最终浓缩液波美度为 33~36,结晶时间为 10~14 h。晶体经过板框过滤机分离,得到湿晶体。这一工序中包括流体输送、非均相物系分离、蒸发等。湿晶体经过流化床干燥器干燥,细小粉尘经旋风分离回收。得到的大小不一的晶体进行筛分分级,小颗粒作为晶种添加,大颗粒进行分装得到成品。

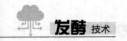

谷氨酸钠制备流程图如图9.5所示。

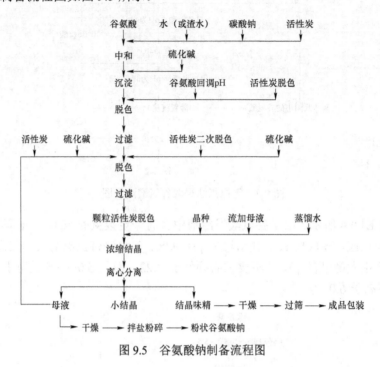

图9.5 谷氨酸钠制备流程图

任务 9.2 青霉素的发酵生产

青霉素是世界上首种被发现的抗生素，在医药行业有广泛的应用。青霉素的制备以产黄青霉菌为菌种，配制合适的培养基，经过对孢子逐级扩大培养，控制优化发酵条件，并选择合适的提取纯化工艺流程，制得青霉素制品。

9.2.1 抗生素概述

1. 抗生素的概念

早期，人们认为抗生素是微生物在代谢过程中产生的，在低浓度下就能抑制他种微生物生长和活动，甚至杀死他种微生物的化学物质。由于抗生素具有杀菌能力，人们曾经把这类物质叫作抗菌素。随着抗生素研究和生产的发展，新的抗生素的来源正在扩大，可以是微生物、植物（如蒜素、常山碱、黄连素、长春花碱、鱼腥草素等）、动物（如鱼素、红血球素等），作用对象可以是病毒、细菌、真菌、原生动物、寄生虫、藻类、肿瘤细胞等。因此不能把抗生素仅仅作为抗菌药物。目前，一个大多数专家所接受的定义是：抗生素是由生物（包括某些微生物、植物和动物在内）在其生命活动过程中产生的，能在低浓度下有选择地抑制或杀灭他种生物机能的低分子量的有机物质。随着抗生素合成机理和微生物遗传学理论的深入研究，目前人们已经了解到抗生素是次级代谢产物。这些物质与微生物的生长繁殖无明显关系，是以基本代谢的中间产物如丙酮酸盐、乙酸盐等作为母体衍生出来的。

2. 抗生素的分类

可根据生物来源、作用对象、作用机理等对抗生素进行分类，具体见表 9.1。

表 9.1 抗生素的分类

分类依据	类别	举例
生物来源	放线菌：链霉菌 真菌：青霉菌 细菌：多黏杆菌 植物或动物	链霉素 青霉素 多粘菌素 蒜素、鱼素
作用对象	广谱抗生素 抗真菌抗生素 抗病毒抗生素 抗癌抗生素	氨苄青霉素（既抑制 G^+，又抑制 G^-） 制霉菌素 四环类抗生素（对立克次氏体及较大病毒有一定作用） 阿霉素
作用机理	抑制细胞壁合成 影响细胞膜功能 抑制蛋白质合成 抑制核酸合成 抑制生物能作用	青霉素 多烯类抗生素 四环素 丝裂霉素 C 抗霉素（抑制电子转移）

3. 抗生素的生产方法

1）微生物发酵法

利用特定的微生物，在一定条件下使之生长繁殖，并代谢产生抗生素。再用适当的方法从发酵液中提取出来，并加以精制，最后获得抗生素成品。目前，抗生素的工业化生产主要是来自微生物发酵法，其特点是成本低、周期长、波动大。

2）化学合成法

某些化学结构明确，结构比较简单的抗生素，可用化学方法合成。

3）半合成法

半合成法是指发酵得来的抗生素再经化学方法改造，以获得性能更优良的抗生素。

4. 抗生素的应用

在医疗中，抗生素主要用于控制细菌感染性疾病、抑制肿瘤生长、调节人体生理功能、控制病毒性感染等；在农业中，抗生素主要用于用于保护植物、促进或抑制植物生长；在畜牧业中，抗生素主要用于控制禽畜感染性疾病，以及作为饲料添加剂；在食品生产中，抗生素主要用于食品的保鲜、防腐等。

医疗用抗生素应具备的条件：① 高效性（抗生素在低浓度下对多种病原菌有效）；② 难以使病原菌产生耐药性（临床使用时注意交叉用药）；③ 较大的差异毒性（即对人体副作用小）。

实际应用中，合理使用抗生素的剂量十分重要。抗生素应用时剂量小，因此除重量外，常用特定的效价单位（U）表示，效价单位也称抗菌素活性单位。

① 效价单位。最初，由于抗生素无法制得纯品，用其生物活性的大小来标示其剂量。一

个青霉素的效价单位：能在 50 mL 肉汤培养基中完全抑制金黄色葡萄球菌标准菌株的发育的最小青霉素剂量。一个链霉素效价单位：能在 1 mL 肉汤培养基中完全抑制大肠杆菌发育的最小剂量。

② 重量单位（μg）。以抗生素的有效成分（生理活性成分）的重量作为抗生素的基准单位。

9.2.2 青霉素概述

青霉素（penicillin）又称盘尼西林，是人类发现的第一种抗生素，也是目前全球销量最大的抗生素。1940 年，英国弗洛里和钱恩在前人基础上，从青霉菌培养液中制出了干燥的青霉素制品。经实验和临床试验证明，它毒性很小，并对一些革兰氏阳性菌所引起的许多疾病有卓越疗效。

1. 化学结构

青霉素是一族抗生素的总称，它们是由不同的菌种或不同的培养条件所得的同一类化学物质，化学结构如图 9.6 所示，青霉素分子是由侧链酰基与母核两大部分组成的，其中，母核为 6-氨基青霉烷酸（6APA），R_2 为羟基（—OH），不同的侧链 R_1 构成不同类型的青霉素。

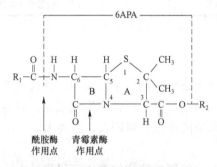

图 9.6 青霉素的化学结构

若 R_1 为苄基即为苄基青霉素或称为青霉素 G。目前，已知的天然青霉素（即通过发酵而产生的青霉素）有 8 种，见表 9.2，它们合称为青霉素族抗生素。其中以苄基青霉素疗效最好，应用最广泛。如不特别注明，通常所称的青霉素即指苄基青霉素。

青霉素在青霉素酰胺酶（大肠杆菌所产生）作用下，能裂解为青霉素的母核 6-氨基青霉烷酸，它是半合成青霉素的原料；若在青霉素酶（β-内酰胺酶）等作用下，β-内酰胺环水解而形成青霉噻唑酸或其他衍生物。

表 9.2 天然青霉素

序号	侧 链	学 名	俗名
1	$HO—C_6H_4—CH_2—$	对羟基苄青霉素	青霉素 X
2	$C_6H_5—CH_2—$	苄青霉素	青霉素 G
3	$CH_3—CH_2—CH=CH—CH_2—$	戊烯 [2] 青霉素	青霉素 F

续表

序号	侧　链	学　名	俗名
4	$CH_3-(CH_2)_3-CH_2-$	戊青霉素	青霉素二氢 F
5	$CH_3-(CH_2)_5-CH_2-$	庚青霉素	青霉素 K
6	$CH_2=CH-CH_2-S-CH_2-$	丙烯巯甲基青霉素	青霉素 O
7	$C_6H_5O-CH_2-$	苯氧甲基青霉素	青霉素 V
8	$COOH-CH(NH_2)-(CH_2)_2-CH_2-$	4-氨基-4-羧基丁基青霉素	青霉素 N

2. 青霉素的合成原理

产黄青霉菌在发酵过程中首先合成青霉素前体，即 α-氨基己二酸、半胱氨酸、缬氨酸，然后在三肽合成酶的催化下，L-α-氨基己二酸（α-AAA）与 L-半胱氨酸形成二肽，最后再与 L-缬氨酸形成三肽化合物，称为 α-氨基己二酰-半胱氨酰-缬氨酸（构型为 LLD），其中缬氨酸的构型必须是 L 型才能被菌体用于合成三肽。在三肽的形成过程中，L-缬氨酸转为 D 型。

三肽化合物在环化酶的作用下闭环形成异青霉素 N，异青霉素 N 中的 α-AAA 侧链可以在酰基转移酶作用下转换成其他侧链，形成青霉素类抗生素。如果在发酵液中加入苯乙酸，就形成青霉素 G。生产菌菌体内酰基转移酶活性高时，青霉素产量就高。对于生产菌，如果其各代谢通道畅通就可大量生产青霉素。因此，代谢网络中各种酶活性越高，越利于生产，对各酶量及各酶活性调节是控制代谢通量的关键。产黄青霉菌生产青霉素受下列方式调控。

① 受碳源调控。青霉素生物合成途径中的一些酶（如酰基转移酶）受葡萄糖分解产物的阻遏。

② 受氮源调控。NH_4^+ 浓度过高，阻遏三肽合成酶、环化酶等。

③ 受终产物调控。青霉素过量能反馈调节自身生物合成。

④ 受分支途径调控。在产黄青霉菌在合成青霉素途径中，分支途径中的 L-赖氨酸反馈抑制共同途径中的第一个酶——高柠檬酸合成酶。

9.2.3　青霉素的发酵工艺

1. 青霉素生产菌种及培养

青霉素的最初生产菌为点青霉，生产能力仅为几十个单位，不能满足人们的需要。后来发现适合深层培养的新菌种——产黄青霉菌，生产能力为 100 U/mL，经不断诱变选育，目前平均生产能力为 66 000～70 000 U/mL，国际最高生产能力已超过 100 000 U/mL。

产黄青霉菌的菌丝在液体深层培养中可发育为两种形态，即球状菌和丝状菌。在整个发酵培养过程中，产黄青霉菌的生长发育可分为 6 个阶段：

① 分生孢子萌发，形成芽管，原生质未分化，具有小泡，为 I 期。

② 菌丝繁殖，原生质嗜碱性很强，有类脂肪小颗粒产生，为 II 期。

③ 原生质嗜碱性仍很强，形成脂肪粒，积累贮藏物，为 III 期。

④ 原生质嗜碱性减弱，脂肪粒减少，形成中、小空泡，为 IV 期。

⑤ 脂肪粒消失，形成大空泡，为Ⅴ期。

⑥ 细胞内看不到颗粒，并有个别自溶细胞出现，为Ⅵ期。

Ⅰ～Ⅳ期为菌丝生长期，Ⅲ期的菌体适宜作为种子。Ⅳ～Ⅴ期为生产期，生产能力最强，通过工程措施，延长此期，获得高产。在青霉素生长到第Ⅵ期之前结束发酵。在实际生产中，按规定时间取样，对青霉菌形态变化进行镜检，便于控制发酵。

种子培养阶段以产生丰富的孢子（斜面和米孢子培养）或大量健壮菌丝体（种子罐培养）为主要目的。因此，在培养基中应加入丰富易代谢的碳源（如葡萄糖或蔗糖）、氮源（如玉米浆）、缓冲 pH 的碳酸钙以及生长所必需的无机盐，并保持最适生长温度 25～26 ℃和充分的通气搅拌，使菌体量倍增达到对数生长期，此期要严格控制培养条件及原材料质量以保持种子质量的稳定性。

2. 青霉素的生产

1）工艺流程

① 丝状菌三级发酵工艺流程。冷冻管（孢子）→斜面母瓶（25 ℃，孢子培养，7 d）→大米孢子（25 ℃，孢子培养，7 d）→一级种子培养液（26 ℃，种子培养，56 h）→二级种子培养液（27 ℃，种子培养，24 h，1.5 vvm）→发酵液（27～26 ℃，发酵，7 d，0.95 vvm）。

② 球状菌二级发酵工艺流程。冷冻管（孢子）→亲米孢子（25 ℃，孢子培养，6～8 d）→生产米孢子（25 ℃，孢子培养，8～10 d）→种子培养液（28 ℃，菌丝体培养，56～60 h，1.5 vvm）→发酵液（24～26 ℃，发酵，7 d，0.8 vvm）。[vvm：单位时间（min）单位发酵液体积（L）内通入的标准状态下的空气体积（L），即 L/（L•min）]

2）工艺控制

青霉素发酵是给予最佳条件培养菌种，使菌种在生长发育过程中大量产生和分泌抗生素的过程。发酵过程的成败与种子的质量、设备构型、动力大小、空气量供应、培养基配方、合理补料、培养条件等因素有关。发酵过程控制就是控制菌种的生化代谢过程，必须对各项工艺条件加以严格管理，才能做到稳定发酵。青霉素发酵属于好氧发酵过程，在发酵过程中，需要不断通入无菌空气并搅拌，以维持一定的罐压和溶氧。整个发酵阶段分为生长和产物合成两个阶段。前一个阶段是菌丝快速生长，进入生产阶段的必要条件是降低菌丝生长速度，这可通过限制糖的供给来实现。

（1）种子质量的控制

丝状菌的生产种子获取方法：把保藏在低温冷冻安瓿管中的孢子移植到小米或大米固体上，25 ℃培养 7 d，孢子发育成熟，真空干燥，并以这种形式保存备用。生产时把孢子按一定的接种量移种到含有葡萄糖、玉米浆、尿素为主的种子罐内，26 ℃培养 56 h 左右，菌丝浓度达 6%～8%，菌丝形态正常，按 10%～15%的接种量移入含有花生饼粉、葡萄糖为主的二级种子罐内，27 ℃培养 24 h，菌丝浓度 10%～12%，形态正常，效价在 700 U/mL 左右便可作为发酵种子。

球状菌的生产种子是把冷冻管孢子放入混有 0.5%～1.0%玉米浆的三角瓶，培养原始亲米孢子，再移入罗氏瓶培养生产大米孢子（又称生产米），亲米孢子和生产大米孢子均为 25 ℃静置培养，需要经常观察生长发育情况，培养 3～4 d，大米表面长出明显小集落时要振摇均匀，使菌丝在大米表面均匀生长，等到 10 d 左右形成绿色孢子即可收获。亲米孢子成熟接入生产大米孢子后也要经过激烈振荡才可静置恒温培养，生产米孢子量要求每粒米 300 万只以上。亲米孢子、生产大米孢子都需要保存在 5 ℃冰箱内。

工艺要求将新鲜的生产大米孢子（指收获 10 d 以内的孢子）接入含有花生饼粉、玉米胚芽粉、葡萄糖、饴糖为主的种子罐内，28 ℃培养 50～60 h。当 pH 由 6.0～6.5 下降为 5.5～5.0，菌丝呈菊花团状，平均直径为 100～130 μm，每毫升的球数为 6 万～8 万只，沉降率在 85% 以上时，即可根据发酵罐球数控制 8 000～11 000 只/mL 范围的要求，计算移种体积，然后接入发酵罐，多余的种子液弃去。球状菌以新鲜孢子为佳，其生产水平优于真空干燥的孢子，能使青霉素发酵单位的罐批差异减少。

（2）培养基成分的控制

① 碳源。产黄青霉菌可利用的碳源有乳糖、蔗糖、葡萄糖等，目前生产上普遍采用的是淀粉水解糖、糖化液（DE 值 50% 以上）进行流加。

② 氮源。氮源常选用玉米浆、精制棉籽饼粉、麸皮，并补加无机氮源（硫酸铵、氨水或尿素）。

③ 前体。生物合成含有苄基基团的青霉素 G，需要在发酵液中加入前体。前体可用苯乙酸、苯乙酰胺，一次加入量不大于 0.1%，并采用多次加入，以防止前体对青霉素的毒害。

④ 无机盐。加入的无机盐包括硫、磷、钙、镁、钾等，且用量要适度。另外，由于铁离子对青霉菌有毒害作用，必须严格控制铁离子的浓度，一般控制在 30 μg/mL。

（3）发酵条件的控制

① 加糖控制。根据残糖量及发酵过程中的 pH 确定加糖量，最好是根据排气中 CO_2 量及 O_2 量来控制，一般在残糖降至 0.6% 左右，pH 上升时开始加糖。

② 补氮及加前体。补氮是指加硫酸铵、氨水或尿素，使发酵液氨氮控制在 0.01%～0.05%，补前体以使发酵液中残存苯乙酰胺浓度为 0.05%～0.08%。

③ pH 控制。对 pH 的要求视不同菌种而异，一般为 6.4～6.8，可以补加葡萄糖来控制。目前一般采用加酸或加碱控制 pH。

④ 温度控制。前期 25～26 ℃，后期 23 ℃，以减少后期发酵液中青霉素的降解破坏。

⑤ 溶解氧的控制。一般要求发酵中溶解氧不低于饱和溶解氧的 30%。通风比一般为 0.8 vvm，搅拌转速在发酵各阶段应根据需要而调整。

⑥ 泡沫的控制。在发酵过程中产生大量泡沫，可以用天然油脂（如豆油、玉米油等）或化学消泡剂来消泡，应当控制其用量并要少量多次加入，尤其在发酵前期不宜多用，否则会影响菌体的呼吸代谢。

⑦ 发酵液质量控制。生产中按规定时间从发酵罐中取样，用显微镜观察菌丝形态变化来控制发酵。根据镜检中菌丝形态变化和代谢变化的其他指标调节发酵温度，通过追加糖或补加前体等各种措施来延长发酵时间，以获得最多青霉素。当菌丝中空泡扩大、增多及延伸，并出现个别自溶细胞，这表示菌丝趋向衰老，青霉素分泌逐渐停止，菌丝形态上即将进入自溶期。在此时期由于菌丝自溶，游离氨释放，pH 上升，导致青霉素产量下降，使色素溶解和胶状杂质增多，并使发酵液变黏稠，增加下一步提纯时过滤的困难。因此，生产上根据镜检判断，在自溶期即将来临之际，迅速停止发酵，立刻放罐，将发酵液迅速送往提炼工段。

9.2.4 青霉素的提取和精制

1. 青霉素的提取

青霉素（以注射用青霉素钾盐为例）提取流程图如图 9.7 所示。

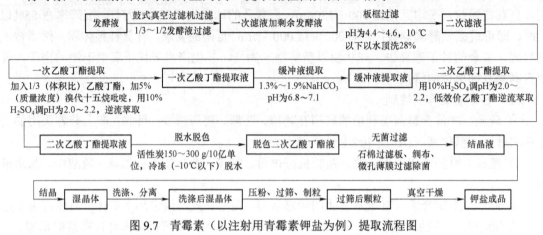

图 9.7 青霉素（以注射用青霉素钾盐为例）提取流程图

2. 提取和精制工艺控制

青霉素不稳定，发酵液预处理、提取和精制过程应注意条件温和、速度快，以防止青霉素被破坏。预处理及过滤、提取过程是各种青霉素产品生产的共性部分，其工艺控制基本相同，只是精制过程有所差别。

1）预处理及过滤

预处理是进行分离纯化的第一个工序。发酵液结束后，目标产物存在于发酵液中，而且浓度很低，仅 0.1%～4.5%，而杂质浓度比青霉素浓度高几十倍甚至几千倍，它们影响后续工艺的有效提取，因此必须对其进行预处理，目的是浓缩目的产物，去除大部分杂质，改变发酵液的流变学特征，有利于后续的分离纯化过程。

发酵液放罐后，首先要冷却至 10 ℃以下，这是因为青霉素在低温时比较稳定，同时细菌繁殖也较慢，可避免青霉素被迅速破坏。然后加入少量絮凝剂用以沉淀蛋白，经真空过滤机过滤，除掉菌丝体及部分蛋白，所得滤渣成紧密饼状，易从滤布上刮下。滤液的 pH 为 6.2～7.2，蛋白质含量为 0.05%～0.2%，这些蛋白质的存在对后面提取有很大影响，必须除去。通常采用 10%H_2SO_4 调节 pH 为 4.5～5.0，加入 0.07%溴代十五烷吡啶（PPB），同时再加入 0.7%硅藻土作为助滤剂（增加过滤速度），再通过板框过滤机进行二次过滤，所得滤液一般澄清透明，可进行萃取。

2）萃取

青霉素的提取采用溶媒萃取法。青霉素游离酸易溶于有机溶剂，而青霉素盐易溶于水。利用这一性质，在酸性条件下把青霉素转入有机溶媒中，调节 pH，再转入中性水相，反复几次萃取，即可提纯浓缩。应选择对青霉素分配系数高的有机溶剂，工业上通常用乙酸丁酯（BA）和戊酯，萃取 2～3 次。从发酵液萃取到乙酸丁酯时，控制 pH 为 1.8～2.2，从乙酸丁酯反萃取到水相时，控制 pH 为 6.8～7.4。发酵滤液与乙酸丁酯的体积比为 1.5～2.1，即一次浓缩倍数为 1.5～2.1。为了避免 pH 波动，可用磷酸盐、碳酸盐缓冲液进行反萃取。发酵液与溶剂比例为 3～4。几次萃取后，浓缩 10 倍，浓度几乎达到结晶要求。萃取总收率在 85%左右。

生产上一般将发酵滤液酸化至 pH 为 2.0，加入 1/3 体积的乙酸丁酯（用量为滤液体积的 1/3），混合后以卧式离心机（POD 机）分离得一次乙酸丁酯萃取液，然后以 NaHCO$_3$ 在 pH 为 6.8～7.4 条件下将青霉素从乙酸丁酯中萃取到缓冲液中；再用 10% H$_2$SO$_4$ 调节 pH 为 2.0，将青霉素从缓冲液中再次转入到乙酸丁酯中（方法同前面所述），得二次乙酸丁酯萃取液。在一次丁酯萃取时，由于滤液含有大量蛋白，通常加入 0.05%～0.1%溴代十五烷吡啶防止蛋白乳化（在酸性条件下）而转入乙酸丁酯中。

为减少青霉素降解，整个萃取过程应在低温下进行（10 ℃以下），萃取罐用冷冻盐水冷却。

3）脱色

在二次乙酸丁酯萃取液中加入活性炭 150～300 g/10 亿单位，进行脱色，除去色素、热原，用石棉过滤板过滤除去活性炭。

4）结晶

萃取液一般通过结晶提纯。不同产品结晶条件控制不同，现以青霉素钾盐为例说明。

（1）醋酸钾–乙醇溶液饱和盐析结晶

青霉素钾盐在醋酸丁酯中溶解度很小，因此，在二次丁酯萃取液中加入醋酸钾–乙醇溶液，使青霉素游离酸与高浓度醋酸钾溶液反应生成青霉素钾，然后溶解于过量的醋酸钾–乙醇溶液中呈浓缩液状态存在于结晶液中，当醋酸钾加到一定量时，近饱和状态的醋酸钾又起到盐析作用，使青霉素钾盐结晶析出。

（2）青霉素醋酸丁酯提取液减压共沸结晶

此操作与饱和盐析结晶法一样，由青霉素游离酸与醋酸钾反应生成青霉素钾。所不同的是此操作要控制结晶前提取液的初始水分，使反应剂加入后，不能像饱和盐析结晶那样立即产生晶体，而是使反应生成的青霉素钾先溶于反应液的水组分中，而后随着减压共沸蒸馏脱水的进行，使反应液中水分不断降低，形成过饱和溶液，晶核产生并逐渐成长，在反应液中析出，得到青霉素钾。

（3）青霉素水溶液–丁醇减压共沸结晶

将青霉素游离酸的醋酸丁酯提取液用碱（KHCO$_3$ 或 KOH）溶液抽提至水相中，形成青霉素钾盐水溶液，调节 pH 后加入丁醇进行减压共沸蒸馏。蒸馏是利用丁醇–水二组分能够形成共沸物，使溶液沸点下降，且丁醇–水二组分在较宽的液相组成范围内蒸馏温度稳定等特点。进行减压共沸蒸馏是为了进一步降低溶液沸点，减少对青霉素钾盐的破坏。在共沸蒸馏过程中以补加丁醇的方法将把水分离出来，使溶液逐步达到过饱和状态而析出结晶。

任务 9.3　淀粉酶的生产工艺

9.3.1　微生物酶生产概述

1. 酶的概念及产酶微生物

酶是一种生物催化剂，具有催化效率高、反应条件温和、专一性强等特点。将酶加工成不同纯度和剂型（包括固定化酶和固定化细胞）的生物制剂即为酶制剂。动植物和微生物产生的许多酶都能制成酶制剂。而微生物酶又具有很大的优势。首先微生物资源丰富，可从不同生态环境筛选相关菌株，获得特色酶，如耐酸碱、耐高温或耐低温等；其次微生物易于克隆相关基因，开展酶工程、遗传工程、发酵工程等研究；最后微生物易于诱变育种，提高产量，易于生产、分离纯化，成本低。

第二次世界大战时，深层培养技术的成功使酶工业得到快速发展，1949 年日本首先开始了用深层发酵生产淀粉酶。20 世纪 50 年代，糖化酶用于葡萄糖的生产。20 世纪 70 年代，酶固定技术发展，固定酶化用于氨基酸拆分，固定葡萄糖异构酶用于高果糖浆的生产，后来又开发了青霉素酰化酶、异淀粉酶、天冬酰胺酶等。目前从自然界发现的酶有 2 500 多种，结晶分离的有数百种，有工业应用价值的 60 多种，而已大量生产的只有 20 多种。

目前常用的产酶微生物如下。

① 大肠杆菌：谷胱甘肽酶、天门冬氨酸酶、青霉素酰化酶、β-半乳糖苷酶。

② 曲霉（黑曲霉、黄曲霉）：糖化酶、蛋白酶、淀粉酶、果胶酶、葡萄糖氧化酶、氨基酰化酶、脂肪酶。

③ 枯草芽孢杆菌：α-淀粉酶、β-葡萄糖氧化酶、碱性磷酸酶。

④ 啤酒酵母：转化酶、丙酮酸脱羧酶、乙醇脱氢酶。

⑤ 青霉菌：葡萄糖氧化酶、青霉素酰化酶、5′-磷酸二酯酶、脂肪酶。

⑥ 木素菌：纤维素酶。

⑦ 根霉菌：淀粉酶、蛋白酶、纤维素酶。

⑧ 链霉菌：葡萄糖异构酶。

2. 酶的生产方法

酶的生产方法有提取分离法、生物合成法和化学合成法三种。提取分离法是最早采用而沿用至今的方法；生物合成法是 20 世纪 50 年代以来酶生产的主要方法，其中以微生物发酵合成酶较为重要；化学合成法至今仍停留在实验室阶段。

微生物具有生长迅速、种类繁多、易变异的特点，通过菌种改良可进一步提高酶的产量，改善酶的生产和性质，加工提纯容易，加工成本相对比较低，充分显示了微生物生产酶制剂的优越性，再加上几乎所有的动植物酶都可以由微生物得到，因此目前工业酶制剂几乎都是用微生物发酵进行大规模制造的。酶的发酵生产根据微生物培养方式不同，可以分为固体培养发酵、液体深层发酵、固定化细胞发酵和固定化原生质体发酵。

3. 酶的提取

酶的提取大致可分为下列几个步骤。

1）发酵液预处理

微生物酶可分为胞外酶和胞内酶，若目的酶是胞外酶，处理时在发酵液中加入适当的絮凝剂或凝固剂并进行搅拌，然后通过分离（如用离心沉降分离机、转鼓真空吸滤机和板框过滤机等）除去絮凝物或凝固物，以取得澄清的酶液。PCH 絮凝剂是从食品加工厂废料中提取的一种多糖天然高分子絮凝剂，在酶制剂发酵液的絮凝中效果好、过滤快、用量少，且对酶活力无损失，可成为酶制剂精制中的一种良好絮凝剂。若目的酶是胞内酶，先把发酵液中的菌体分离出来，并使其破碎，将目的酶抽提至液相中，然后同上述胞外酶一样处理，以获得澄清酶液。

生产液体酶制剂时，可将酶液进行浓缩后加入缓冲剂、防腐剂（苯甲酸钠、山梨酸钾、对羟基苯甲酸甲酯、对羟基苯甲酸丙酯、食盐等）和稳定剂（甘油、山梨醇、氯化钙、亚硫酸盐、食盐等），在阴凉处一般可保存 6～12 个月。至于粉状酶的生产还需要经过酶的沉淀、酶的干燥、酶制剂化和稳定化处理等几个步骤。

2）酶的沉淀

常用的方法有有机溶剂沉淀法和盐析沉淀法。

（1）有机溶剂沉淀法

有机溶剂沉淀法具有分辨率高的特点，是酶蛋白初步纯化的常用方法。有机溶剂的加入降低了溶液的介电常数，增加了蛋白质粒子间的作用力即库仑力，使粒子间静电引力增大而聚集和沉淀。有机溶剂还会降低蛋白质分子的溶剂化能力，使其表层水层脱水破坏而变得不稳定，最后形成沉淀。

有机溶剂沉淀法选择的沉淀剂必须是能与水相溶且不与酶发生任何作用的有机溶剂，常用的有丙酮与乙醇。有机溶剂大多数都带有一定的毒性，易使蛋白质构象发生变化而导致变性，所以在纯化过程中一般采用毒性较小的丙酮以尽量消除这种副作用。形成沉淀后不需要专门的方法去除沉淀剂，只需通过自然挥发除去，必要时采用真空抽滤脱除。

（2）盐析沉淀法

盐析沉淀法是许多酶提纯阶段经常采用的方法。中性无机盐离子在较低浓度时会增加蛋白质的溶解度，但当盐浓度增加到一定的程度时，盐离子与蛋白质表面具有相反电荷的离子基团结合，使排斥力减弱而凝聚，同时蛋白质表面的水化膜被破坏而引起蛋白质的沉淀。

盐析沉淀法常用的中性无机盐有硫酸铵、硫酸钠、硫酸镁、磷酸钠、磷酸钾、氯化钾、醋酸钠、硫氰化钾等，但在酶的分离纯化中常用的是硫酸铵。由于高离子浓度对酶的活性有很大的影响，故盐析后需脱盐，常用的脱盐处理方法有透析法、电渗析法和葡萄糖凝胶过滤法，酶的分离过程最常用的是透析法。

3）酶的干燥

收集沉淀的酶进行干燥、磨粉，并加入适当的稳定剂、填充剂等制成酶制剂，或在酶液中加入适当的稳定剂、填充剂，直接进行喷雾干燥。

4）酶制剂化和稳定化处理

（1）酶制剂化处理

浓缩的酶液可制成液体或固体酶制剂成品。酶制剂的出售一般以一定体积或质量的酶活性计价，故生产出的酶制剂在出售前往往需要稀释至一定标准的酶活性。

（2）稳定化处理

为改进和提高酶制剂的储藏稳定性，一般都要在酶制剂中加入一种以上的物质，可作为酶活稳定剂，又可作为抗菌剂及助滤剂，若制成干粉，则可起到填料、稀释和抗结块的作用。可用作酶活稳定剂的物质很多，如辅基、辅酶、金属离子、底物、整合剂、蛋白质等，最常用的有多元醇（如甘油、乙二醇、山梨醇、聚乙二醇等）、糖类、盐、乙醇及有机钙。有时单独采用一种稳定剂效果不明显，则需要几种物质合用，如明胶对细菌淀粉酶及蛋白酶有稳定作用，但效果不明显，若同时加入些乙醇和甘油，稳定效果就显著了。

9.3.2　淀粉酶生产概述

淀粉酶是水解淀粉和糖原酶类的总称，广泛存在于动植物和微生物中。近年来，随着淀粉质原料深加工工业的发展，酶制剂所扮演的角色也越来越重要。据统计，淀粉酶作为工业酶制剂的重要组成部分，占了酶制剂市场份额的 25% 左右。淀粉酶已被广泛应用于葡萄糖、麦芽糖、高果糖浆、味精、柠檬酸等以淀粉为原料生产的产品。利用酶法转化淀粉，可根据不同工业（如糖果、软饮料、罐头乃至啤酒工业）的需求制造出不同组分的糖浆。淀粉转化糖不只提供甜度，还在改善终产品黏度、保持水分及控制其他特性等方面扮演着重要的角色。

根据淀粉酶对淀粉的水解方式不同，可将其分为 α–淀粉酶、β–淀粉酶、葡萄糖淀粉酶和异淀粉酶等。α–淀粉酶是以淀粉为底物的淀粉内切水解酶，又称 α–1，4–葡聚糖–4–葡聚糖水解酶，编号为 EC 3.2.1.1，通常相对分子量为 45～60 kD（1 D=1 g/mol）。它与淀粉作用时，是从分子内部切开 α–1，4–糖苷键使淀粉相对分子量迅速降低，降解为水溶性的糊精并产生少量麦芽糖和葡萄糖。

α–淀粉酶广泛分布于动物、植物和微生物中，能水解淀粉产生糊精、麦芽糖、低聚糖和葡萄糖等，是工业生产中应用最为广泛的酶制剂之一。目前，α–淀粉酶已广泛应用于变性淀粉及淀粉糖生产、焙烤工业、啤酒酿造、酒精工业、发酵工业以及纺织工业等。

α–淀粉酶可由微生物发酵产生，也可由植物、动物提取。目前，工业生产中都是以微生物发酵法大规模生产 α–淀粉酶。有实用价值的 α–淀粉酶的产生菌为枯草芽孢杆菌、地衣芽孢杆菌、嗜热脂肪芽孢杆菌、凝结芽孢杆菌、解淀粉芽孢杆菌、嗜碱芽孢杆菌、米曲霉、黑曲霉和拟内孢霉等。其中，高温 α–淀粉酶的工业生产菌株为地衣芽孢杆菌，中温 α–淀粉酶的工业生产菌株为解淀粉芽孢杆菌或枯草芽孢杆菌。

α–淀粉酶的生产方法有液体发酵法和固体培养法两种。液体发酵法生产的 α–淀粉酶经分离提纯后，可制得纯净的食品级酶制剂产品，这种产品主要应用在食品、淀粉糖、制药等直接入口的产品生产中。固体培养法生产的 α–淀粉酶经干燥后得到粉剂产品，由于含有多种复杂的酶系和杂质，所以适合于条件要求不高的粗质原料发酵产品的生产。

9.3.3　α–淀粉酶的液体发酵

α–淀粉酶的液体发酵流程图如图 9.8 所示。

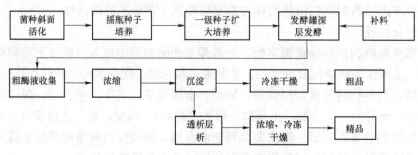

图 9.8　α–淀粉酶液体发酵流程图

1. 生产菌种

目前，国内外生产 α-淀粉酶所采用的菌种主要有细菌和霉菌两大类，典型的是芽孢杆菌和米曲霉。固态曲法使用米曲霉培养 α-淀粉酶，其产品主要用作消化剂，产量较小。液体深层通风培养法使用芽孢杆菌大规模地生产 α-淀粉酶，如我国的枯草芽孢杆菌 BF-7658。多数枯草芽孢杆菌都能用于生产大量的淀粉酶，产品易于分离。由于芽孢具有较强的抗热能力，分离纯化时可采用热处理的方法，杀死样品中所有不含芽孢的菌类，在培养过程中使芽孢杆菌得到很好的富集。利用该芽孢杆菌产淀粉酶的特性，选择以淀粉为碳源的分离培养基，菌体分泌的淀粉酶会使菌落周围的淀粉水解，滴加碘液即可在菌落周围出现清晰的透明圈。根据透明圈的直径（C）与菌落直径（H）之比（C/H）可初步鉴定酶活力的高低，即比值越大酶活力越高，进而筛选出优良的生产用菌。

2. 生产原料

固体培养法以麸皮为主要原料，酌量添加米糠或豆饼的碱水浸出液，以补充氮源。

液体培养法常以麸皮、玉米粉、豆饼粉、米糠、玉米浆等为原料，并适当补充硫酸铵、氯化铵、磷酸铵等无机氮源，此外还需要添加少量镁盐、磷酸盐、钙盐等。固形物浓度一般为 5%～6%，高者达 15%，为了降低培养液黏度，淀粉原料可用 α-淀粉酶液化，氮源可用豆饼碱水浸出液代替。

3. 液体培养基的制备及发酵控制

1）孢子培养

孢子培养基配制的目的是供菌体繁殖孢子，常采用的是固体培养基，对这类培养基的要求是能使菌体生长快速，产生数量多而优质的孢子，并且不会引起菌体变异。常用的培养基是土豆斜面培养基，37 ℃，培养 3 d，待长出大量孢子后作为接种用的种子。

2）种子培养

种子培养基是供孢子发芽、生长和大量繁殖菌丝体，并使菌丝体长得粗壮成为活力强的种子。对于种子培养基的要求是，营养要比较丰富和完全，氮源和维生素的含量要比较高，浓度以稀薄为好，可以达到较高的溶解氧，供大量菌体生长和繁殖。

将斜面菌种接种到摇瓶种子培养基中，37 ℃，200 r/min 摇床培养 3 d。将培养的种子接入到 20 L 种子罐中进行发酵培养，使菌种迅速生长、复壮，在较短周期内达到生产菌合成发酵产物的能力。种子罐培养条件为 37 ℃搅拌，通风培养 12～24 h。菌种进入对数生长期（通过镜检，细胞密集，细胞粗壮整齐，大多细胞单独存在，少数呈链状，发酵液 pH 为 6.3～6.8，酶活力为 5～10 U/mL）再接种到发酵罐中。

3）发酵培养

对于发酵培养基的要求是营养要适当丰富并完全适合菌种的生理特性和生长要求，能使菌种迅速、健壮地生长，能在较短的周期内充分发挥生产菌合成发酵产物的能力，并且要注意成本和能耗。

发酵罐培养基经过消毒灭菌冷却后接入 3%～5%的种子培养液。培养条件为 37 ℃，发酵罐压 0.5 kg/cm²，前 20 h 风量为 0.48 vvm，20 h 后风量为 0.67 vvm，培养时间为 40～48 h。中途三倍碳源的培养基补料，体积相当于基础料的 1/3，从培养 12 h 开始，每小时一次，分 30 余次添加完毕。停止补料后 6～8 h 罐温不再升高，菌体衰老，80%形成空泡，每 2～3 h

取样分析一次，当酶活力不再升高，结束发酵。向发酵液中添加 2%CaCl$_2$，0.8%Na$_2$HPO$_4$，50～55 ℃加热处理 30 min，以破坏共存的蛋白酶，促使胶体凝聚而易于过滤。然后冷却到 35 ℃，加入硅藻土为助滤剂准备过滤。

9.3.4 α–淀粉酶的提取

无论是固态发酵还是液态发酵，酶的提纯和分离精制都至关重要。酶的发酵终产物往往具有以下特点：目的酶的浓度一般比较低；待分离的体系十分复杂，含有细胞、细胞碎片、蛋白质、核酸、脂类、糖类、无机盐等。当酶是胞内酶时，需要进行细胞破碎，因为酶本身的性质不稳定，分离过程中如果操作不当会造成酶生物活性的丧失，所以要控制好操作温度和 pH 并避免产物与空气接触污染和氧化，分离提取过程尽量迅速，缩短停留时间。

α–淀粉酶的提取流程图如图 9.9 所示。

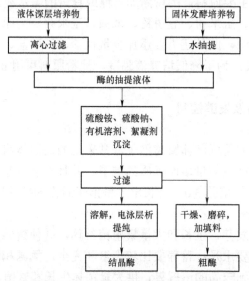

图 9.9　α–淀粉酶制剂提取流程图

任务 9.4　柠檬酸的生产工艺

9.4.1　有机酸的生产概述

有机酸是指一些具有酸性的有机化合物。最常见的有机酸是羧酸，其酸性源于羧基（—COOH）。含有一个或多个羧基的有机酸广泛存在于自然界中，在动物、植物、微生物体内均有发现。

有机酸发酵工业是生物工程领域中的一个重要且比较成熟的分支。有机酸在传统发酵食品中早已得到广泛应用。用微生物发酵生产有机酸以替代从水果和蔬菜等植物中提取有机酸是近年来由于社会及市场的需要而开发出来的方法。由于食品、医药、化学合成等工业的发展,有机酸需求急剧增高,发酵生产有机酸逐渐发展成为近代重要的工业领域。目前广泛用于食品工业与化工原料的具有代表性的有机酸主要有柠檬酸、乳酸、葡萄糖酸、苹果酸、衣康酸、酒石酸、琥珀酸、醋酸等。而发酵在这类酸的生产过程中起到了很重要的作用。

对于发酵法生产有机酸的代谢途径,各国研究颇多,目前普遍认为是通过糖酵解途径进入三羧酸循环,通过代谢调控可达到积累某个有机酸的目的。

下面介绍几种主要的发酵有机酸的行业生产现状。

1. 柠檬酸

柠檬酸是当今世界第一大有机酸,其中食品用途约占 60%,其余作为医药和工业用途(如作为工业洗涤剂),我国现已成为世界主要柠檬酸生产国与出口国。

2. L-乳酸

乳酸发酵的菌种在工业上主要有乳酸菌和根霉两类,乳酸工业发展很快,特别是 L-乳酸越来越引起大家的关注。这不仅是它广泛用于食品工业,更因为它是可降解塑料的原料,潜伏着巨大的商机。

近年来,国际上许多研究表明,聚乳酸在空气、水和普通细菌存在的条件下,可完全分解为水和二氧化碳,形成良好的生态循环,是一种很好的绿色材料。聚乳酸的出现,为目前规模巨大的塑料工业难以克服的资源不可再生性和日益严重的白色污染问题,提供了一条较为圆满的解决途径。以聚乳酸塑料逐步取代石油为原料的塑料制品,是一举三得的事,其前景不可限量,很可能超过柠檬酸,成为产量最大的发酵有机酸。

3. 苹果酸

苹果酸学名为羟基丁二酸,是一种较强的有机酸,它的性质与柠檬酸大致相同,作为酸味剂,酸度略高于柠檬酸,具有较强的令人愉快的味觉,产生热量更低,是一种低热量的理想食品添加剂。因此在食品工业上应用中大有取代柠檬酸的趋势。

苹果酸发酵生产主要有三条路线,即一步发酵法、两步发酵法或酶转化法,在食品、医药工业中的应用主要是生成 L-苹果酸。一步发酵法常用的菌种主要有曲霉属和假丝酵母,两步发酵法常用的菌种主要有根霉菌属或毕赤酵母等。

9.4.2 柠檬酸的生产概述

1. 柠檬酸的介绍

柠檬酸的化学名称为 3-羟基-3-羧基戊二酸,它是无色、无臭、半透明结晶或白色粉末,易溶于水及酒精,是三羧酸循环中的主要中间产物。柠檬酸具有令人愉快的酸味,安全无毒,是发酵生产中的重要有机酸,能被生物体直接吸收代谢。

柠檬酸广泛应用于食品工业,主要用作食品的酸味剂,能增加天然风味;在医药行业,柠檬酸糖浆及各种柠檬酸盐(如柠檬酸铁、柠檬酸钠等)广泛用于临床及生化检验;在化工行业常用作缓冲剂、抗氧化剂、除腥脱臭剂、螯合剂等,此外还可用作多种纤维的媒染剂、聚丙烯塑料的发泡剂等。

柠檬酸发酵在 1950 年以前都是采用以蔗糖或糖蜜为原料的浅盘法发酵,菌种以黑曲霉为主。1950 年以后,以糖蜜、淀粉水解液为原料的黑曲霉深层发酵相继投产。深层发酵通过在培养基中使用低价离子和络合亚铁,使发酵过程在 pH 为 5.0 的条件下进行发酵,有效地抑制

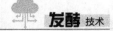

了草酸的产生。深层发酵周期为 4~7 d，对于大规模生产多倾向于选择深层发酵。

2. 黑曲霉发酵法生产柠檬酸的途径

黑曲霉发酵法生产柠檬酸的途径为：黑曲霉生长繁殖时产生的淀粉酶、糖化酶首先将薯干粉或玉米粉中的淀粉转变为葡萄糖；葡萄糖经过酵解途径（EMP）和戊糖磷酸途径（HMP）转变为丙酮酸；丙酮酸一部分氧化脱羧生成乙酰 CoA，另一部分经 CO_2 固定羧化成草酰乙酸；乙酰 CoA 和草酰乙酸在柠檬酸合成酶的作用下生成柠檬酸，如图 9.10 所示。

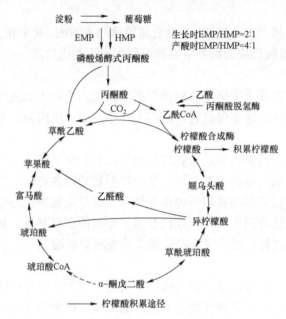

图 9.10　黑曲霉发酵法生产柠檬酸的代谢途径

9.4.3　柠檬酸的生产工艺流程

目前我国柠檬酸发酵以深层发酵为主，该法有发酵周期短、产率高、操作简便、占地少等优点。由于我国薯类资源丰富，大多采用薯类原料，目前采用的菌种多为黑曲霉 Co827。柠檬酸的生产工艺流程图如图 9.11 所示。

1. 生产菌种

黑曲霉是重要的发酵工业菌种，可生产淀粉酶、酸性蛋白酶、纤维素酶、果胶酶、葡萄糖氧化酶、柠檬酸、葡萄糖酸和没食子酸等。黑曲霉生长最适 pH 因菌种而异，一般为 3~7，产酸最适 pH 为 1.8~2.5。生长最适温度为 33~37 ℃，产酸最适温度为 28~37 ℃。黑曲霉在 pH 为 2~3 的环境中发酵蔗糖，产物以柠檬酸为主，只产极少量的草酸；当 pH 接近中性时，则大量产生草酸，而柠檬酸产量降低。

黑曲霉以无性繁殖的方式繁殖，具有多种活力较强的酶，能够利用淀粉类物质，并且对蛋白质、维生素、果胶等物质具有一定的分解能力。黑曲霉可以边长菌、边糖化、边发酵产酸的方式生产柠檬酸。

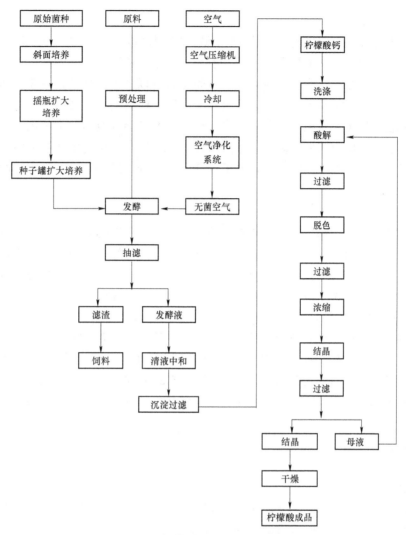

图 9.11 柠檬酸的生产工艺流程图

2. 生产原料

生产柠檬酸可用含淀粉或糖的物质作为原料，如红薯粉渣、甘蔗、糖蜜等。直接用薯干等淀粉质原料时，首先要利用生产菌产生的淀粉酶，把淀粉水解为葡萄糖。糖蜜原料要在糖化酶的作用下转变为葡萄糖和果糖并除去金属离子，最后由葡萄糖生成柠檬酸。

3. 培养基的制备

柠檬酸发酵培养基的组成主要包括碳源、氮源、金属离子等。

1）碳源

目前常用的碳源主要有废糖蜜、蔗糖及淀粉质原料。我国柠檬酸行业的生产基本采用以淀粉质原料进行深层发酵。

越南中部地区出产的木薯质量最好，最适宜作为柠檬酸发酵的原料。我国海南、广东、福建、广西等地区也广泛种植木薯。木薯原料中所含的 P、K、S 等元素的量已足够黑曲霉生长，不需专门添加。而且木薯含黏性物质少，产生的醪液黏度小，可浓醪发酵。

2）氮源

氮源的作用是合成细胞物质（如蛋白质、氨基酸、核酸、维生素等），以及调节代谢作用，从生长角度看，黑曲霉可利用很多无机氮和有机氮，但一般以有机氮为佳。生产上常用玉米浆、麸皮、米糠作为氮源，而氨、氢氧化铵或磷酸铵可以大大提高产量，在代谢中首先形成氨基酸如谷氨酸、甘氨酸及丙氨酸，这些氨基酸促进了柠檬酸的形成。

一般柠檬酸发酵需要氮源，但不能过多，过多的氮源会导致菌丝生长过旺，过量的菌丝造成供氧相对不足，形成较大的菌球，造成菌球表面积较小，引起菌体呼吸困难，使发酵后期糖的消耗和产酸几乎处于停滞状态，发酵产酸急剧下降。过少的氮量则影响菌的生长和产酸速度，对发酵不利。

3）金属离子

一些金属离子如钼、铜、锌或钙等对柠檬酸合成有一定的抑制作用。亚铁氰化钾可以提高柠檬酸的产量，这是由于它可以沉淀对柠檬酸合成有抑制作用的某些金属盐。

Mg^{2+}是细胞内多种酶的激活剂，Mg^{2+}可促进生成丙酮酸，降低磷酸烯醇式丙酮酸向草酰乙酸转化的可能，使草酰乙酸缺乏，所以添加适量的Mg^{2+}有利于柠檬酸生成。

4）种子的扩大培养

在$4\sim6°$Bé的麦芽汁琼脂斜面培养基接入黑曲霉菌种，在$30\sim32\ ℃$条件下培养4 d左右。将麸皮和水以 1:1 的比例掺拌，再加入 10%的碳酸钙、0.5%的硫酸铵，拌匀后装入容量为250 mL 的三角瓶中，灭菌。接入斜面培养法培养出的菌种，培养$96\sim120\ h$后即可使用，进一步接入种子罐、发酵罐。整个工艺流程为：保藏菌种→斜面活化→摇瓶种子培养→种子罐→发酵罐。

9.4.4 柠檬酸的发酵工艺控制

1. 温度的控制

黑曲霉属嗜热微生物，最适生长温度为$33\sim37\ ℃$，注意发酵过程中的温度控制。整个发酵过程分为三个阶段：第一阶段为前 18 h，室温为$27\sim30\ ℃$，料温为$27\sim35\ ℃$；第二阶段为第 $18\sim60\ h$，料温为$40\sim43\ ℃$，不能超过 $44\ ℃$，室温要求 $33\ ℃$左右；第三阶段为 60 h以后，料温为$35\sim37\ ℃$，室温为$30\sim32\ ℃$。

2. pH 的控制

发酵过程中，随着菌种对培养基的利用和代谢产物的积累，会使得 pH 产生一定的变化。黑曲霉柠檬酸生产菌的酸性糖化酶最适 pH 为$4.0\sim4.6$，柠檬酸发酵最适 pH 为 2.0 以下，这就需要保证糖化速度和产酸速度之间的衔接与平衡。

首先考虑发酵培养基的基础配方，使碳源和氮源比例适当，使得发酵过程的 pH 在合适范围内。其次通过直接补加酸、碱和补料的方式来控制 pH，如生理酸性物质$(NH_4)_2SO_4$和生理酸性物质$NaNO_3$。

3. 溶解氧的控制

黑曲霉菌是好氧微生物，该发酵属于典型的好氧发酵，对氧气十分敏感，所以通风搅拌十分重要。当发酵进入产酸期，只要几分钟的缺氧就会对发酵造成严重的影响，甚至发酵失败。因此，供氧方面，主要是通过调节搅拌转速或通气速率来控制供氧，也可采用调节温度、液化培养基、中间补水、添加表面活性剂等工艺措施来改善溶氧。

9.4.5 柠檬酸的提取与精制

在成熟的柠檬酸发酵醪中，除含有主产物柠檬酸外，还有纤维、菌体、有机杂酸、蛋白类胶体物质、糖、色素、矿物质及其他一系列代谢衍生物等杂质，这些杂质溶存或悬浮于发酵醪中。通过各种物理方法和化学方法，将这些杂质清除从而得到符合国家质量标准的柠檬酸产品的全过程，即柠檬的提取与精制，也叫作柠檬酸生产的下游工程。檬酸的提取与精制流程图如图 9.12 所示。

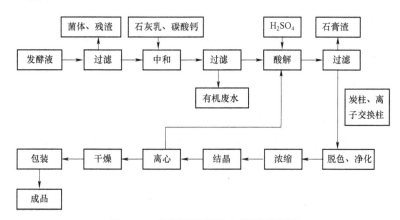

图 9.12 柠檬酸的提取与精制流程图

1. 柠檬酸的预处理

预处理是指将发酵液加热（温度控制在 75～90 ℃），可以杀死柠檬酸产生菌和其他杂菌，终止发酵。同时使发酵液中的部分蛋白质变性、絮凝，从而降低发酵液浓度以便于过滤。预处理加热时间不宜过长，防止菌体破裂使料液黏度增加不利于过滤。

将曲料放入浸取缸，用温度 90 ℃以上的水连续浸泡五次，每次浸泡约 1 h。当浸液酸度低于 0.5%时，停止浸泡进行出渣。将浸液倒入搪瓷锅，加温至 90 ℃，保持 10 min 后，停止加热，让其静置沉淀 6 h。

2. 过滤

过滤的目的是除去发酵液中的各种悬浮的固形物质，尽可能减少滤液的稀释度，把柠檬酸的损失减少到最低限度。

目前常用的过滤方法有板框压滤和真空带式过滤。板框过滤开始阶段不必加压，待滤饼形成、滤速减慢时可适当加压。为了提高过滤收率，可完成过滤后再用热水进行一次复滤。

3. 清液中和

将经过沉淀的清液移入中和罐，加温至 60 ℃后，加入碳酸钙中和，边加边搅拌。柠檬酸与碳酸钙形成难溶性的柠檬酸钙，从发酵液中分离沉淀出来，达到与其他可溶性杂质分离的目的。加完碳酸钙后，升温到 90 ℃，保持半小时待碳酸钙反应完成后，倒入沉淀缸内，抽去残酸，再放入离心机脱水，用 95 ℃以上的热水洗涤钙盐，以除去其表面附着的杂质和糖分。这个过程要重点检查糖分是否洗净（洗净的柠檬酸钙盐最好能迅速进行酸解，不要存放过久，

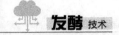

否则会因发霉变质造成损失。如因故不能及时处理，要晾干后再存放），方法是将 1%～2%的高锰酸钾溶液滴一滴到 20 mL 洗水中，3 min 不变色即说明糖分已基本洗净。

在清液中和过程中，控制中和的终点很重要，过量的碳酸钙会造成胶体等杂质一起沉淀下来，不仅影响柠檬酸钙的质量，而且给后道工序造成困难。一般按计算量加入碳酸钙（碳酸钙总量＝柠檬酸总量×0.714），当 pH 为 6.5～7.0，滴定残酸为 0.1～0.2%时即达到终点。一旦碳酸钙加过量，需要补加发酵液或母液。

4. 酸解

酸解是将已洗净的难溶性的柠檬酸钙与硫酸作用，生成柠檬酸与硫酸钙，从而达到分离纯化的作用。反应式如下：

$$Ca（C_6H_5O_7）_2 + 3H_2SO_4 = 2C_6H_8O_7 + 3CaSO_4$$

具体操作是把柠檬酸钙用水稀释成糊状，慢慢加入硫酸（一般根据投入碳酸钙的量来计算硫酸量，以碳酸钙用量的 92%～95%为宜），在加入计算量的 80%以后，就要开始测定终点。测定方法如下：取甲乙两支试管，甲管吸取 20%硫酸 1 mL，乙管吸取 20%氯化钙 1 mL，分别加入 1 mL 过滤后的酸解液，水浴锅内加热至沸腾，冷却后观察两管溶液，如果不产生混浊，再分别加入 1 mL 95%酒精，如甲乙两管仍不出现混浊，即认为达到终点。甲管有混浊，说明硫酸加量不足，应再补加一些柠檬酸钙。酸解达到终点后，煮沸 30～45 min，然后放入过滤槽过滤。

5. 脱色

脱色是用活性炭或脱色树脂除去有色的物质，常用的是活性炭脱色。在所得清液中，加入活性炭（一般用量为柠檬酸用量的 1%～3%，视酸解液的颜色而定）脱色，在 85 ℃左右保温 30 min，即可过滤。滤瓶用 85 ℃以上热水洗涤，洗至残酸低于 0.5%即可结束，洗水单独存放，作为下次酸解时的底水使用。

6. 树脂吸附

离子交换树脂是用来去除柠檬酸液中的各种杂质离子的。通过阳离子交换柱可去除 Ca^{2+}、Fe^{2+}等阳离子。最常用的阳离子交换树脂是 732 树脂。柠檬酸进入阳离子交换柱后，要控制一定流速并用黄血盐和酒精实时监测流出液中有无 Ca^{2+}、Fe^{2+}，若有 Ca^{2+}、Fe^{2+}应该立即停止进料。柠檬酸液中的阴离子可用阴离子交换树脂去除，用 $AgNO_3$ 试剂监测流出液中的 Cl^-作为阴离子交换柱进料的控制终点。

7. 浓缩与结晶

将脱色后过滤所得清液，用减压法浓缩（要求真空度为 600～740 mmHg，温度为 50～60 ℃）。柠檬酸液浓缩后，腐蚀性较大，因此多采用搪瓷衬里的浓缩锅，浓缩液的浓度要适当，如浓度过高，会形成粉末状；但浓度过低，也会造成晶核少，成品颗粒大，数量少，母液中残留大量未析出的柠檬酸，影响产量。当浓缩达到 36.7～37° Be 时即可出罐。柠檬酸结晶后，用离心机将母液脱净，然后用冷水洗涤晶体，最后用干燥箱除去晶体表面的水。

母液可以再直接进行一次结晶，剩下的母液往往因含大量杂质，不宜作第三次结晶，但可以在酸解液中套用，或用碳酸钙重新中和。干燥箱的温度要控制在 35 ℃以下，如气温高于 20 ℃时，可采用常温气流干燥。

 技能训练一

谷氨酸发酵

一、实验目的

① 掌握谷氨酸发酵工业菌种的活化、制备工艺。

② 掌握淀粉水解的方法。

③ 掌握实验室小型发酵罐的操作,完成谷氨酸发酵的全过程。

④ 掌握快速测定发酵过程谷氨酸含量的方法。

二、实验材料

（1）菌种

谷氨酸棒杆菌。

（2）试剂

葡萄糖、大米粉、α−淀粉酶（2 000 U/g）、糖化酶（50 000 U/g）、尿素、硫酸锰、玉米浆、K_2HPO_4、$MgSO_4$、尿素、$FeSO_4$（2 ppm）、$MnSO_4$、Na_2S、活性炭、NaOH、Na_2HPO_4、KCl。

（3）器材

接种环、酒精灯、摇床、超净工作台、抽滤装置、发酵罐、pH 试纸或者 pH 计、高压灭菌锅、培养箱、显微镜、分光光度计、离心机、华勃氏呼吸器。

三、实验步骤

1. 淀粉水解

① 液化。称取 30 g 大米粉置于三角瓶中,加水至 100 mL,用纯碱调节 pH 为 6.2～6.4,加入适量的氯化钙,使钙离子浓度达到 0.01 mol/L,并加入一定量的液化酶,控制加入的酶量为 5～8 U/g 淀粉,搅拌均匀后加热,在温度 85～90 ℃的条件下保温 10 min 左右,用碘液检验,达到所需的液化程度后升温到 100 ℃,灭酶 5～10 min。

② 碘液检验方法。在洁净的比色板上滴加 1～2 滴碘液,再滴加 1～2 滴待检的液化液,若反应液呈橙黄色或棕红色即液化完全。

③ 糖化。将上述液化液冷却至 60 ℃,用 10%柠檬酸调节 pH 为 4.0～4.5,按 100 U/g 淀粉的量加入糖化酶,并于温度为 55～60 ℃的条件下保温糖化至糖化完全。糖化结束后升温至 100 ℃,灭酶 5 min。

④ 糖化终点的判断。在 150 mm×15 mm 试管中加入 10～15 mL 无水乙醇,加糖化液 1～2 滴,摇匀后若无白色沉淀生成表明已达到糖化终点。

⑤ 过滤。将糖化液趁热用布氏漏斗进行抽滤,所得滤液即为水解糖液。

2. 培养基制备及培养

① 一级种子培养基制备及培养。按培养基配方配制 200 mL 一级种子培养基（葡萄糖 2.5%、尿素 0.5%、硫酸镁 0.04%、磷酸氢二钾 0.1%、玉米浆 2.5%～3.5%,调节 pH 为 7.0）。按 20%装液量分装于 250 mL 三角瓶内,于 121 ℃灭菌 20 min 冷却备用。

将斜面菌种接入已灭菌冷却的种子培养基中（250 mL 三角瓶内接入 1～2 环）于（32±

1）℃、250 r/min 条件下培养 12 h。一级种子质量要求：

种龄为 12 h，pH 为 6.4±0.1，光密度为 OD 净增值 0.5 以上，无菌检查为"阴性"，噬菌体检查为"无"。

② 二级种子培养基配制及培养。按培养基配方配制 500 mL 二级种子培养基（水解糖 2.5%、尿素 0.4%、硫酸镁 0.04%、磷酸氢二钾 0.1%、玉米浆 2.5%～3.5%，调节 pH 为 7.0）。并按 20%装液量分装于 500 mL 三角瓶中后，于 121 ℃灭菌 20 min 冷却备用。

在已灭菌的二级种子培养基中，按 0.5%～1.0%接入已培养好的一级种子，于（32±1）℃、250 r/min 条件下培养 7～8 h，二级种子质量要求：种龄为 7～8 h，pH 为 6.8～7.2、OD 值净增为 0.5 左右，无菌检查为"阴性"，镜检生长旺盛，排列整齐，G$^+$。

③ 发酵培养基配制及发酵。按发酵培养基配方制备适量发酵培养基（水解糖 10%、甘蔗糖蜜 0.18%～0.22%、玉米浆 0.1%～0.15%、Na_2HPO_4 0.17%、KCl 0.12%、$MgSO_4$ 0.04%，调节 pH 为 7.2），装入发酵罐内，于 121 ℃灭菌 20 min 冷却备用。

按 1%的接种量将合格的二级种子按无菌操作的要求接入发酵罐，于（35±1）℃、250 r/min 条件下发酵 35 h。

3. 发酵工艺控制

① 温度。谷氨酸发酵前期菌体生长最适温度为 30～32 ℃，对数生长期最适温度为 30～32 ℃，谷氨酸合成的最适温度为 34～37 ℃，催化谷氨酸合成的谷氨酸脱氢酶的最适温度为 32～36 ℃，在发酵中期、后期需要维持最适的产酸温度，以利于谷氨酸的合成。

② pH。谷氨酸发酵的最适 pH 为 7.0～8.0，发酵过程中用自动补料尿素来控制 pH，即 0～8 h pH 为 7.5 左右，8～20 h pH 为 7.2～7.3，20～24 h pH 为 7.0～7.1，24～35 h pH 为 6.5～6.6。尿素流加总量为 4%。

③ 通风。谷氨酸生产菌是好氧菌，通风和搅拌不仅会影响菌种对氮源和碳源的利用率，而且会影响发酵周期和谷氨酸的合成量。尤其是在发酵后期，加大通气量有利于谷氨酸的合成。

④ 生长因子。将生物素控制在亚适量条件下，才能得到高产率的谷氨酸。

⑤ 泡沫的控制。在发酵过程中，由于通气和搅拌、新陈代谢以及产生的 CO_2 等，会使发酵液产生大量的泡沫，影响菌体的呼吸代谢，也会造成杂菌污染，因此经常加入化学消泡剂或用机械消泡器进行消泡。

⑥ 碳源。发酵 10 h 后，每隔 4 h 补糖一次，每次补入 1%的水解糖液，在发酵 26 h 前补入 4%的水解糖液。

⑦ 镜检及谷氨酸测定。每隔 2 h 取样一次进行镜检，经单染后观察菌体形态，同时用茚三酮法或华勃氏呼吸器测定发酵液中谷氨酸的含量。

⑧ 染菌。谷氨酸生产菌对杂菌及噬菌体的抵抗力差。一旦染菌，就会造成减产或无产现象的发生，预示着谷氨酸发酵生产的失败，这给厂家造成不同程度的损失。所以预防及挽救很重要。

常见杂菌有芽孢杆菌、阴性杆菌、葡萄球菌和霉菌。针对芽孢杆菌，打料时，检查板式换热器和维持管压力是否高出正常水平。如果堵塞，容易造成灭菌不透。板式换热器要及时清洗或拆换。维持罐要打开检查管路是否有泄漏或短路，阀门和法兰是否损坏。针对阴性杆菌，对照放罐体积，看是否异常。如果高于正常体积，可能是排管泄漏，对接触冷却水的管路和阀门等处进行检查。针对葡萄球菌，流加糖罐和空气过滤器要进行无菌检查，如果染菌要统一杀菌处理。针对霉菌，加大对环境消毒力度，对环境死角进行清理。

噬菌体不耐高温，一般升温至 80 ℃噬菌体就会死亡。在发酵 2～10 h 时污染噬菌体，判断正确后，把发酵液加热至 45 ℃维持 10 min 把谷氨酸菌杀灭。在发酵 10～14 h 时污染噬菌体，仍是把发酵加热至 45 ℃维持 10 min，压出发酵罐，进行分罐处理，一般可分成两罐来处理。发酵 18 h 后出现 OD 值下跌，此时残糖在 3%左右，出现耗糖缓慢或停止。镜检没有发现菌体碎片，可能是溶源菌或发酵前期出现高温现象，造成菌体自溶。处理方法为补入 4～5 U 纯生物素，压入相当于同期发酵液 10%的量，继续发酵。发酵结果比同期发酵结果略差。

四、实验结果记录与分析

把结果记录在表 9.3 中。

表 9.3　谷氨酸发酵实验记录表

时间/h	0	4	8	12	14	16	18	20	22	24	26	28	30
谷氨酸含量													

技能训练二

10 L 青霉素发酵

一、实验目的

1. 掌握产黄青霉菌菌株的扩大培养及液体发酵技术。
2. 掌握小型发酵罐的空消、实消、接种、发酵监控等操作技能。

二、实验原理

青霉素是产黄青霉菌菌株在一定的培养条件下发酵产生的。生产上一般将米孢子接入种子罐经二级扩大培养后，移入发酵罐进行发酵，所制得的含有一定浓度青霉素的发酵液经适当的预处理，再经提炼、精制、成品分包装等工序最终制得符合药典要求的成品。

三、实验材料

（1）菌种

产黄青霉菌菌株（安瓿瓶冷冻孢子）。

（2）染液

乳酸石炭酸棉蓝染色液。

（3）培养基

察氏琼脂培养基、新鲜大米、种子培养基、发酵培养基。

（4）其他

小型二联体发酵罐及发酵系统、小型冻干机、生物传感分析仪、可见光-分光光度计、小型离心机、试管、茄形瓶、显微镜、盖玻片、载玻片、接种钩、解剖针、滤纸 20%甘油、

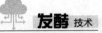

玻璃纸、涂布棒、镊子等。

四、实验步骤

1. 产黄青霉菌菌株（丝状菌）的扩大培养、检验及保存

1）斜面培养基配制

配制察氏斜面培养基 1 000 mL，加热溶解，分装于试管中（分装量为试管高度的 1/5），121 ℃灭菌 20 min。灭菌后立即取出，冷至 55～60 ℃时，摆置成适当斜面（斜面长度不超过试管总长度的 2/3），待其自然凝固。

2）斜面孢子培养

在无菌条件下，用接种环蘸取安瓿瓶中冷冻孢子，划线接种到装有察氏培养基的固体斜面上，25～28 ℃下恒温培养 6～7 d 后，培养基表面呈孢子颜色，镜检有大量孢子产生，培养结束，放入冰箱冷藏备用。

3）大米孢子培养

将优质新米用水浸透（12～24 h），然后倒入搪瓷盘内蒸 15 min（使大米粒仍保持分散状态）。蒸毕，取出搓散团块，稍冷，可加 0.5%～1.0%玉米浆，分装于茄形瓶内，蒸汽灭菌（121 ℃，30 min），冷却备用。取上面制备好的斜面孢子管，加入少量无菌水，制成孢子悬液，无菌条件下接入到装有大米的茄形瓶中，培养过程中要注意翻动，使菌丝在大米表面能均匀生长，待 10 d 左右形成绿色孢子即可收获，真空冷冻干燥后备用（最好在 10 d 内使用）。

4）产黄青霉菌菌株的保存

准备一干燥、无菌的小滤纸条，伸入斜面孢子试管中（无菌操作），轻轻蘸取培养基表面的孢子少许，再将该滤纸条装入一无菌的空试管中，加塞后，可长期冷冻保存。也可先制备好孢子悬液，倒入装有经灭菌、烘干处理的沙土管中，与管中沙土混匀后，将沙土管放在盛有无水氯化钙的干燥器中，用真空泵抽气干燥，置低温干燥环境下可保存一年以上。若将茄形瓶中培养成熟的大米孢子，取出置冰箱中，可保存 1～3 年。

5）青霉菌直接制片观察

用接种钩或解剖针从试管或培养皿的菌落边缘交界处，挑取少量产黄青霉菌菌株培养物，浸入载玻片上的乳酸石炭酸棉蓝染液液滴内。用两根解剖针小心地将菌丝团分散开，使其不缠结成团，并将其全部浸湿，然后盖上盖玻片并轻轻按压，尽量避免产生气泡。如有气泡可慢慢加热除掉。将制好的载片标本置于低倍镜下观察，必要时换用高倍镜。镜检时能看到在青霉的有隔菌丝上长出直立的分生孢子梗，梗的顶端以帚状非对称式分枝形成梗基和瓶形小梗，小梗上长有成串的分生孢子（产黄青霉菌菌株区别于其他杂菌的明显特征）。

2. 产黄青霉菌菌株的液体种子培养

1）液体种子培养基的配制及实消

液体种子培养基的成分为玉米浆 4.0%（以干物质计）、蔗糖 2.4%、硫酸铵 0.4%、碳酸钙 0.4%、少量新鲜豆油（消泡），调节 pH 为 6.2～6.5。液体培养基的体积不超过种子罐有效容积的 60%～70%。实消参数采用罐压 0.12 MPa（文中所述罐压皆为表压），罐温 121～123 ℃，30 min；打开冷却水阀，向夹套通水，快速冷却；罐压降到 0.05 MPa 时，打开空气阀门，向罐内通入无菌空气，保持罐压为 0.05 MPa，继续通冷却水，直到罐内培养基温度降至略高于接种温度 2 ℃（27 ℃）时，关闭阀门，停止通冷却水，准备接种。

2）一级液体菌种培养

采用火焰封口接种法，将新鲜的大米孢子接入装有液体培养基且实消好的 5 L 种子罐中，参考接种量为 100～200 g/L。25 ℃下培养 56 h，搅拌转速为 110 r/min，0～50 h 空气流量为 0.5 vvm，50 h 后空气流量为 1.0 vvm，培养至对数生长后期移种（移种标准是外观微黄较稠，菌丝浓度（体积）10%～12%，菌丝细长，均匀无空泡）。

3. 产黄青霉菌菌株的二级发酵培养

1）10 L 发酵培养基制备及实消

发酵培养基的成分为玉米浆 3.8%（以干物质计）、乳糖 5.0%、苯乙酸 0.5%～0.8%（考虑流加）、新鲜豆油 0.5%（流加）、磷酸二氢钾 0.54%、无水硫酸钠 0.54%、碳酸钙 0.07%、硫酸亚铁 0.018%、硫酸锰 0.002 5%，调节 pH 为 4.7～4.9。实消参数同一级液体种子培养基。

2）接种及发酵

采用压差接种法，接种前先进行移种管道空消，待管道冷却后，逐渐增大种子罐罐压（0.20～0.40 MPa），此时发酵罐罐压维持在 0.05～0.10 MPa。依次开启由种子罐到发酵罐的移种管道阀门，完成接种。10 L 发酵液的接种用量为 1.0～1.5 L（10%～15%），如接种量小可采用液体摇瓶制种。发酵期间主要控制参数：温度为 25 ℃，罐压为 0.04～0.10 MPa，搅拌转速为 120～130 r/min，空气流量为 0.50～0.95 vvm。当发酵液中氨氮含量下降为 450 μg/mL 以下时，开始补加硫酸铵。在后续发酵过程中控制发酵液氨氮含量为 300～500 μg/mL，并在线监控溶氧量和 pH，考察发酵期间的最大菌丝浓度、氨氮代谢、糖代谢、发酵周期、放罐效价等参数。

3）发酵终点确定

根据镜检判断，若菌丝中空泡扩大、增多及延伸，在自溶期即将来临之际，迅速停止发酵，立刻放罐，做好发酵液的预处理，准备进行发酵产物的提取。

五、实验结果分析

将参与实训学生进行分组，各组组长兼任安全员、副组长兼任设备材料员。达到学生的自管自治和相互监督、学生与教师的高度配合。

① 完成产黄青霉菌菌株的扩大培养、检验及保存任务后，各小组分别展示无菌检验结果、产黄青霉菌菌株经染色后显微镜下形态、产黄青霉菌菌株的冻干制品。首先，进行组内自我评价和组间互评，接着，教师对每组结果进行评价，指出存在的问题和改进的方法。

评价项目包括：产黄青霉菌菌株转管培养后，斜面长度适宜，软硬适中，光滑，表面无游离水，外观生长均匀，孢子或菌体丰满，无污染，无杂菌杂色等；米孢子无污染，孢子数足，发芽率高，生产能力稳定；产黄青霉菌菌株经染色后显微镜下菌丝稠密，菌丝团很少，菌丝粗壮，有中、小空泡；冻干菌种外观形状呈疏松的海绵状；菌种的真空度检测出现紫色辉光。

② 完成产黄青霉菌菌株发酵培养基配制与发酵后，首先，各小组分别汇报发酵过程中染菌情况以及产黄青霉菌菌株抽样检验情况，并展示革兰氏染色标本片以及乳酸石炭酸

棉蓝染色标本片。然后，组内进行自我评价和组间互评。最后，教师对每组结果具体进行评价和打分。

评价项目包括：发酵液无杂菌污染、镜检检查结果符合青霉菌生长发育过程。

摇瓶固态发酵生产淀粉酶

一、实验目的

1. 学习固态培养基的配制方法。

2. 学习固态法生产淀粉酶的实验方法。

二、实验原理

淀粉酶可由微生物发酵产生，也可从植物和动物中提取。目前，工业生产上都以微生物发酵法进行大规模生产。固体培养法生产淀粉酶以麸皮为主要原料，添加少量米糠或豆饼的碱水浸出液作为补充氮源。在相对湿度 90%以上，米曲霉用 32～35 ℃培养 36～48 h 后，立即在 40 ℃左右烘干或风干即得工业用的粗酶。

淀粉酶催化淀粉分子中葡萄糖苷键水解，产生葡萄糖、麦芽糖等。在基质充分的条件下，反应后加入的碘液与未被水解的淀粉结合成蓝色复合物，其蓝色深浅与未经酶促反应的空白管比较其吸光度，从而推算出淀粉酶的活力单位。酶活力也称酶活性，是以酶在最适温度、最适 pH 等条件下，催化一定的化学反应的初速度来表示。本实验是以一定量的淀粉酶液，于 40 ℃、pH 为 4.0 的条件下，在一定的初始作用时间里水解淀粉，比色测定，求得淀粉的水解量，即酶的活力。

三、实验材料

（1）菌种

米曲霉。

（2）器材

离心机、恒温水浴锅、恒温培养箱、高压灭菌锅、无菌操作台、精密天平、电炉、烘箱、显微镜、可见分光光度计、试管、锥形瓶、容量瓶、血细胞计数板。

（3）试剂

蒸馏水、75%酒精、0.1 mol/L 硫酸、淀粉溶液（0.5%）、碘液、无菌生理盐水。

（4）种子培养基

蔗糖 3%，$NaNO_3$ 0.3%，$MgSO_4 \cdot 7H_2O$ 0.05%，$FeSO_4 \cdot 7H_2O$ 0.001%，$K_2HPO_4 \cdot 3H_2O$ 0.1%，KCl 0.05%，琼脂 2%。

（5）发酵培养基

250 mL 三角瓶，麸皮 8 g，豆饼粉 2 g，0.3% $K_2HPO_4 \cdot 3H_2O$，0.1% $MgSO_4 \cdot 7H_2O$，1% $(NH_4)_2SO_4$，蒸馏水 10 mL。

四、实验步骤

1. 扩大培养

将米曲霉菌种接种于种子培养基上，恒温培养箱中 30 ℃培养 3 天。

2. 孢子悬浮液的制备

在无菌操作台上将斜面菌种用 50 mL 无菌生理盐水（少量多次）洗下孢子，无菌条件下用纱布过滤至带玻璃珠的无菌锥形瓶中摇匀，用血球计数板计数。

将清洁干燥的血球计数板盖上盖玻片，再用无菌的毛细滴管将摇匀的菌悬液由盖玻片边缘滴一小滴，让菌液沿缝隙靠毛细渗透作用自动进入计数室，用吸水纸吸去多余水液。由盖玻片边缘或槽内加入计数板来回推压盖玻片，使其紧贴在计数板上，计数室内不能有气泡。静置 5～10 min，在低倍镜下找到小方格网后更换高倍镜观察计数，上下调动细螺旋，以便看到小室内不同深度的菌体。位于分格线上的菌体，只数两条边上的，其余两边不计数。如数上线就不数下线，数左边线就不数右边线。当芽孢菌体达到母细胞大小的 1/2 时，可记作两个细胞。计数时若使用刻度为 25×16（大格）的计数板，则数四角的 4 个大格（100 小格）内的菌数。若使用刻度为 16×25（大格）的计数板，除了数四角的 4 个大格外，还需要数中央 1 个大格的菌数（即 80 小格）。每小格中菌数以 5～10 个为宜，如菌液过浓可适当稀释。每个样品重复计数 2～3 次，取其平均值，按下式计算样品中的菌数。计数完毕，将计数板在水龙头下冲洗干净，切勿用硬物洗刷，洗完后自行晾干或用电吹风吹干。计数时，如果使用 16×25 的计数板，要按对角线方位取左上、左下、右上、右下上述 4 个中格进行计数（即计数 100 个小格中的细胞数），如果使用 25×16 的计数板，则除了计数上述 4 个中格外，还要计数中央的 1 个中格，即计数 80 个小格中的细胞数，分别按下述公式计算出细胞数。

（1）16×25 的计数板计算公式：细胞数/mL =（100 小格内细胞个数/100）× 400×10 000× 稀释倍数

（2）25×16 的计数板计算公式：细胞数/mL =（80 小格内细胞个数/80）×400×10 000×稀释倍数

根据测出的数据将稀释成孢子浓度约为 $1×10^7$ 个/mL 悬液，备用。

3. 发酵

用移液管取 5 mL 孢子悬浮液接种于固体发酵培养基中，涂布均匀。在恒温培养箱中 30 ℃培养 84 h。期间每天定时观察培养基，菌落质地疏松，初呈白色、黄色，后转黄褐色至淡绿褐色。发酵完成后，取 5 g 发酵培养物（麸曲）于 250 mL 锥形瓶中，加入 100 mL 蒸馏水，摇匀。然后 4 000 r/min 离心 10 min，过滤，取上清液即为粗酶液。

4. 酶活力的测定

取淀粉溶液 5 mL 于试管中，试管在 40 ℃水浴中预热 10 min，加入 0.5 mL 酶液，保温 5 min 后，另取一试管取 0.5 mL 反应液，并向其中加入 5 mL 0.1 mol/L H_2SO_4 终止反应。然后用一洁净试管从终止反应的混合液中取 0.5 mL 混合液，向试管中加入 5 mL 稀碘液进行显色，静置 5 min 后，使用分光光度计在波长 660 nm 处测定光密度值。用 0.5 mL 蒸馏水代替 0.5 mL 酶液为对照组，并按照上述方法进行操作。以蒸馏水作为空白组，测定上述三组溶液吸光度值，做好记录，多次测量取平均值。

取 5 g 麸曲，于烘箱中烘干（100 ℃预计 2 h）后，再次称重，计算麸曲含水率。

酶活力定义：在 40 ℃，pH 为 4.0 条件下，1 min，1 g 干曲水解 1 mg 淀粉的酶量为 1 个活力单位，以 U 表示。计算公式为：

发酵 技术

$$酶活力(U/g) = (A-R) \times M \times 1\,000 \times 10/[A \times T \times (1-\beta)]$$

式中：A、R 分别为对照液和反应液的光密度；

M 为底物中含淀粉的质量；

T 为反应时间；

V 为酶液的体积；

β 为含水率。

五、思考题

1. 酶活力测定时为什么要保温 5 min？

2. 本实验最易产生对结果有较大误差影响的操作是哪些步骤？为什么？怎样的操作策略可以尽量减少误差？

3. 要使本实验更精确应如何优化？

柠檬酸摇瓶发酵

一、实验目的

① 了解柠檬酸发酵原理及过程，掌握柠檬酸液体发酵及中间分析方法。

② 了解黑曲霉培养过程中培养基基质浓度的变化与产物的生成规律。

二、实验原理

黑曲霉发酵法生产柠檬酸的代谢途径被认为是：黑曲霉生长繁殖时产生的淀粉酶、糖化酶首先将薯干粉或玉米粉中的淀粉转变为葡萄糖；葡萄糖经过酵解途径（EMP）和 HMP 途径转变为丙酮酸；丙酮酸由丙酮酸氧化生成乙酸和二氧化碳，继而经乙酰磷酸形成乙酰辅酶A，然后在柠檬合成酶的作用下生成柠檬酸。黑曲霉在限制氮源和锰等金属离子条件下，同时在高浓度葡萄糖和充分供氧的条件下，TCA 循环中的酮戊二酸脱氢酶受阻遏，TCA 循环变成"马蹄形"，代谢流汇集于柠檬酸处，使柠檬酸大量积累并排出菌体外。

其理论反应式为：$C_6H_{12}O_6 + 1.5O_2 \rightarrow C_6H_8O_7 + 2H_2O$

三、实验材料

（1）菌种

黑曲霉。

（2）黑曲霉种子培养基

20%玉米粉糖化液。

（3）发酵培养基

20%玉米粉糖化全液与过滤后的玉米糖化清液1:5混合。

（4）器材

摇床、离心机、超净工作台、恒温培养箱、灭菌锅、分析天平、蒸发器、pH 计、分光光度计、比色管、容量瓶、滤布、布氏漏斗、滴定管、水浴锅、试管、烧杯、500 mL 三角瓶等若干。

198

（5）试剂

0.142 9 mol/LNaOH 溶液，1%酚酞试剂，碳酸钙，95%乙醇，浓硫酸，3,5－二硝基水杨酸试剂，葡萄糖，草酸铵结晶紫液（A 液：1%结晶紫 95%酒精溶液；B 液：1%草酸铵溶液。取 A 液 20 mL，B 液 80 mL 混合，静置 48 h 后使用）。

四、实验步骤

1. 摇瓶种子制备

① 摇瓶发酵培养基的配制。将玉米粉用 100 目筛子筛好备用，称取 200 g 玉米粉于烧杯中，同时加入自来水 800 mL，即自来水与玉米粉的质量比为 4:1，混匀。

② 培养基的糖化。边加热边搅拌培养基，待加热到 90 ℃后，加入高温淀粉水解酶 0.5～1 mL，加热搅拌恒温保持 20～30 min，防止糊化粘壁，用碘指示剂检验不变蓝，即糖化完全。得到 20%玉米水解液全液（含碳 6.73%，氮 1.26%）。

注：筛玉米粉的目的是便于下次接种时菌种能以液体形式轻松吸出，用碘液检验淀粉含量时要待被检测液冷却后才能检测，否则结果不准确。装入摇瓶的培养基不能太多，否则培养过程中黑曲霉所需要的氧气则不充分。

③ 分装、灭菌。将糖化好的培养基装入 2 个锥形瓶中，装入量为锥形瓶总体积的 1/10，封口膜封口，121 ℃，灭菌 15～20 min。

④ 接种。待糖化好的培养基温度降至 40 ℃以下时，将活化的黑曲霉孢子接种入培养基中，在 33～36 ℃，200～300 r/min 的摇床中 20 h 左右，培养后菌体浓度应达 60 万～150 万/mL，菌丝球为致密形的，菌球直径不应超过 0.1 mm，菌丝短，且粗壮，分支少，瘤状，部分膨胀为优。

2. 发酵培养

① 发酵培养基的配置。将配置摇瓶发酵培养基时所剩的约 700 mL 糖化培养基取出 100 mL，另外 600 mL 用滤布（2～4 层纱布）过滤，得到透明清液（含碳 7.27%，氮 0.13%），然后将未过滤的糖化培养基与 500 mL 过滤后的清液混匀。

② 分装、灭菌。取 40 mL 混合后的培养基加入 500 mL 摇瓶（小于总体积的 1/10），2 层纱布封口，121 ℃，灭菌 20 min。

③ 接种。待培养基温度降至 40 ℃以下，接入发酵种子 2 mL，前 24 h 于转速 100 r/min 摇床中，后 24 h 于转速 200～300 r/min 摇床中，35 ℃连续培养 72 h。

3. 发酵过程检测

① 还原糖、柠檬酸的检测。发酵 0、24 h、48 h、72 h 分别各取下两瓶检测还原糖（残糖）、柠檬酸含量，以观察发酵过程中黑曲霉的耗糖与柠檬酸的生成速率。

② pH 的检测。每隔 12 h 检查 pH。

③ 黑曲霉菌丝形态的观察。每隔 12 h 镜检黑曲霉菌丝的形态变化。

4. 检测方法

1）黑曲霉镜检

① 直接取一滴发酵液于载玻片上，用盖玻片密封后镜检。

② 镜检过程：涂片→干燥→固定→染色→水洗→干燥→镜检（染料：草酸铵结晶紫液）。

2）pH 的测定

用 pH 计测得发酵液的 pH。

3）还原糖（残糖）的测定

使用 DNS 还原糖测定法。

4）柠檬酸的测定

检测发酵过程中的总酸，精确吸取 1 mL 的发酵液离心，上清液加入于 100 mL 锥形瓶中，加入少量的去离子水，加 2～3 滴 0.1%酚酞指示剂，用 0.142 9 mol/L NaOH 溶液滴定，滴定至微红色计算用去的 NaOH 体积，计为柠檬酸的百分含量。

五、实验结果记录与分析

（1）不同时间点菌丝形态和 pH 的变化

将实验数据记录在表 9.4 中。

表 9.4　菌丝形态和 pH 记录表

时间	菌丝形态	pH
0 h	+	
12 h		
24 h		
48 h		
60 h		
72 h		

（2）还原糖（残糖）与柠檬酸含量的测定

将实验数据记录在表 9.5 中。

表 9.5　还原糖质量与柠檬酸含量记录表

发酵时间/h	还原糖（残糖）质量/g	柠檬酸含量/%
0		
24		
48		
72		

还原糖＝标准曲线上查得的还原糖克数×（提取液总体积/测定时提取液体积）

柠檬酸含量＝消耗 0.142 9 mol/L 的 NaOH 的体积

项目小结

好氧发酵在工业中占有重要的比例，由于在发酵过程中需要通入无菌空气，因此在发酵工艺的控制上比厌氧发酵更复杂。

1. 谷氨酸在生物体内的蛋白质代谢过程中占重要地位，参与动物、植物和微生物中的许多重要化学反应。生产原料以甘薯和淀粉最为常用，发酵工艺流程包括：菌种的选育→培养基配制→斜面培养→一级种子培养→二级种子培养→发酵（发酵过程参数控制通风量、pH、温度、泡沫）→发酵液→谷氨酸分离提取。谷氨酸生产菌是营养缺陷型，对生长繁殖、代谢产物的影响非常明显。环境控制、温度、通风量、泡沫和染菌对其发酵有巨大的影响。谷氨酸提取的基本方法有沉淀法，离子交换法、金属盐沉淀法等。

2. 青霉素是最早发现的抗生素，本书介绍了青霉素的发现、化学结构、理化性质等，之后在青霉素发酵生产工艺中阐述了其生产原理、发酵工艺过程以及提取和精制工艺过程，介绍了青霉素的生产菌种及其生长发育特点和培养方法，以及青霉素的生物合成原理。其中工艺控制包括预处理及过滤、萃取、脱色和结晶四个阶段。

3. 利用微生物生产酶制剂要比从植物、动物组织中获得更容易，而且种类繁多、生长速度快、加工提纯容易，α-淀粉酶是以淀粉为底物的淀粉内切水解酶，可降解淀粉为水溶性的糊精并产生少量麦芽糖和葡萄糖。α-淀粉酶所采用的菌种主要有细菌和霉菌两大类，典型的是芽孢杆菌和米曲霉。芽孢杆菌主要采用液体深层通风培养法大规模地生产α-淀粉酶，液体培养常以麸皮、玉米粉、豆饼粉、米糠、玉米浆等为原料，并适当补充硫酸铵、氯化铵、磷酸铵等无机氮源，此外还需添加少量镁盐、磷酸盐、钙盐等。α-淀粉酶的发酵工艺控制主要通过调节补料、pH、温度、溶氧、杂菌来完成。α-淀粉酶发酵的下游工艺则采用分离纯化蛋白质的方法来进行后期的提取与纯化。

4. 柠檬酸又名枸橼酸，是三羧酸循环中的主要中间产物，是食品和饮料行业最广泛使用的酸化剂。它在工业、医药等行业也有着广泛的用途。黑曲霉是柠檬酸发酵工业中的主要菌种，柠檬酸发酵原料主要有糖质原料、淀粉质原料和正烷烃类原料三大类。柠檬酸的发酵工艺控制主要通过黑曲霉柠檬酸发酵的代谢控制、温度控制、pH 的控制、溶解氧的控制来完成的。发酵后的发酵醪在经过预处理、过滤、清液中和、酸解、脱色、树脂吸附、浓缩与结晶便可完成柠檬酸的提取与精制。

复习思考题

1. 氨基酸生产方法有哪几种？各有何特点？
2. 常用的谷氨酸生产菌种有哪些？
3. 简述谷氨酸生产工艺流程。
4. 影响谷氨酸生产发酵的因素有哪些？如何控制？
5. 谷氨酸的提取方法有哪些？
6. 青霉素发酵液预处理的目的是什么？生产中采用的方法是什么？
7. 试述青霉素钾盐结晶的方法有哪些？并分析水分、酸度、温度及醋酸钾用量对生产有何影响？
8. α-淀粉酶发酵的工艺控制有哪些？
9. 柠檬酸生产发酵菌种黑曲霉的特性？
10. 简述柠檬酸的生产工艺流程。
11. 影响柠檬酸生产发酵的因素有哪些？如何控制？

参 考 文 献

[1] 黄方一，程爱芳. 发酵工程 [M]. 3 版. 武汉：华中师范大学出版社，2013.

[2] 谢梅英，别智鑫. 发酵技术 [M]. 北京：化学工业出版社，2007.

[3] 余龙江. 发酵工程原理与技术应用 [M]. 北京：化学工业出版社，2006.

[4] 欧阳平凯. 发酵工程关键技术及其应用 [M]. 北京：化学工业出版社，2005.

[5] 白秀峰. 发酵工艺学 [M]. 北京：中国医药科技出版社，2003.

[6] 姚汝华，周世水. 微生物工程工艺原理 [M]. 2 版. 广州：华南理工大学出版社，2005.

[7] 孙俊良. 发酵工艺 [M]. 2 版. 北京：中国农业出版社，2002.

[8] 沈萍，陈向东. 微生物学 [M]. 北京：高等教育出版社，2009.

[9] 熊宗贵. 发酵工艺原理 [M]. 北京：中国医药科技出版社，1995.

[10] 岑沛霖. 生物工程导论 [M]. 北京：化学工业出版社，2004.

[11] 党建章. 发酵工艺教程 [M]. 北京：中国轻工业出版社，2003.

[12] 黄晓梅，周桃英，何敏. 发酵技术 [M]. 北京：化学工业出版社，2013.

[13] 何建勇. 发酵工艺学 [M]. 北京：中国医药科技出版社，2009.

[14] 魏银萍，吴旭乾，刘颖. 发酵工程技术 [M]. 武汉：华中师范大学出版社，2011.

[15] 刘冬，张学仁. 发酵工程 [M]. 北京：高等教育出版社，2007.

[16] 秦春娥，别运清. 微生物及其应用 [M]. 武汉：湖北科学技术出版社，2008.

[17] 朱珠. 软饮料加工技术 [M]. 2 版. 北京：化学工业出版社，2011.

[18] 于信令. 味精工业手册 [M]. 北京：中国轻工业出版社，2009.

[19] 陈坚，堵国成，张东旭. 发酵工程实验技术 [M]. 2 版. 北京：化学工业出版社，2009.

[20] 陈坚，堵国成. 发酵工程原理与技术 [M]. 北京：化学工业出版社，2012.

[21] 何佳，赵启美，侯玉泽. 微生物工程概论 [M]. 北京：兵器工业出版社，2008.

[22] 盛成乐. 生化工艺 [M]. 北京：化学工业出版社，2006.

[23] 李莉. 微生物基础技术 [M]. 武汉：武汉理工大学出版社，2010.

[24] 宋超先. 微生物与发酵工艺 [M]. 天津：天津大学出版社，2007.

[25] 韩德权. 发酵工程 [M]. 哈尔滨：黑龙江大学出版社，2008.

[26] 刘国生. 微生物学实验技术 [M]. 北京：科学出版社，2007.

[27] 曹军卫，马辉文，张甲耀. 微生物工程 [M]. 2 版. 北京：科学出版社，2007.

[28] 彭志英. 食品生物技术导论 [M]. 北京：中国轻工业出版社，2008.

[29] 王岁楼，熊卫东. 生化工程 [M]. 北京：中国医药科技出版社，2002.

[30] 管斌. 发酵实验技术与方案 [M]. 北京：化学工业出版社，2010.

[31] 邱树毅. 生物工艺学 [M]. 北京：化学工业出版社，2009.

[32] 梅乐和. 生化生产工艺学 [M]. 2 版. 北京：科学出版社，2007.

[33] 毛忠贵. 生物工业下游技术 [M]. 北京：中国轻工业出版社，2006.

[34] 罗大珍，林稚兰. 现代微生物发酵及技术教程 [M]. 北京：北京大学出版社，2006.

[35] 姚汝华. 微生物工程工艺原理 [M]. 广州：华南理工大学出版社，2005.

[36] 俞俊棠，唐孝宣. 生物工艺学. 上册. [M]. 上海：华东理工大学出版社，2005.

[37] 严希康. 生化分离技术 [M]. 上海：华东理工大学出版社，1996.

[38] 张伟国. 氨基酸生产技术及其应用 [M]. 北京：中国轻工业出版社，1997.

[39] 韩德权，王莘. 微生物发酵工艺学原理 [M]. 北京：化学工业出版社，2013

[40] 陆强，邓修. 提取与分离天然产物中有效成分的新方法–双水相萃取技术 [J]. 中成药，2000，22（9）：653–655.

[41] 高孔荣. 发酵设备 [M]. 北京：中国轻工业出版社，1991.

[42] 周德庆. 微生物学教程 [M]. 2 版. 北京：高等教育出版社，2002.

[43] 李勃. 微生物发酵生产耐酸性 α–淀粉酶的研究 [D]. 西安：西北大学，2009.

[44] 孙俊良. 发酵工艺 [M]. 北京：中国农业出版社，2002.

[45] 吕阳爱. 谷氨酸发酵过程污染噬菌体的处理 [J]. 发酵科技通讯，2009（4）：6.

[46] 刘森芝. 谷氨酸发酵生产菌的研究与开发 [J]. 发酵科技通讯，2010（3）：30–31.

[47] 刘辰. 木薯原料生产柠檬酸工艺的研究 [D]. 无锡：江南大学，2005

[48] 于文国. 微生物制药工艺及反应器 [M]. 2 版. 北京：化学工业出版社，2009.

[49] 庞巧兰，李庆刚. 玉米浆对青霉素发酵生产的影响 [J]. 中国医药工业杂志，2006，37（8）：528–530.

[50] 庞巧兰，李庆刚，石艳丽. 青霉素发酵罐的接种工艺改进 [J]. 齐鲁药事，2005，24（9）：571–573.

[51] 曹国柔，徐亲民，巢天浩，等. 青霉素产生菌产黄青霉 80–7–209 的特性考察 [J]. 中国抗生素杂志，1983，8（1）：1–4.

[52] 诸葛健，王正祥. 工业微生物实验技术手册 [M]. 北京：中国轻工业出版社，1994.

[53] 田洪涛. 现代发酵工艺原理与技术 [M]. 北京：化学工业出版社，2007.

[54] 姜锡瑞，段钢. 新编酶制剂实用技术手册 [M]. 北京：中国轻工业出版社，2002.

[55] 汪家政，范明. 蛋白质技术手册 [M]. 北京：科学出版社，2000.